弹道导弹控制系统原理

李 静　李海燕　袁胜智　董海迪　编著

国防工業出版社

·北京·

内 容 简 介

本书从弹道导弹控制系统功能的角度出发，介绍了弹道导弹控制系统的基本概念和基础理论，并从总体的角度介绍了弹道导弹控制系统设计相关的基础知识。同时，根据功能划分，从控制系统功能设计的角度出发，依次介绍了弹道导弹的8个弹上控制分系统的组成、工作原理和相关基本理论。

本书可作为弹道导弹控制与测试专业人员的参考书，也可作为高等院校相关专业的教材。

图书在版编目（CIP）数据

弹道导弹控制系统原理 / 李静等编著. -- 北京 : 国防工业出版社，2024. 11. -- ISBN 978-7-118-13341-7

Ⅰ. TJ761.3

中国国家版本馆 CIP 数据核字第 202429W6C2 号

※

国防工業出版社 出版发行

（北京市海淀区紫竹院南路 23 号　邮政编码 100048）

北京凌奇印刷有限责任公司印刷

新华书店经售

*

开本 787×1092　1/16　**印张** 15½　**字数** 352 千字

2024 年 11 月第 1 版第 1 次印刷　**印数** 1—1000 册　**定价** 89.00 元

国防书店：(010)88540777　　书店传真：(010)88540776

发行业务：(010)88540717　　发行传真：(010)88540762

前　言

弹道导弹是国家的战略基石和重要威慑力量，其主要特点是射程远、威力大，且由于大部分弹道在大气层外，因此难以被拦截。弹道导弹在经过远程飞行后准确命中目标，难度远远高于飞航导弹。也正是因为如此，弹道导弹控制系统的结构非常复杂，技术含量也非常高。本书从弹道导弹控制系统功能设计的角度出发，将其划分为 8 个子系统，系统地介绍各个功能子系统的组成和工作原理。

全书共 10 章。第 1 章绪论，简要介绍了弹道导弹控制系统任务、组成、功能、分类等基本概念，以及弹道导弹控制系统相关基础理论知识。第 2 章弹道导弹控制系统总体设计，从总体设计的角度出发，介绍了弹道导弹控制系统的设计过程，以及相关的主要硬件和软件。第 3 章弹道导弹惯性测量系统，介绍了平台式惯性测量系统、捷联式惯性测量系统、速率陀螺系统的组成、结构和工作原理。第 4 章弹道导弹制导系统，介绍了弹道导弹制导系统相关的基本概念，重点介绍了弹道导弹制导方法，以及惯性制导系统、卫星导航定位系统、天文制导系统、复合制导系统等典型制导系统的组成和工作原理。第 5 章弹道导弹姿态控制系统，简要介绍了姿态控制的基本概念、工作原理和典型姿态控制系统，从总体的角度介绍了姿态控制系统结构设计相关的知识，并对姿态控制系统的运动特性进行了建模与分析。第 6 章弹道导弹伺服系统，介绍了电液伺服系统、燃气伺服系统、电动伺服系统三类典型伺服系统的组成、结构和工作原理。第 7 章弹道导弹时序控制系统，主要描述了时序控制系统的组成和工作原理，并简要介绍了几种典型时序控制系统的实现方式。第 8 章弹道导弹电源配电系统，从设计的角度给出了电源配电系统的设计原则，介绍了电源配电系统各个组成部分的工作原理。第 9 章弹道导弹安全自毁系统，介绍了安全自毁系统的任务和特点，以及典型安全自毁系统的基本组成和工作原理。第 10 章弹道导弹弹上测量系统，介绍了导弹测试技术相关的基本知识，给出了弹上测量装置的几种基本实现方式及其工作原理。

本书由李静、李海燕、袁胜智、董海迪共同编写，王哲主审。其中，李静负责教材总体架构设计，编写第 1～3、5、6 章及全书统稿；李海燕负责第 4、7、9 章编写；袁胜智负责第 8 章编写；董海迪负责第 10 章编写。本书参考了一些同行的文献和著作，并在书中进行了引用，在此对各位同行专家表示感谢。本书在编写过程中，得到了海军工程大学兵器工程学院专家和教研室全体同事的支持与帮助，在此一并表示感谢。

由于编者水平和经验有限，书中错误和不当之处在所难免，恳请各位专家、读者批评指正。

编　者

2023 年 11 月

前言

惯性导航是[illegible]中的[illegible]和重要[illegible]之一，[illegible]。[illegible]大部分导航出入大气层外，[illegible]导航[illegible]。[illegible]，本书从[illegible]控制系统的组成和工作原理出发，将[illegible]个子系统，[illegible]个系统的基本组成和工作原理。

全书共10章。第1章绪论，[illegible]。第2章[illegible]。第3章[illegible]系统，[illegible]。第4章[illegible]导航[illegible]系统，介绍了惯性导航[illegible]的基本概念、[illegible]，[illegible]。第5章[illegible]系统，[illegible]控制系统的基本概念、工作原理和典型[illegible]，[illegible]。第6章[illegible]。第7章[illegible]。第8章[illegible]。第9章[illegible]。第10章[illegible]工作原理。

本书由[illegible]、李[illegible]、[illegible]、[illegible]共同编写，[illegible]主审。其中，[illegible]负责[illegible]体系的设计，编写第1～3、5、6章及全书统稿，李[illegible]负责第4、7、9章编写，[illegible]负责第8章编写，[illegible]负责第10章编写。本书参考了一些同行的文献和著作，并在书中进行了引用，在此对各位同行专家表示感谢。本书在编写过程中，得到了海军工程大学兵器工程学院[illegible]和教研室各位同事的大力支持，在此一并表示感谢。

由于编者水平和经验有限，书中难免存在不足之处，恳请读者批评指正。

编　者

2023年11月

目　　录

第 1 章　绪　　论

弹道导弹的任务是把弹头运送到离发射点几千千米甚至超过一万千米以外的目标区，对敌进行打击。这类导弹飞行的一般特点为：导弹发动机仅在导弹飞行的初始阶段工作，当导弹达到一定的速度和位置时，发动机停止工作，弹头与弹体分离；弹头依靠惯性在大气层外（近程导弹除外）做自由飞行，只受地球引力的作用；当弹头再入大气层后，同时受空气动力和地球引力的作用。导弹从发动机点火、导弹起飞到发动机停止工作这一飞行阶段称为动力飞行段或主动段，从发动机停止工作到目标区这一飞行阶段称为被动段。在被动段中，通常又把从发动机关机到弹头再入这一飞行阶段称为自由飞行段，弹头再入大气层后直到弹头落地这一飞行阶段称为再入段。也就是说，发动机停止工作处即关机点，将弹道导弹的飞行弹道分成主动段和被动段，如图 1-1 所示，主动段的飞行距离一般不超过总飞行距离（射程）的 10%，弹道导弹飞行弹道的主要部分为被动段。

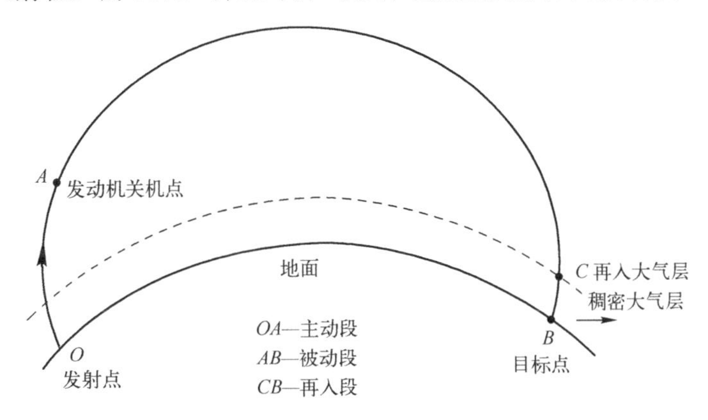

图 1-1　弹道导弹飞行弹道示意图

在被动段，导弹无动力，按自由飞行弹道飞行。弹头落地之前，若不再受控制，则导弹能否命中目标，主要取决于被动段导弹运动参数的初始条件。导弹在关机点的运动参数既是被动段的初始条件，又是主动段的末端条件。所以，导弹要命中目标，靠主动段对它进行控制。控制的目的在于使导弹在关机点的运动参数——位置和速度矢量，满足命中目标的要求。

现代弹道导弹，为了提高命中精度和突防能力，往往在主动段结束、相应的主发动机停止工作并被抛掉后，仍具有一定控制功能。例如，主动段结束时作末速修正以减小发动机后效误差。又如，在潜地弹道导弹上，普遍采用对恒星的观测以修正发射点定位和方位对准失准等因素引起的落点偏差。再如，有的导弹在接近落区时，采用诸如地图匹配等末制导技术以提高导弹命中精度，也有的采用多弹头分导和机动弹头等手段以提高突防能力。以上这些控制问题，涉及的技术非常广泛，是一个多技术领域交叉融合的复杂学科。

弹道导弹最基本的组成部分包括弹头、发动机、控制系统及弹体。发动机提供足以使携带战斗部的弹头落到目标区的运载动力。携带不同威力的战斗部的弹头是杀伤目标的手段。弹头威力越大，其杀伤半径越大，但随之带来的是对导弹运载能力的更高要求。但是，要摧毁目标，单纯增加弹头的威力是远远不够的，还必须使弹头命中目标，或者说，以足够的精度落到目标区，这一任务主要是由导弹控制系统来完成的。完成对导弹的精准控制主要依靠两个子系统：制导系统和姿态控制系统。其中，制导系统根据打击目标的要求，形成控制导弹沿着所要求的弹道飞行所需的指令和控制信号；姿态控制系统使导弹具有飞行的稳定性，是制导系统工作的基础和前提。

从上面的分析可知，控制系统最为核心的两个子系统就是制导系统和姿态控制系统，但不能简单认为弹道导弹控制系统就是制导和姿态控制两个子系统的组合，从广义的角度来讲，弹道导弹的控制系统还应当包含保证制导和姿态控制两大任务顺利完成的各个功能子系统。本书将围绕制导与控制两大任务，系统介绍弹道导弹控制系统各功能子系统的组成和工作原理。

1.1 弹道导弹控制系统的任务、组成、功能与分类

1.1.1 任务

对于弹道导弹控制系统的任务，很多弹道导弹相关的书籍都给出了定义。陈世年等提出弹道导弹控制系统的根本任务是保证导弹准确地把弹头送到预定的目标。它要完成两项任务：①飞行弹道的控制，即控制导弹质心的运动；②对飞行姿态的控制，即控制导弹绕其质心的运动。黄纬禄从弹上控制系统设计的角度出发，指出弹道导弹的基本任务就是通过对导弹飞行进行控制，最终使导弹弹头可靠地以允许的误差击中目标。徐彦万等从研制任务的角度出发，提出控制系统的任务是：控制导弹投掷精度，保证弹头落点散布度符合要求；对导弹实行姿态控制、保证各种条件下稳定飞行；在发射前对导弹实施检测、操纵发射。薛成位等则从弹道导弹工程设计的角度出发，认为控制系统的任务就是可靠地发射、准确命中目标。

根据目前不同文献的定义，我们可以将其归纳为两种观点：

一种观点是从弹上控制系统的角度出发，认为弹道导弹控制系统的任务就是通过对导弹飞行进行控制，最终使导弹弹头可靠地以允许的误差击中目标。具体而言包括两个方面：①飞行弹道的控制，即控制导弹质心的运动；②对飞行姿态的控制，即控制导弹绕其质心的运动。

另外一种观点是从弹道导弹工程研制的角度出发，认为弹道导弹控制系统的任务是：在发射前，对导弹进行安全、快速、准确的检测和可靠的点火发射；在飞行中，对

导弹实行姿态控制，使导弹能在各种条件下稳定地飞行，同时控制导弹投掷精度，保证弹头落点散布符合要求。

1.1.2 组成

弹道导弹控制系统的组成，从不同的角度出发，根据不同的任务定义有不同的划分方法。

黄纬禄从弹道导弹总体的角度出发，提出控制系统的组成包括三个子系统，分别是制导系统、姿态控制系统和弹上电路综合，其中弹上电路综合包括与控制系统的一、二次电源，配电器，时序控制和条件逻辑控制有关的所有仪器设备，以及弹上电缆网等电气设备。

陈世年等从控制系统的硬件构成出发，将控制系统划分为命令机构、测量装置、解算装置、中间装置、执行机构和电源配电系统，如图 1-2 所示。命令机构是产生控制命令（指令）的装置，可以装在导弹内部，也可以放在导弹外（如地面指挥站），还可以利用目标的某些辐射特性来产生控制导弹的命令（指令）。测量装置又称敏感装置，是接收命令或感受干扰所造成的偏差并形成信号的装置，例如陀螺仪、加速度计、高度表、目标探测器等。解算装置是将来自测量装置的各种信号进行适时的、迅速的、准确的比较和计算，发出相应的控制导弹飞行的指令信号的装置。中间装置又称为变换放大装置，是对测量装置所测得的微弱信号进行变换、放大，使其成为可操纵执行机构动作的信号的装置。执行机构是将控制信号变成操纵导弹运动的力或力矩的装置，包括操纵机构和驱动装置。操纵机构又分为空气动力操纵机构和燃气动力操纵机构，其中：空气动力操纵机构是安装在导弹的不同部位的空气舵，它产生所需的各种控制力；燃气动力操纵机构，主要是改变燃气流的方向，如摆动喷管、燃气舵、偏流环以及向喷管中二次注入气体或液体的操纵机构。驱动装置的作用是根据控制信号驱动操纵机构，产生相应大小和方向的偏转。电源配电系统提供弹上各种电子仪器、设备所需的电源，并且能够自动地向弹上各用电部位供电。

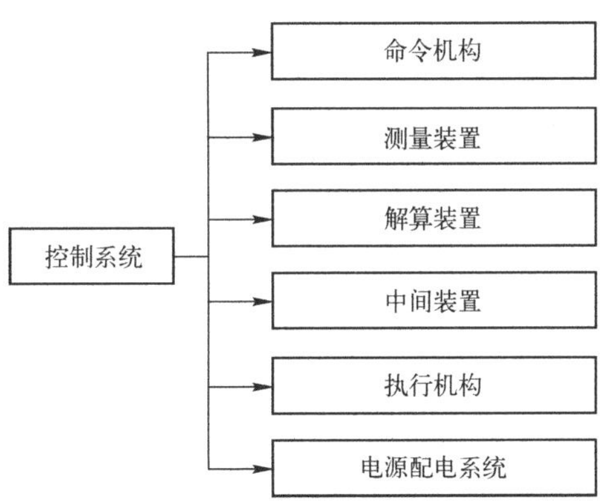

图 1-2　导弹控制系统组成结构图

徐彦万等从研制任务的角度出发将弹道导弹控制系统分为飞行控制系统和测试发射控制系统，如图 1-3 所示。其中：飞行控制系统包括导航系统、制导系统、姿态控制系统和时序电源配电系统；测试发射控制系统包括检测系统、发射控制系统和监视系统。

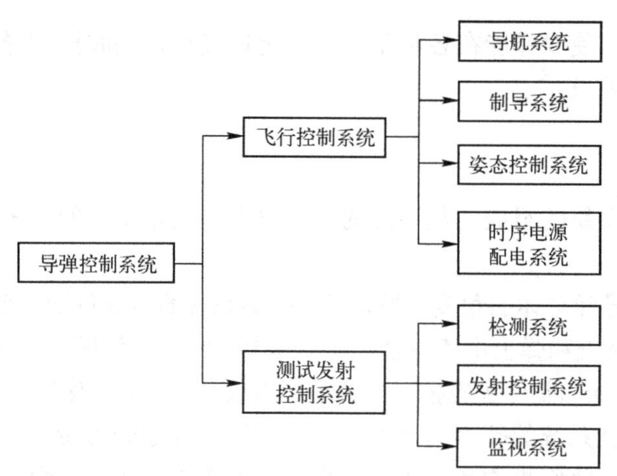

图 1-3　弹道导弹控制系统组成结构图

薛成位从弹道导弹工程设计的角度出发，认为控制系统包括飞行控制系统（导航、制导、姿态控制、弹上电路综合等）和地面测试、发射控制系统，与徐彦万等的观点基本一致。

现有书籍从不同的角度对控制系统的组成给出了定义，这里实际上包含了两个层面的内容：从狭义上，弹道导弹控制系统指的是实现导弹按照预定弹道飞行的所有弹上控制仪器、设备及配套软件系统；从广义上，除了弹上控制系统仪器，还应当包含为保证导弹保持良好状态、确保导弹成功发射的所有配套设施、设备。

弹道导弹作战保障是围绕弹上控制系统开展的各项发射准备工作，确保导弹能够成功发射。因此，控制系统应当不仅包含制导和姿态控制两个核心子系统，还应从功能设计的角度出发，包含使其能够完成发射任务的各个功能子系统。根据弹道导弹功能设计的实际情况，本书将弹道导弹控制系统划分为 8 个子系统，分别是惯性测量系统、制导系统、姿态控制系统、伺服系统、时序控制系统、电源配电系统、安全自毁系统、弹上测量系统，如图 1-4 所示。在这 8 个子系统中，虽然它们在功能上相对比较独立，但很多子系统在硬件上交叉重合，而且在控制系统工作过程中，一些子系统之间还存在大量的信号交互。从硬件上看，虽然一些子系统属于弹上设备，主要用于地面技术准备，但是所有的子系统的共同之处都是以作战任务为中心，工作目的都是保证导弹能够完成发射任务。

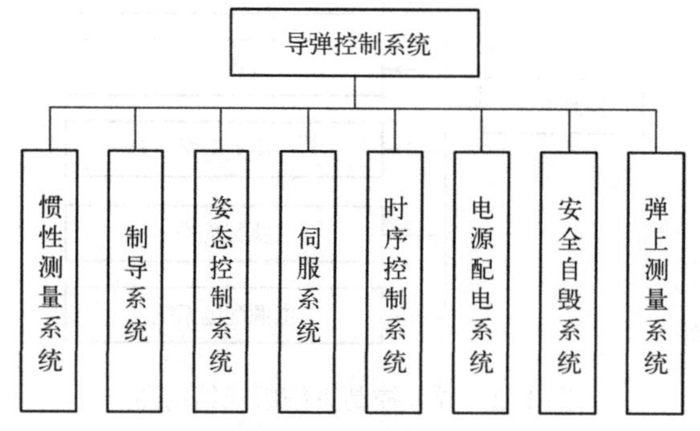

图 1-4　弹道导弹控制系统体系架构

1.1.3　功能

1.1.1 节从不同的角度给出了弹道导弹控制系统任务，1.1.2 节从控制系统功能设计的角度，重新定义了弹道导弹控制系统的组成。根据所定义的弹道导弹控制系统组成，可以从总体上给出弹道导弹控制系统的功能为：在发射前对导弹进行安全、快速、准确的检测，确保导弹以良好的状态进入发射阵地，可靠地发射点火；在飞行过程中，对导弹的状态进行控制，一是控制导弹质心运动，使导弹在主动段结束后，能经过被动段以一定的性能指标命中目标；二是控制导弹绕质心的运动，使导弹在主动段在各种干扰作用下能稳定飞行，同时接收制导系统的导引指令，改变推力方向，从而实现对质心运动的控制。

弹道导弹控制系统作为一个复杂的系统，需要各个子系统密切配合，实现整体的功能，具体到各个分系统，它们的功能各有所侧重。

1. 按研制任务划分

按照徐彦万等提出的划分方法，若将控制系统分为飞行控制系统和测试发射控制系统，则对应的弹道导弹控制系统的功能框图如图 1-5 所示。这两个系统的具体功能如下：

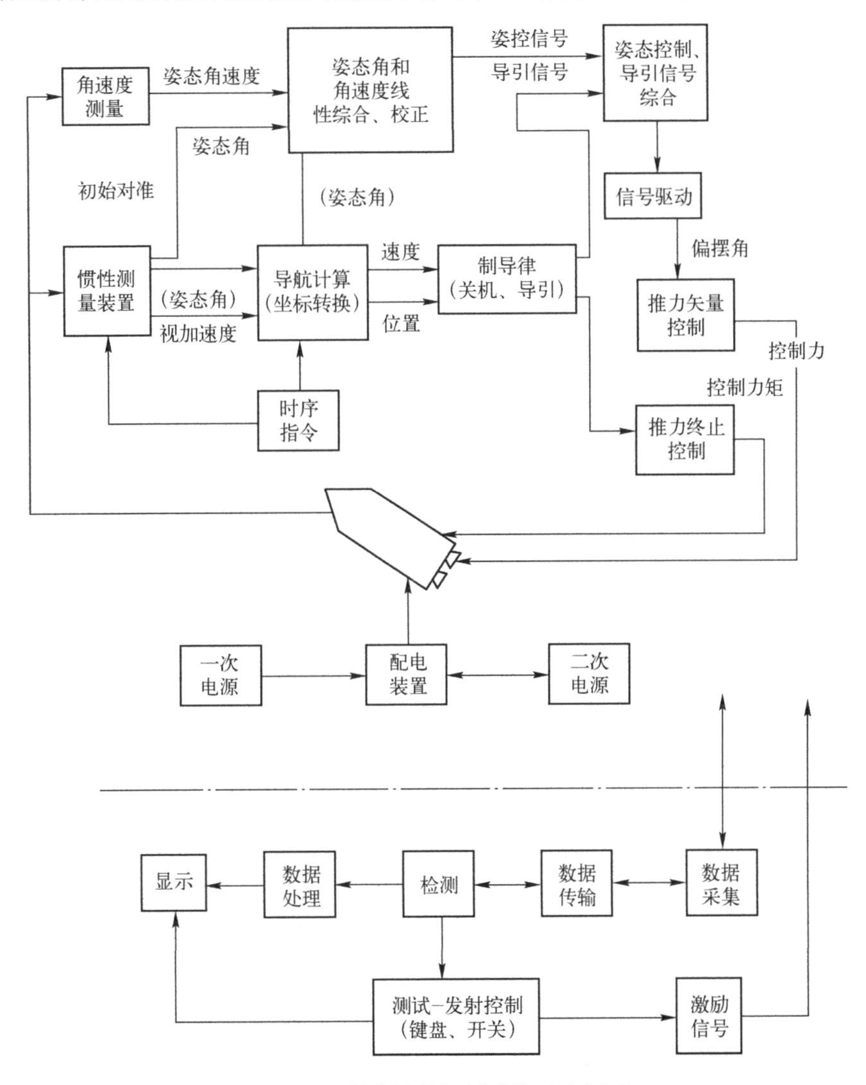

图 1-5　弹道导弹控制系统功能框图

（1）飞行控制系统通过惯性测量装置、中间装置、执行机构、时序配电装置和飞行控制软件，完成测算导弹运动状态参量；根据确定的飞行状态参量产生制导信号，引导导弹靠近预定轨道飞行，达到期望最佳终端条件时关闭发动机，结束主动段飞行；在飞行过程中，根据状态参量及事先规定的程序控制要求产生操纵导弹姿态的控制信号，进行姿态控制和保证稳定飞行；产生时序指令和进行信号传输、综合和电信号操纵，实现各部件动作，这就是导航、制导、姿态控制和时序电源配电系统的综合功能。

（2）测试发射控制系统的功能是对飞行控制系统实施参数、功能的地面检测，并操纵导弹发射。该系统主要由测试、发射控制、数据处理、显示等硬件和检测、发射操作软件组成。

2. 按功能设计划分

根据控制系统功能设计划分，弹道导弹控制系统可以划分为 8 个子系统，在导弹开始技术阵地准备到发射后命中目标的整个过程中，它们会在不同的任务阶段会发挥不同的作用，最终保证导弹准确命中目标。

在发射准备阶段，主要作用的子系统是弹上测量系统，它是实现弹上控制系统信号采集控制的装置，主要功能是实现弹—地信息传输，配合地面设备完成导弹的测试任务。

在飞行阶段，控制系统的主要任务是保证导弹飞行过程顺利完成，实现作战目标，此阶段主要起作用的是弹上的一些子系统，包括惯性测量系统、制导系统、姿态控制系统、伺服系统、时序控制系统、电源配电系统、安全自毁系统，各子系统功能如下。

（1）惯性测量系统：惯性测量系统是导弹上重要的传感器系统，它利用惯性原理实时测量导弹的姿态、加速度、角速度等信息，提供给制导系统和姿态控制系统，用于制导指令和控制指令计算。

（2）制导系统：利用惯性测量系统测得的导航参数，按照指定的制导规律，操纵导弹控制其质心运动，使导弹按照预定弹道飞行，并最终达到期望的终端条件后准确关机，保证弹头以期望的落点精度命中目标。

（3）姿态控制系统：操纵导弹的姿态运动，使导弹能够克服各种外界干扰的影响，保证导弹姿态角稳定在期望的状态，确保导弹按照预定弹道飞行。

（4）伺服系统：伺服系统是一种执行机构，它接收控制指令，并按照指令推动舵机或者矢量喷管做出相应动作，实现对导弹姿态的控制。

（5）时序控制系统：根据导弹的实际控制要求，严格按照规定的时间发出一系列控制指令，确保导弹在规定的时间完成规定的动作，例如发动机点火、级间分离、程序转弯、按时序供电等。

（6）电源配电系统：对整个导弹控制系统的能源和供电进行控制，提供弹上各种电子仪器所需的电源，其中包括一次、二次电源，并且能够自动地向弹上各用电部位供电。

（7）安全自毁系统：在导弹出现故障或者系统状态超出可控边界时，引爆导弹弹体进行自毁，以减少导弹坠落对地面的人和装备造成损害。

1.1.4　分类

由于所要攻击目标的性质不同，导弹控制指令和控制信号的形成也不一样，因此就有类型繁多的控制系统。常用的控制系统分类方法是根据导弹制导方式进行划分的，黄纬禄以地—地弹道导弹主动段制导为例，将其分为自主式制导、非自主式制导和组合制导系统三种，如图 1-6 所示。对于弹道导弹而言，其射程远，同时对精度的要求并没有战术导弹那么高，因此，它在制导体制的选择上多以自主式制导为主，常用的制导方式是惯性制导和天文制导。近些年来，随着技术的不断进步，以及对弹道导弹制导精度要求的提高，弹道导弹越来越多地采用组合式制导方式，主要包括惯性/天文、惯性/卫星等类型，这些制导方式已经在很多新型弹道导弹中得到了应用。例如美国的三叉戟Ⅱ、法国的 M51 等目前比较先进的弹道导弹，都采用了组合式制导方式。

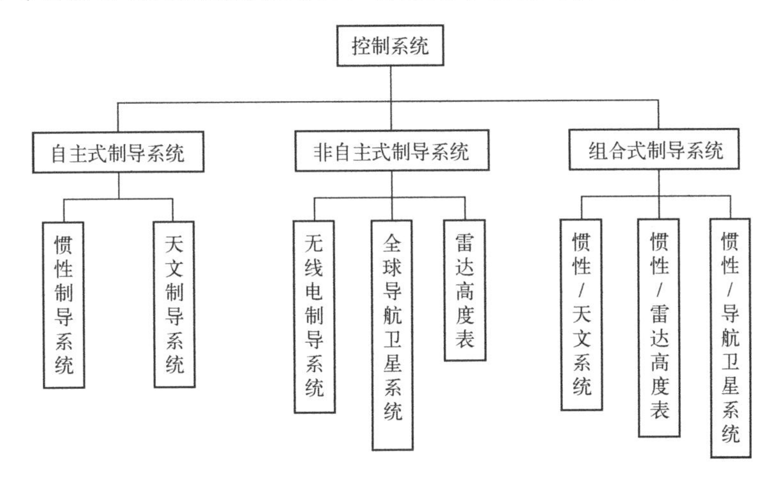

图 1-6　弹道导弹控制系统分类

除了按照制导体制对控制系统进行划分，还可以按照控制系统所采用的技术体制进行划分。总体而言，弹道导弹控制系统的技术体制经过了三个阶段的发展，分别是模拟电路控制、数字电路控制和总线控制。模拟电路控制阶段，计算机技术尚未发展起来，控制系统中大量采用模拟电子元器件设计电路，实现各种信号处理和计算功能。数字电路控制阶段，弹载计算机得到了广泛的应用，控制系统采用弹载计算机对各类信号进行处理并集中计算，随后输出控制指令。总线控制阶段，通信技术不断发展，总线控制技术得到广泛的应用和发展，控制系统采用以弹载计算机为总线控制终端、其他各个弹上装置为远程运行终端的基本架构，通过总线将所有终端连到一起，实现全数字化控制。

1.2　弹道导弹控制基础

1.2.1　常用坐标系

本节主要介绍在研究弹道导弹运动特性和规律时，常采用的 7 种右手直角坐标系：

地心惯性坐标系、地面发射坐标系、发射惯性坐标系、北天东坐标系、弹体坐标系、速度坐标系和平台框架坐标系。

1.2.1.1 地心惯性坐标系

地心惯性坐标系 $OX_cY_cZ_c$ 的定义：原点选为地心 O，X_c 轴在赤道平面内指向春分点，Z_c 与地球赤道平面垂直且指向北极，Y_c 轴在赤道平面内，$OX_cY_cZ_c$ 成右手正交坐标系。地心惯性坐标系与地心球坐标系间的几何关系如图 1-7 所示。

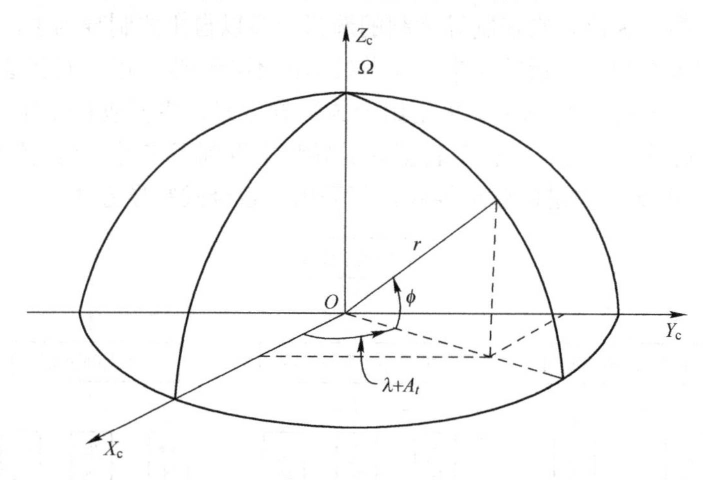

图 1-7 地心惯性坐标系与地心球坐标系间几何关系图

由图 1-7 可知

$$\begin{cases} X_c = r\cos\phi\cos(\lambda + A_t) \\ Y_c = r\cos\phi\sin(\lambda + A_t) \\ Z_c = r\sin\phi \end{cases} \tag{1-1}$$

式中：A_t 为首子午线的时角。

地心惯性坐标系在惯性+星光制导中是一个重要的坐标系，可将星体方位矢量转换到发射惯性坐标系。

1.2.1.2 地面发射坐标系

地面发射坐标系 $O_gX_gY_gZ_g$ 如图 1-8 所示，其定义为：坐标原点取为发射点在地球参考椭球体表面上的投影点，Y_g 轴与参考椭球体的法线重合而指向上方，X_g 轴在过原点的参考椭球体的切平面内指向射击方向，Z_g 轴与 X_g、Y_g 轴成右手正交坐标系。其中，$X_gO_gY_g$ 平面称为射击平面，O_gX_g 轴与真北方向间的夹角为发射方位角 A_T，O_g 点的地心纬度为 B_T。

假设导弹某时刻位于空间 m 点，那么该点位置由图 1-8 可得

$$\boldsymbol{r} = (\boldsymbol{R}_{0x} + x)\boldsymbol{x}^0 + (\boldsymbol{R}_{0y} + y)\boldsymbol{y}^0 + (\boldsymbol{R}_{0z} + z)\boldsymbol{z}^0 \tag{1-2}$$

式中：$\boldsymbol{R}_{0x}$、$\boldsymbol{R}_{0y}$、$\boldsymbol{R}_{0z}$ 为发射点地心矢径 $\boldsymbol{R}_0$ 在发射惯性坐标系各轴上的投影；$\boldsymbol{x}^0$、$\boldsymbol{y}^0$、$\boldsymbol{z}^0$ 为地面发射坐标系各轴的单位矢量。

矢径 $\boldsymbol{r}$ 的大小及其方向余弦可表示为

$$
\begin{cases}
r=\sqrt{(R_{0x}+x)^2+(R_{0y}+y)^2+(R_{0z}+z)^2} \\
\cos(r,x^0)=\dfrac{R_{0x}+x}{r} \\
\cos(r,y^0)=\dfrac{R_{0y}+y}{r} \\
\cos(r,z^0)=\dfrac{R_{0z}+z}{r}
\end{cases}
\tag{1-3}
$$

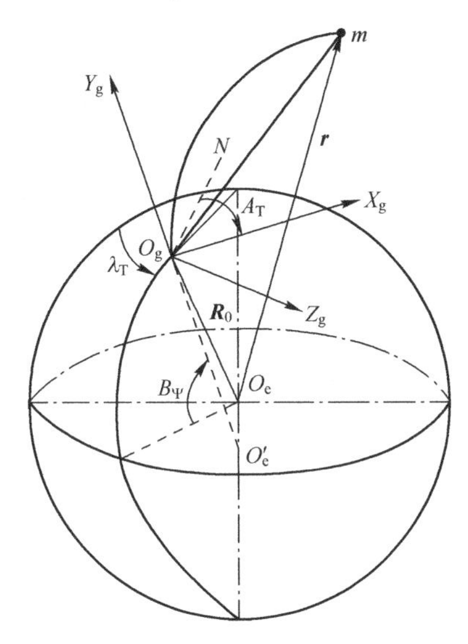

图 1-8　地面发射坐标系

在确定了导弹质心相对于地面发射坐标系的矢径后，那么描述其质心相对于该坐标系的速度也就容易确定了。因此，在研究导弹相对地面运动时，地面发射坐标系是一个较为方便的参考系。

对于机动发射的弹道导弹来说，在发射前，发射点随导弹运载器的运动而改变，故坐标系也在沿地球表面移动。对于定点发射的导弹，发射前该坐标系与地面固连。

导弹的射击方向（射击方位角）是由导弹射前的射击诸元计算所确定的。它是目标点和发射点位置的函数。因为机动发射导弹在其发射过程中随其运载器的运动而运动，发射点的位置在不断变化中，所以射击方位角也随之变化，即射击诸元的计算具有实时性。

因为惯性平台台体靠敏感地球重力进行调平，靠陀螺仪或大地（天文）测量提供的方位基准进行瞄准，所以发射前平台的初始对准，实际上就是使平台框架坐标系与地面发射坐标系进行对准。

1.2.1.3　发射惯性坐标系

发射惯性坐标系 *OXYZ* 与导弹发射瞬间（制导系统开始工作瞬间）的地面发射坐标系完全重合，而后在惯性空间定位定向。

该坐标系与地心惯性坐标系间的关系位置是固定不变的。它是制导计算的主要坐标系，因为导航计算、导引计算、姿态角解算均在此坐标系内进行，所以也将该坐标系称为制导计算坐标系。

1.2.1.4 北天东坐标系

北天东坐标系 $OX_nY_nZ_n$ 的坐标原点可根据需要选在任意点，Y_n 轴与过原点的地心矢径 $\boldsymbol{r}$ 的方向一致，X_n 指向北极且与 Y_n 相垂直，Z_n 指向东方且与 X_n、Y_n 成右手正交坐标系。

1.2.1.5 弹体坐标系

为了描述导弹飞行中相对于地球的运动姿态，常常引进一个固连于弹体且随导弹一起运动的直角坐标系 $O_bX_bY_bZ_b$，该坐标系称为弹体坐标系，如图 1-9 所示。该坐标系的原点与弹体质心重合；O_bX_b 轴与导弹弹体纵轴重合，指向弹头部为正；O_bY_b 轴垂直于 O_bX_b 轴，在弹体的Ⅰ、Ⅲ象限面内，指向Ⅲ为正，在导弹垂直发射时，O_bY_b 轴指向射击方向的反向；O_bZ_b 轴垂直于 O_bX_b 轴和 O_bY_b 轴，方向按右手法规确定（从 O_bX_b 轴到 O_bY_b 轴）。

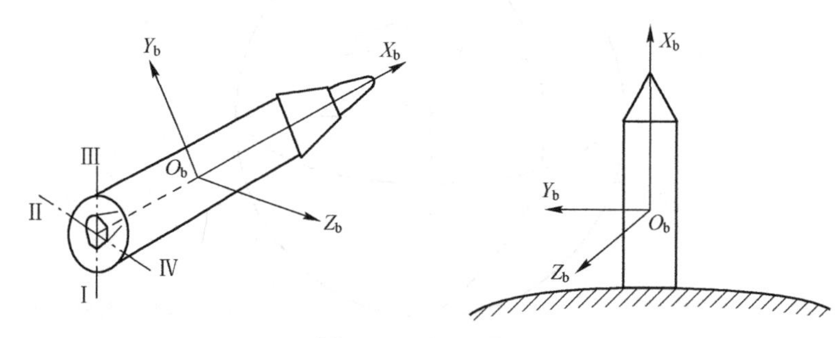

图 1-9 弹体坐标系

弹体坐标系的引入，可以方便地描述导弹绕质心的转动，即姿态运动。此外，还可用来描述作用在弹体上的力，如推力、控制力等。

1.2.1.6 速度坐标系

导弹在飞行中，速度矢量 $\boldsymbol{V}$ 一般是一个空间矢量。为了确定该矢量在空间的方位以及研究作用于导弹上的空气动力，需要引入以速度矢量 $\boldsymbol{V}$ 为参考的速度坐标系。速度坐标系用 $O_vX_vY_vZ_v$ 表示，如图 1-10 所示。该坐标系的原点 O_v 取在弹体空气动力的压力中心，O_vX_v 指向导弹速度矢量方向，O_vY_v 在弹体纵对称平面内，垂直于 O_vX_v，指向发射惯性坐标系 OY 轴正向为正；O_vZ_v 垂直于 $X_vO_vY_v$ 平面，并与 O_vX_v、O_vY_v 构成右手直角坐标系。

速度坐标系用来建立质心运动方程，描述导弹弹道规律，分析弹体承受的空气动力。

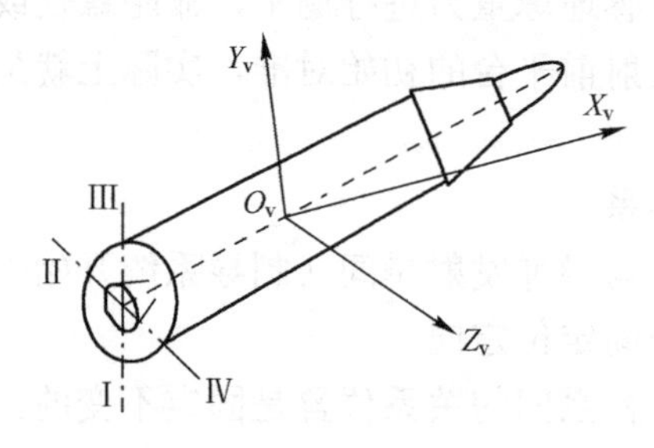

图 1-10 速度坐标系

1.2.1.7 平台框架坐标系

平台框架坐标系用 $O_PX_PY_PZ_P$ 表示，如图 1-11（a）所示。该坐标系的原点 O_P 与弹上陀螺稳定平台中心重合；O_PX_P 轴与平台外环轴向一致；O_PY_P 轴与平台内环轴一致；O_PZ_P 轴与平台台体轴向一致，它与 O_PX_P 轴和 O_PY_P 轴构成右手直角坐标系。在发射点处，平台框架坐标系各轴与发射惯性坐标系各轴平行且方向一致。平台框架、弹体基座、平台台体相对转动的角度定义为框架角。

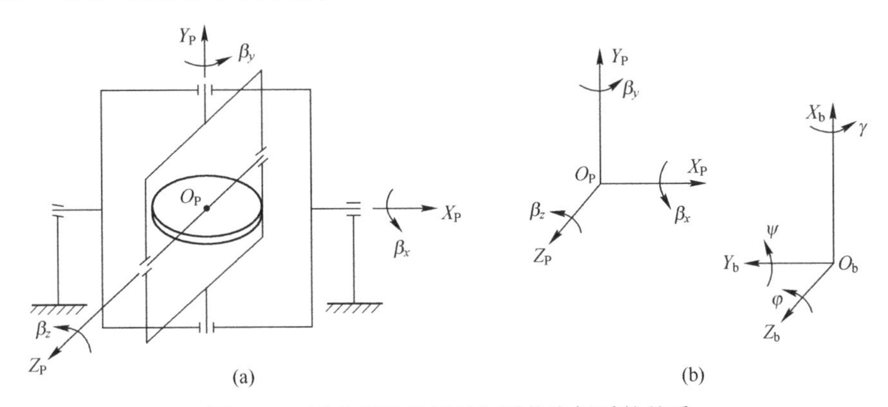

图 1-11 平台框架坐标系与弹体坐标系的关系

在平台框架坐标系中，台体不动，内环绕台体轴 O_PZ_P 正向转动的角度定义为框架角 β_z，该角度为平台台体轴框架角传感器测量的角度；外环绕内环轴 O_PY_P 正向转动的角度定义为框架角 β_y，该角度为平台内环轴框架角传感器测量的角度；基座绕外环轴 O_PX_P 正向转动的角度定义为框架角 β_x，该角度为平台外环轴框架角传感器测量的角度。符合右手法则转动的角度规定为正，反之为负。

由于在发射点处平台框架角坐标系各轴与发射惯性坐标系各轴平行且正负方向相同，而弹道导弹处于垂直竖立状态，因此平台框架坐标系与弹体坐标系间的关系如图 1-11 所示。由图 1-11（b）可得，框架角和姿态角的关系可表示为

$$\begin{cases}\varphi = \beta_z + 90^\circ \\ \psi = -\beta_x \\ \gamma = \beta_y\end{cases}$$

1.2.1.8 坐标系转换关系

1. 弹体坐标系与发射惯性坐标系的关系

发射惯性坐标系能够确定飞行过程中导弹质心任一时刻相对于地球的位置，但是无法确定导弹飞行中相对于地球的运动姿态。只有将固连于地球的发射惯性坐标系和固连于导弹的弹体坐标系联合使用，才能既可描述导弹任一飞行瞬间相对于地球的位置，又可确定导弹相对于地球的飞行姿态。为此，需要建立弹体坐标系与发射惯性坐标系之间的转换关系。

在建立两坐标系间的关系时，可以认为弹体坐标系是由发射瞬间与发射惯性坐标系相重合的辅助坐标系先平移到导弹质心上，再经过三次旋转（先转动φ，再转动ψ，最后转动γ）得到的，如图 1-12 所示。显然，平移后的辅助发射惯性坐标系与弹体坐标系各

轴间的三个欧拉角分别为φ、ψ、γ，分别称为俯仰角、偏航角、滚动角。导弹相对于发射惯性坐标系的飞行姿态完全由φ、ψ和γ来确定，因此这三个角度统称为导弹相对于地球的飞行姿态角，定义如下：

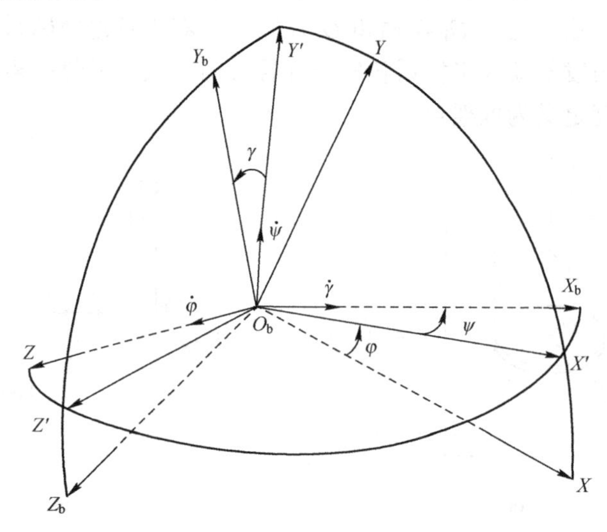

图 1-12　弹体坐标系与发射惯性坐标系的转换关系

（1）俯仰角φ是弹体纵对称轴 O_bX_b 轴在射面 XOY 内的投影与 OX 轴之间的夹角，$\dot{\psi}$ 为俯仰角速度。俯仰角φ 实质上是描述导弹飞行中相对于地面下俯（导弹低头）或上仰（导弹抬头）程度的一个物理量。设φ_{cx}为预定的俯仰程序角，$\Delta\psi=\psi-\psi_{cx}$为俯仰偏差角。

（2）偏航角ψ是弹体的 O_bX_b 轴与射面 XOY 之间的夹角，$\dot{\psi}$ 为偏航角速度。偏航角ψ 实质上是描述导弹飞行中偏离射面程度的一个物理量。设ψ_{cx} 为预定的偏航程序角，$\Delta\psi=\psi-\psi_{cx}$为偏航偏差角。

（3）滚动角γ是弹体坐标系的法向轴 O_bY_b 与包含导弹纵轴 O_bX_b 的铅垂平面之间的夹角，$\dot{\gamma}$ 为滚动角速度。滚动角γ实质上是描述弹体绕其纵轴 O_bX_b 滚转程度的一个物理量。设γ_{cx}为预定的滚动程序角，$\Delta\gamma=\gamma-\gamma_{cx}$为滚动偏差角。

符合右手法则转动的角度和角速度规定为正，反之为负。对于弹道导弹而言，俯仰角φ要比偏航角ψ和滚动角γ大得多。前者约在 15°～90°的范围内变化，而后者的变化范围仅为几度而已。这意味着，为了确保弹道导弹始终不偏离射面以及控制系统仪器设备的正常工作，我们既不希望其偏离射面，也不需要它有任何滚动，否则，不仅会造成大的横向偏差，而且还会影响控制系统仪器设备的正常工作。

由图 1-12 所示的转换关系可得，发射惯性坐标系到弹体坐标系的转换矩阵为

$$\boldsymbol{L}(\varphi,\ \psi,\ \gamma)=\begin{bmatrix}\cos\varphi\cos\psi & \sin\varphi\cos\psi & -\sin\psi\\ \cos\varphi\sin\psi\sin\gamma-\sin\varphi\cos\gamma & \sin\varphi\sin\psi\sin\gamma+\cos\varphi\cos\gamma & \cos\psi\sin\gamma\\ \cos\varphi\sin\psi\cos\gamma+\sin\varphi\sin\gamma & \sin\varphi\sin\psi\cos\gamma-\cos\varphi\sin\gamma & \cos\psi\cos\gamma\end{bmatrix} \tag{1-4}$$

由于两个坐标系均为正交坐标系，因此它们之间的转换矩阵式（1-4）是正交矩阵，根据正交矩阵的逆矩阵等于其转置矩阵的特性，由弹体坐标系到发射惯性坐标系的转换

矩阵则为 $\boldsymbol{L}(\gamma, \psi, \varphi)^{\mathrm{T}}$。

2. 速度坐标系与发射惯性坐标系的关系

建立速度坐标系与发射惯性坐标系之间的关系和建立弹体坐标系与发射惯性坐标系之间的关系的方法是一致的，即速度坐标系是由平移于导弹压心的发射惯性坐标系经过三次旋转而得到的，如图 1-13 所示。

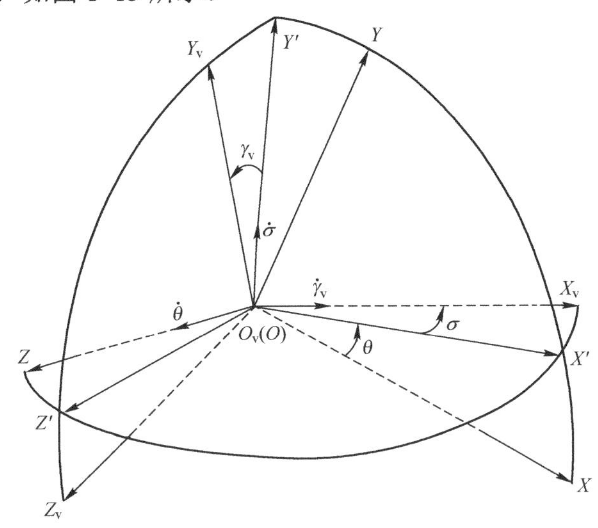

图 1-13　速度坐标系与发射惯性坐标系的转换关系

由图 1-13 可知，这两个坐标系之间的关系由 θ、σ 和 γ_{v} 三个欧拉角确定，它们分别称为弹道倾角、弹道偏角和倾斜角，定义如下：

（1）弹道倾角 θ 是 $O_{\mathrm{v}}X_{\mathrm{v}}$ 轴在射面 XOY 的投影与 OX 轴之间的夹角。当投影在 OX 轴上方时，θ 角为正，反之为负。弹道倾角 θ 是衡量导弹速度矢量 $\boldsymbol{V}$ 相对于发射点水平面上下倾斜程度的一个物理量。

（2）弹道偏角 σ 是 $O_{\mathrm{v}}X_{\mathrm{v}}$ 轴与射面 XOY 之间的夹角。顺着 OX 轴正方向看，$O_{\mathrm{v}}X_{\mathrm{v}}$ 轴在射面的左边时，σ 角为正，反之为负。弹道偏角 σ 是衡量导弹速度矢量 $\boldsymbol{V}$ 偏离射面程度的一个物理量。

（3）倾斜角 γ_{v} 是 $O_{\mathrm{v}}Y_{\mathrm{v}}$ 轴与射面 XOY 之间的夹角。逆着 OX 轴正方向看，$O_{\mathrm{v}}Y_{\mathrm{v}}$ 轴在射面的左边时，γ_{v} 角为正，反之为负。倾斜角 γ_{v} 是衡量处于导弹纵对称面内的 $O_{\mathrm{v}}Y_{\mathrm{v}}$ 轴相对于射面倾斜程度的一个物理量。

在主动飞行段，由于弹道导弹在控制系统的作用下飞行，角度 σ 和 γ_{v} 一般均比较小，因而有时可以忽略不计。

根据式（1-4），只要将其中的角度 φ、ψ、γ 分别替换为 θ、σ、γ_{v}，即可得到从发射惯性坐标系到速度坐标系的转换矩阵，即

$$\boldsymbol{L}(\theta, \sigma, \gamma_{\mathrm{v}})=\begin{bmatrix} \cos\theta\cos\sigma & \sin\theta\cos\sigma & -\sin\sigma \\ \cos\theta\sin\sigma\sin\gamma_{\mathrm{v}}-\sin\theta\cos\gamma_{\mathrm{v}} & \sin\theta\sin\sigma\sin\gamma_{\mathrm{v}}+\cos\theta\cos\gamma_{\mathrm{v}} & \cos\sigma\sin\gamma_{\mathrm{v}} \\ \cos\theta\sin\sigma\cos\gamma_{\mathrm{v}}+\sin\theta\sin\gamma_{\mathrm{v}} & \sin\theta\sin\sigma\cos\gamma_{\mathrm{v}}-\cos\theta\sin\gamma_{\mathrm{v}} & \cos\sigma\cos\gamma_{\mathrm{v}} \end{bmatrix} \tag{1-5}$$

3. 速度坐标系与弹体坐标系的关系

从两个坐标系的定义可知，O_vY_v 轴和 O_bY_b 轴都在导弹纵对称面内，两个坐标系之间的关系只需用两个欧拉角来描述。换言之，速度坐标系只要按照一定顺序（先旋转 β，再旋转 α）旋转两次便可得到弹体坐标系，见图 1-14。

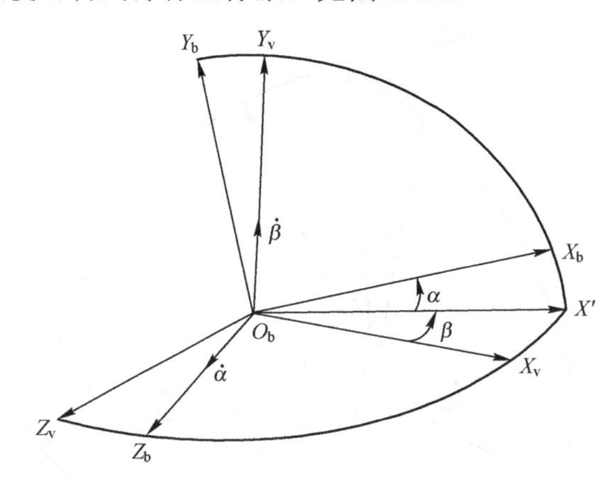

图 1-14 速度坐标系与弹体坐标系的转换关系

由图 1-14 可知，速度坐标系与弹体坐标系之间的关系由欧拉角 α 和 β 确定，它们分别称为攻角（迎角）和侧滑角，定义如下：

（1）攻角（迎角）α 是 O_vX_v 轴在弹体纵对称面 $X_bO_bY_b$ 内的投影与 O_bX_b 轴间的夹角。当投影在 O_bX_b 轴下方时，α 为正，反之为负。攻角 α 是衡量导弹速度矢量 $\boldsymbol{V}$ 相对于弹体轴上下倾斜程度的一个物理量。

（2）侧滑角 β 是 O_vX_v 轴与弹体纵对称面 $X_bO_bY_b$ 间的夹角。顺着 O_bX_b 轴正方向看，O_vX_v 轴在纵对称面的右边时，β 角为正，反之为负。侧滑角 β 是衡量导弹速度矢量 $\boldsymbol{V}$ 相对于弹体纵对称面左右偏离程度的一个物理量。

根据图 1-14 可知，速度坐标系到弹体坐标系的转换矩阵为

$$\boldsymbol{L}(\beta,\ \alpha)=\begin{bmatrix} \cos\alpha\cos\beta & \sin\alpha & -\cos\alpha\sin\beta \\ -\sin\alpha\cos\beta & \cos\alpha & \sin\alpha\sin\beta \\ \sin\beta & 0 & \cos\beta \end{bmatrix} \tag{1-6}$$

1.2.2 作用在导弹上的控制力和控制力矩

导弹之所以能够飞行，并准确地命中目标，完全是由于发动机推力、控制力和控制力矩共同作用的结果。所谓控制飞行（程序飞行），是指完成某一给定的飞行任务而依据其相应的控制方案不断地改变导弹质心速度大小和飞行方向。

众所周知，导弹在飞行过程中，受到地球引力、空气动力和发动机推力的作用。由于地球引力作用线通过导弹质心，且其大小也不能随意改变，因而无法对导弹质心产生控制力矩。显然，对导弹飞行进行控制的力和力矩就只能通过改变空气动力或发动机推力方向来产生。控制导弹飞行的力和力矩分别称为控制力和控制力矩。

对于弹道导弹，目前用于产生控制力和控制力矩的装置有以下几种形式：空气舵、

燃气舵、摆动发动机、摆动喷管和二次喷射以及与之相应的伺服系统，并根据要求单独采用其中的一种形式，也可以同时采用两种不同形式。

以空气舵作为产生控制力和控制力矩的操纵机构，因依赖于大气而受到飞行高度的限制，因此，这种控制机构常用于在稠密大气层中飞行的地对空、空对空以及战略飞航式导弹；对于地对地弹道导弹来说，它只适用于近程导弹，而且也只能起到辅助控制的作用。

由于空气舵与燃气舵、摆动发动机与摆动喷管产生控制力和控制力矩的原理及其数学表达式基本相似，所以下面只讨论燃气舵、摆动发动机和二次喷射控制形式的控制原理。

1.2.2.1 燃气舵产生的控制力和控制力矩

燃气舵是安装在导弹火箭发动机喷管出口处燃气流中的一种控制舵面（图 1-15），由石墨或其他耐高温材料制成，当其相对燃气流偏转时，便产生改变导弹飞行方向和姿态的控制力和控制力矩。它通常为“+”型布局，在喷口处的排列顺序是：从导弹尾部向前看去，按顺时针方向编号，当导弹垂直竖起在发射台上时，位于导弹纵对称平面内的Ⅰ、Ⅲ舵恰好处于射击平面内，Ⅰ舵朝向目标瞄准方向。当Ⅲ舵同步偏转时，由于舵面相对燃气流冲角的改变，便产生作用于舵面的燃气侧向力，并对导弹质心产生偏航力矩，以控制导弹的偏航运动；当Ⅰ、Ⅲ舵差动偏转时，则将产生绕弹轴滚动的控制力矩，以控制导弹的滚动运动。Ⅱ、Ⅳ舵位于导弹横对称平面内，当其同步偏转时，便产生俯仰力矩，以控制导弹在射击平面内按预定程序稳定飞行；当其差动时也可控制导弹的滚动运动，但一般只用于同步转动而不实施差动运动。

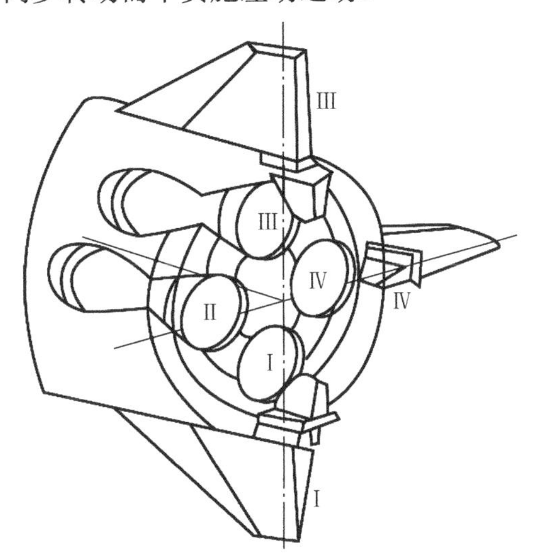

图 1-15 燃气舵结构示意图

为便于确定控制力和控制力矩的方向，对上述“+”型布局的燃气舵偏角通常规定：当导弹作负俯仰运动时，Ⅱ、Ⅳ舵的偏角 δ_{II}、δ_{IV} 定义为正，反之为负。此外，为便于计算控制力和控制力矩，通常会引进当量（等效）舵偏角的概念，其含义是与实际舵偏角具有相同控制力矩时的平均舵偏角，且规定产生负向控制力矩时的当量舵偏角为正，反之为负。这样，对应于三种控制力矩的当量舵偏角分别称为当量俯仰角 δ_{φ}、当量偏航

角 δ_ψ 和当量滚动角 δ_γ。

根据实际舵偏角和当量舵偏角的定义，则舵偏角间的关系可表示为

$$\begin{cases}\delta_\varphi=\dfrac{1}{2}(\delta_{\mathrm{II}}+\delta_{\mathrm{IV}})\\ \delta_\psi=\dfrac{1}{2}(\delta_{\mathrm{I}}+\delta_{\mathrm{III}})\\ \delta_\gamma=\dfrac{1}{2}(\delta_{\mathrm{III}}-\delta_{\mathrm{I}})\end{cases}\tag{1-7}$$

燃气流作用在燃气舵上的合作用力矢量在弹体坐标系各轴上的分量（图 1-16）为

$$\begin{cases}X_{1c}=4C_{x1j}q_jS_j\\ Y_{1c}=2C_{y1j}q_jS_j\\ Z_{1c}=-2C_{z1j}q_jS_j\end{cases}\tag{1-8}$$

式中：C_{x1j}、C_{y1j}、C_{z1j} 分别为燃气舵轴向力系数、法向力系数和侧向力系数；$q_j=\rho_ju_j^2/2$ 为燃气流动压力；u_j 为流经燃气舵的燃气平均喷射速度；ρ_j 为燃气流密度；S_j 为单个燃气舵的特征面积。

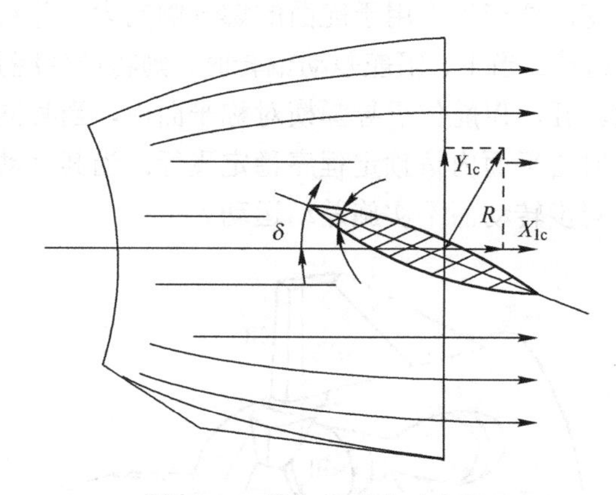

图 1-16　燃气舵受力示意图

燃气流气动力系数可由发动机试车时测出，也可以利用经验公式计算。经计算表明，气动力系数不仅与舵偏角有关，而且与舵的形状及燃气速度有关。对于液体火箭发动机来说，当发动机处于稳定工作状态时，燃气速度变化不大，可近似为常数，这样对于给定形状的燃气舵，作用于舵面的阻力、升力（法向力）和力矩仅仅是舵偏角的函数。因此，用燃气舵来控制导弹使之按预定程序飞行，要比空气舵稳定得多。

经验表明，气动力系数与燃气舵偏角 δ 的关系如图 1-17 所示。从图中清楚地看出，在相当大的舵偏角范围内，其法向力系数 C_{y1j} 可近似认为与舵偏角 δ 呈线性关系。于是，燃气流所产生的控制力和控制力矩可分别表示为

$$\begin{cases}X_{1c}=4C_{x1j}q_jS_j\\ Y_{1c}=2C_{y1j}^{\delta}\delta_\varphi q_jS_j=R'\delta_\varphi\\ Z_{1c}=-2C_{y1j}^{\delta}\delta_\psi q_jS_j=-R'\delta_\psi\end{cases}\tag{1-9}$$

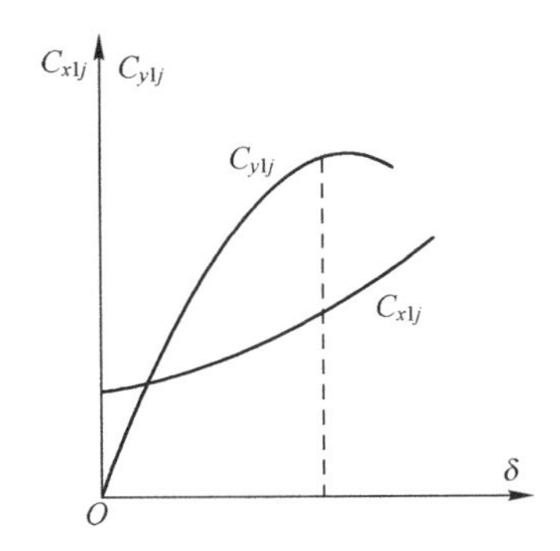

图 1-17　气动力系数与燃气舵偏角关系图

$$\begin{cases} M_{z1c} = -R'(x_{ry} - x_z)\delta_\varphi = M_{z1c}^\delta \delta_\varphi \\ M_{y1c} = -R'(x_{ry} - x_z)\delta_\psi = M_{y1c}^\delta \delta_\psi \\ M_{x1c} = -R' z_{ry} \delta_\gamma = M_{x1c}^\delta \delta_\gamma \end{cases} \tag{1-10}$$

式中：C_{y1j}^δ 为燃气舵法向力系数对当量舵偏角的导数，且当燃气舵为“+”型布局时，有 $C_{y1j}^\delta = C_{z1j}^\delta$；$R' = 2C_{y1j}^\delta q_j S_j$ 为一对燃气舵的控制力梯度；x_{ry}、x_z 分别为燃气舵铰链轴和导弹质心至导弹头部理论尖端的距离；z_{ry} 为燃气舵铰链轴至弹体纵轴的距离；$M_{z1c}^\delta = M_{y1c}^\delta = -R'(x_{ry} - x_z)$ 和 $M_{x1c}^\delta = -R' z_{ry}$ 分别为俯仰、偏航和滚动控制力矩对当量舵偏角的导数。因规定当量舵偏角为正时控制力矩为负值，故控制力矩对当量舵偏角的导数均为负值。

导弹飞行中，位于高速高温燃气流中的燃气舵，因烧蚀作用，必然发生变形，这将导致燃气舵阻力和控制力梯度变化，当考虑到这一影响因素时，燃气舵阻力和控制力梯度可表示为

$$\begin{cases} X_{1c} = X_{1c0}(1 + \eta t)\dfrac{P}{P_0} \\ R' = R'_0(1 - \zeta t)\dfrac{P}{P_0} \end{cases} \tag{1-11}$$

式中：X_{1c0}、R'_0 分别为发动机试车时的燃气舵阻力和控制力梯度；η、ζ 分别为因舵烧蚀而对舵阻力和控制力梯度的影响修正系数，由试验确定；t 为发动机工作时间。

习惯上，通常把燃气舵阻力 X_{1c} 视为发动机推力在燃气舵上的损失，并将损失后的推力称为有效推力，用 P_e 表示，因而有

$$P_e = P - X_{1c}$$

用燃气舵作为产生控制力和控制力矩的控制机构，具有结构简单和可在没有大气的高空中起到控制作用的优点，但同时也存在因燃气舵阻力较大而造成推力损失较大，以及因其烧蚀变形而使控制力和控制力矩发生变化的缺点。因此，这种舵一般只用于发动机工作时间不长的中近程弹道导弹上。

1.2.2.2　摇摆发动机产生的控制力和控制力矩

借助于发动机摆动来改变推力方向，产生控制力和控制力矩，以实现对导弹飞行姿

态的控制，是弹道导弹控制的发展趋势。因为这种控制方式具有不受大气密度和发动机工作时间长短的限制，以及能够产生较大控制力和控制力矩的优点，所以已广泛地应用于远程弹道导弹的控制上。

摇摆发动机组有“×”型和“+”型两种安装形式。由于前者比后者的控制效率高，因而常被用于需要较大控制力和控制力矩的多级弹道导弹的第一级。

1. “×”型布局的控制力和控制力矩

由 4 台摇摆发动机并联而成的“×”型布局的发动机组，其摇摆发动机相当于安装在一个正四棱锥体四侧面的底边上，安装轴线相当于锥体侧面底边的中线且与弹体纵轴构成μ安装角。发动机可在锥体侧面内摆动，其摆动角δ正负定义如下：从导弹尾部向前看去，当发动机喷管沿弹体圆周线顺时针摆动时，δ定义为正，反之为负，如图 1-18所示。

显然，当发动机不摆动时，各台发动机推力线方向沿各自的安装轴线方向，而其合推力方向则沿弹体轴O_bX_b的正方向，只能使导弹质心产生运动，要使导弹转动就必须摆动发动机。如果 4 台发动机同时摆动$+\delta$，则各台发动机推力线与其安装轴线之间也必然构成正δ角。将每台发动机推力$P_i(i=1,2,3,4)$分解为沿其安装轴线方向上的分量P_i'和垂直于安装轴线方向上的分量P_i''，如图 1-18（a）所示。分量P_i'的合成量可使导弹质心运动，而垂直于安装轴线方向上的分量P_i''，则可使导弹产生绕其纵轴的负滚动运动；反之，若发动机同时摆动$-\delta$时，则导弹必然产生绕其纵轴的正滚动运动。

同理，当组成“×”型布局的 4 台发动机按一定规律同时摆动时，导弹必然同时产生与之相应的俯仰、偏航运动，如图 1-18（c）所示。由此得出结论：“×”型布局的发动机按一定规律摆动，可控制导弹的俯仰、偏航和滚动三个运动姿态。

为方便计算，像燃气舵当量舵偏角那样，这里引入发动机当量摆动角的概念，其含义和表示方法与燃气舵当量舵偏角相同。

根据发动机摆动角δ_{I}、δ_{II}、δ_{III}、δ_{IV}及发动机当量摆动角δ_φ、δ_ψ、δ_γ的定义，则有

$$\begin{cases}\delta_\gamma-\delta_\varphi-\delta_\psi=\delta_{\mathrm{I}}\\ \delta_\gamma-\delta_\varphi+\delta_\psi=\delta_{\mathrm{II}}\\ \delta_\gamma+\delta_\varphi+\delta_\psi=\delta_{\mathrm{III}}\\ \delta_\gamma+\delta_\varphi-\delta_\psi=\delta_{\mathrm{IV}}\end{cases} \tag{1-12}$$

或者

$$\begin{cases}\delta_\varphi=\dfrac{1}{4}(-\delta_{\mathrm{I}}-\delta_{\mathrm{II}}+\delta_{\mathrm{III}}+\delta_{\mathrm{IV}})\\ \delta_\psi=\dfrac{1}{4}(-\delta_{\mathrm{I}}+\delta_{\mathrm{II}}+\delta_{\mathrm{III}}-\delta_{\mathrm{IV}})\\ \delta_\gamma=\dfrac{1}{4}(\delta_{\mathrm{I}}+\delta_{\mathrm{II}}+\delta_{\mathrm{III}}+\delta_{\mathrm{IV}})\end{cases} \tag{1-13}$$

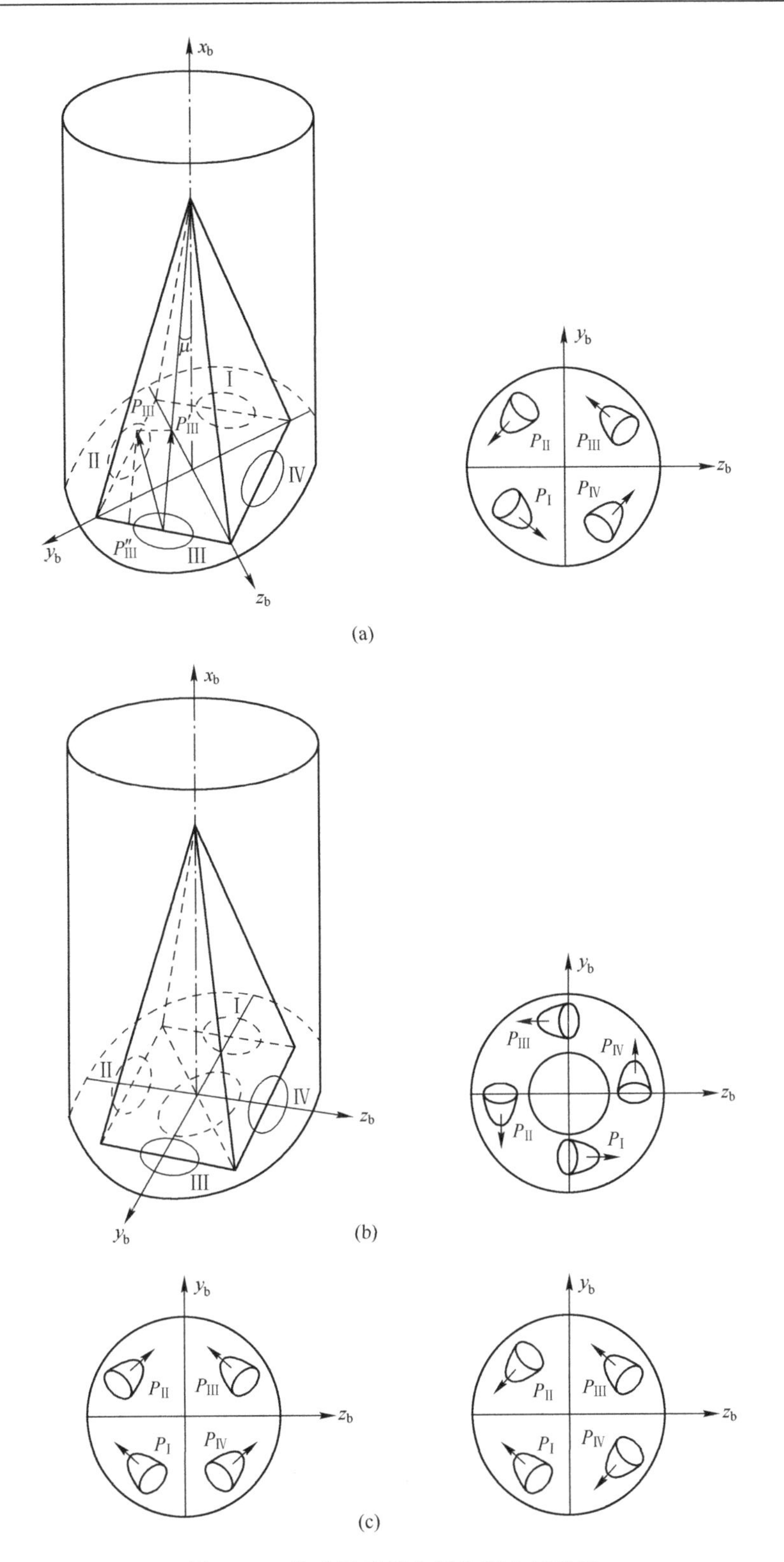

图 1-18　发动机喷管布局与摆动示意图

由于导弹在控制系统作用下飞行时的滚动运动很小，所以发动机当量摆动角 δ_γ 也很小。当近似认为 $\delta_\gamma=0$ 时，式（1-13）简化为

$$\begin{cases}-\delta_\varphi-\delta_\psi=\delta_{\mathrm{I}}\\-\delta_\varphi+\delta_\psi=\delta_{\mathrm{II}}\\\delta_\varphi+\delta_\psi=\delta_{\mathrm{III}}\\\delta_\varphi-\delta_\psi=\delta_{\mathrm{IV}}\end{cases}\tag{1-14}$$

将摆动后的发动机推力投影于弹体坐标系各轴上，显然，沿 O_bX_b 轴方向的合推力分量只能推动导弹质心运动，而不能使其绕质心转动，故将其称为发动机有效推力；而沿 O_bY_b 及 O_bZ_b 轴方向上的合推力分量可改变导弹速度方向以及控制导弹绕质心的俯仰和偏航运动，因此分别称为法向控制力和横向控制力。

现以第Ⅲ台发动机为例来推导有效推力和控制力。若第Ⅲ台发动机摆动 $+\delta_{\mathrm{III}}$ 时，则推力 P_{III} 在其安装轴线方向上的分量 P'_{III} 和垂直于安装轴线方向上的分量 P''_{III} 可分别表示为（图 1-19）

$$\begin{cases}P'_{\mathrm{III}}=P_{\mathrm{III}}\cos\delta_{\mathrm{III}}\\P''_{\mathrm{III}}=P_{\mathrm{III}}\sin\delta_{\mathrm{III}}\end{cases}$$

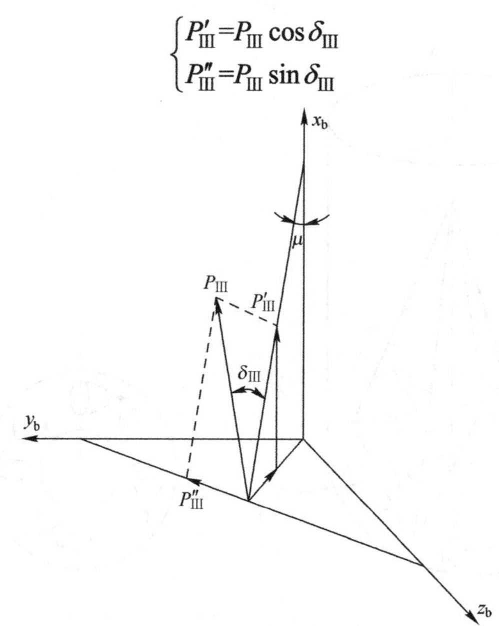

图 1-19 “×”型布局Ⅲ号发动机推力分解图

因此 P'_{III} 和 P''_{III} 在弹体坐标系各轴上的分量为

$$\begin{cases}P'_{\mathrm{III}x_b}=P_{\mathrm{III}}\cos\delta_{\mathrm{III}}\cos\mu\\P'_{\mathrm{III}y_b}=-P_{\mathrm{III}}\cos\delta_{\mathrm{III}}\sin\mu\cos45^\circ\\P'_{\mathrm{III}z_b}=-P_{\mathrm{III}}\cos\delta_{\mathrm{III}}\sin\mu\cos45^\circ\\P''_{\mathrm{III}x_b}=0\\P''_{\mathrm{III}y_b}=P_{\mathrm{III}}\sin\delta_{\mathrm{III}}\cos45^\circ\\P''_{\mathrm{III}z_b}=-P_{\mathrm{III}}\sin\delta_{\mathrm{III}}\cos45^\circ\end{cases}\tag{1-15}$$

用同样方法，也可将第Ⅰ、Ⅱ、Ⅳ台发动机摆动后的推力投影于弹体坐标系各轴上（表 1-1）。这样，将投影于 O_bX_b 轴上的推力分量 $P_i\cos\delta_i\cos\mu$ 进行叠加，可得

$$P_{x_b}=(P_{\mathrm{I}}\cos\delta_{\mathrm{I}}+P_{\mathrm{II}}\cos\delta_{\mathrm{II}}+P_{\mathrm{III}}\cos\delta_{\mathrm{III}}+P_{\mathrm{IV}}\cos\delta_{\mathrm{IV}})\cos\mu \tag{1-16}$$

表 1-1 “×”型布局发动机摆动后的推力在弹体坐标系轴上的投影

发动机推力		P_{x_b}	P_{y_b}	P_{z_b}
P_{I}	P'_{I}	$P_{\mathrm{I}}\cos\delta_{\mathrm{I}}\cos\mu$	$P_{\mathrm{I}}\cos\delta_{\mathrm{I}}\cos45^\circ\sin\mu$	$P_{\mathrm{I}}\cos\delta_{\mathrm{I}}\sin\mu\cos45^\circ$
	P''_{I}	0	$-P_{\mathrm{I}}\sin\delta_{\mathrm{I}}\cos45^\circ$	$P_{\mathrm{I}}\sin\delta_{\mathrm{I}}\cos45^\circ$
P_{II}	P'_{II}	$P_{\mathrm{II}}\cos\delta_{\mathrm{II}}\cos\mu$	$-P_{\mathrm{II}}\cos\delta_{\mathrm{II}}\sin\mu\cos45^\circ$	$P_{\mathrm{II}}\cos\delta_{\mathrm{II}}\sin\mu\cos45^\circ$
	P''_{II}	0	$-P_{\mathrm{II}}\sin\delta_{\mathrm{II}}\cos45^\circ$	$-P_{\mathrm{II}}\sin\delta_{\mathrm{II}}\cos45^\circ$
P_{III}	P'_{III}	$P_{\mathrm{III}}\cos\delta_{\mathrm{III}}\cos\mu$	$-P_{\mathrm{III}}\cos\delta_{\mathrm{III}}\sin\mu\cos45^\circ$	$-P_{\mathrm{III}}\cos\delta_{\mathrm{III}}\sin\mu\cos45^\circ$
	P''_{III}	0	$P_{\mathrm{III}}\sin\delta_{\mathrm{III}}\cos45^\circ$	$-P_{\mathrm{III}}\sin\delta_{\mathrm{III}}\cos45^\circ$
P_{IV}	P'_{IV}	$P_{\mathrm{IV}}\cos\delta_{\mathrm{IV}}\cos\mu$	$P_{\mathrm{IV}}\cos\delta_{\mathrm{IV}}\sin\mu\cos45^\circ$	$-P_{\mathrm{IV}}\cos\delta_{\mathrm{IV}}\sin\mu\cos45^\circ$
	P''_{IV}	0	$P_{\mathrm{IV}}\sin\delta_{\mathrm{IV}}\cos45^\circ$	$P_{\mathrm{IV}}\sin\delta_{\mathrm{IV}}\cos45^\circ$

由于 4 台发动机属于同一型号，因而有

$$P_{\mathrm{I}}=P_{\mathrm{II}}=P_{\mathrm{III}}=P_{\mathrm{IV}}=\frac{1}{4}P \tag{1-17}$$

式中：P 为 4 台发动机推力之和。

将式（1-14）和式（1-17）代入式（1-16），则得

$$P_{x_b}=\frac{P}{4}\cos\mu(2\cos(\delta_\varphi+\delta_\psi)+2\cos(\delta_\varphi-\delta_\psi))=P\cos\mu\cos\delta_\varphi\cos\delta_\psi$$

故发动机有效推力为

$$P_e=P_{x_b}=P\cos\mu\cos\delta_\varphi\cos\delta_\psi \tag{1-18}$$

根据表 1-1，可得发动机推力在 O_bY_b、O_bZ_b 轴上投影之和，即

$$\begin{cases}P_{y_b}=R'\sin\delta_\varphi\cos\delta_\psi\\P_{z_b}=-R'\sin\delta_\psi\cos\delta_\varphi\end{cases} \tag{1-19}$$

式中：

$$R'=\sqrt{2}P/2 \tag{1-20}$$

为摇摆发动机控制力梯度；P_{y_b} 和 P_{z_b} 分别为法向控制力和横向控制力。

由于发动机当量摆动角 δ_φ、δ_ψ 值不大，在近似计算中，可认为 $\sin\delta_\varphi\approx\delta_\varphi$，$\sin\delta_\psi\approx\delta_\psi$，$\cos\delta_\varphi\approx\cos\delta_\psi\approx1$，因此有

$$\begin{cases}P_e=P\cos\mu\\P_{y_b}=R'\delta_\varphi\\P_{z_b}=-R'\delta_\psi\end{cases} \tag{1-21}$$

导弹飞行姿态的变化完全是控制力对其质心（或弹体坐标轴）构成的力矩作用的结果，该力矩称为控制力矩。

设 x_z、x_{ry} 分别为导弹质心 O_z 和控制力作用点 O'（发动机铰链轴）至其头部理论尖

端的距离（图 1-20），根据力矩定义，则控制力 P_{y_b} 及 P_{z_b} 所产生的控制力矩可表示为

$$\begin{cases} M_{x_{bc}} \approx 0 \\ M_{y_{bc}} = P_{z_b}(x_{ry} - x_z) \\ M_{z_{bc}} = -P_{y_b}(x_{ry} - x_z) \end{cases} \tag{1-22}$$

式中：$M_{x_{bc}}$、$M_{y_{bc}}$、$M_{z_{bc}}$ 分别为滚动、偏航和俯仰控制力矩。

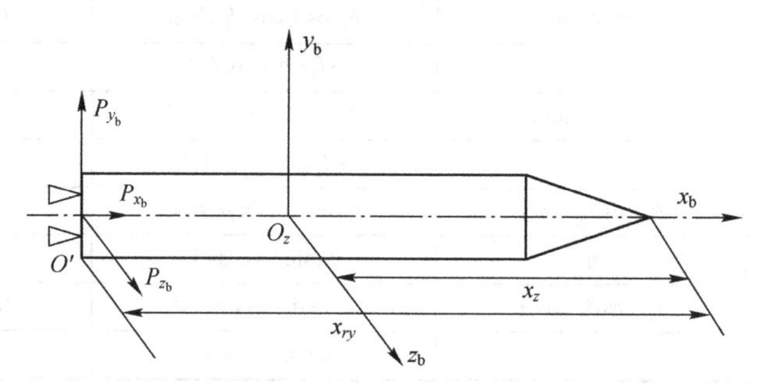

图 1-20　导弹沿弹体坐标系受力及力矩关系示意图

将式（1-21）代入式（1-22），则有

$$\begin{cases} M_{y_{bc}} = -R'(x_{ry} - x_z)\delta_\psi \\ M_{z_{bc}} = -R'(x_{ry} - x_z)\delta_\varphi \end{cases} \tag{1-23}$$

或

$$\begin{cases} M_{y_{bc}} = M_{y_{bc}}^{\delta}\delta_\psi \\ M_{z_{bc}} = M_{z_{bc}}^{\delta}\delta_\varphi \end{cases} \tag{1-24}$$

$$M_{y_{bc}}^{\delta} = M_{z_{bc}}^{\delta} = -R'(x_{ry} - x_z) \tag{1-25}$$

式中：$M_{y_{bc}}^{\delta}$ 和 $M_{z_{bc}}^{\delta}$ 分别为偏航和俯仰控制力矩对发动机当量摆动角的导数。

2. “+”型布局的控制力和控制力矩

由 4 台推力不大的游动发动机和 1 台推力较大的主发动机并联组成的“+”型布局的发动机组如图 1-18（b）所示。主发动机沿弹体纵轴固定安装，用它来产生推力而不产生控制力和控制力矩。游动发动机“+”型布局于主发动机周围，其安装形式和摆动规律与“×”型布局的摆动发动机组相似，如图 1-16（a）所示。正因为这样，所以呈“+”型布局的游动发动机组同样能够对导弹飞行进行控制。因篇幅所限，其控制原理不再赘述。

采用与式（1-12）相同的推导方法，可得“+”型布局的游动发动机当量摆动角 $\delta_i(i=\varphi,\psi,\gamma)$ 与其实际摆动角 $\delta_j(j=\text{I},\text{II},\text{III},\text{IV})$ 间的关系式，即

$$\begin{cases} \delta_\gamma - \delta_\psi = \delta_{\text{I}} \\ \delta_\gamma - \delta_\varphi = \delta_{\text{II}} \\ \delta_\gamma + \delta_\psi = \delta_{\text{III}} \\ \delta_\gamma + \delta_\varphi = \delta_{\text{IV}} \end{cases} \tag{1-26}$$

或

$$\begin{cases}\delta_\varphi=\dfrac{1}{2}(\delta_{\mathrm{IV}}-\delta_{\mathrm{II}})\\ \delta_\psi=\dfrac{1}{2}(\delta_{\mathrm{III}}-\delta_{\mathrm{I}})\\ \delta_\gamma=\dfrac{1}{4}(\delta_{\mathrm{I}}+\delta_{\mathrm{II}}+\delta_{\mathrm{III}}+\delta_{\mathrm{IV}})\end{cases} \tag{1-27}$$

将摆动后的游动发动机推力 $P_{uj}(j=\mathrm{I},\mathrm{II},\mathrm{III},\mathrm{IV})$ 投影于弹体坐标系各轴上（图 1-21，表 1-2），并将同一坐标轴上之投影进行叠加，当顾及关系式

$$P_{u\mathrm{I}}=P_{u\mathrm{II}}=P_{u\mathrm{III}}=P_{u\mathrm{IV}}=\frac{1}{4}P_u \tag{1-28}$$

时（P_u 为 4 台游动发动机推力之和），则有

$$\begin{cases}P_{x_1}=\dfrac{P_u}{2}\cos\mu\cos\delta_\gamma(\cos\delta_\varphi+\cos\delta_\psi)\\ P_{y_1}=\dfrac{P_u}{2}(\sin\mu\sin\delta_\gamma\sin\delta_\psi+\cos\delta_\gamma\sin\delta_\varphi)\\ P_{z_1}=\dfrac{P_u}{2}(\sin\mu\sin\delta_\gamma\sin\delta_\varphi-\cos\delta_\gamma\sin\delta_\psi)\end{cases}$$

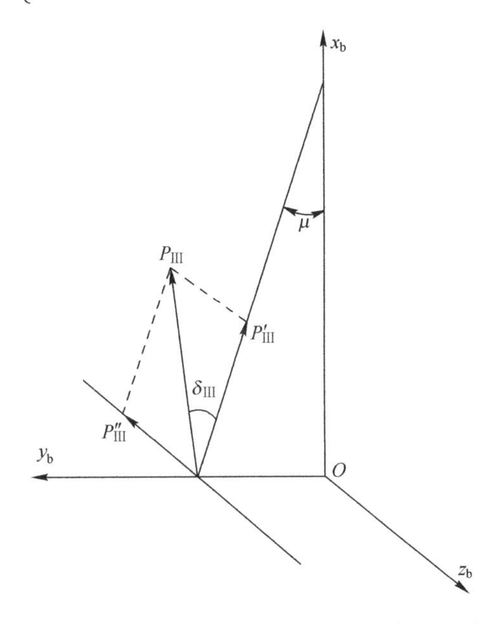

图 1-21 “+”型布局Ⅲ号发动机推力分解图

表 1-2 “+”型布局发动机摆动后的推力在弹体坐标系轴上的投影

发动机推力		P_{x_b}	P_{y_b}	P_{z_b}
$P_{u\mathrm{I}}$	$P'_{u\mathrm{I}}$	$P_{u\mathrm{I}}\cos\delta_{\mathrm{I}}\cos\mu$	$P_{u\mathrm{I}}\cos\delta_{\mathrm{I}}\sin\mu$	
	$P''_{u\mathrm{I}}$			$P_{u\mathrm{I}}\sin\delta_{\mathrm{I}}$
$P_{u\mathrm{II}}$	$P'_{u\mathrm{II}}$	$P_{u\mathrm{II}}\cos\delta_{\mathrm{II}}\cos\mu$		$P_{u\mathrm{II}}\cos\delta_{\mathrm{II}}\sin\mu$
	$P''_{u\mathrm{II}}$		$-P_{u\mathrm{II}}\sin\delta_{\mathrm{II}}$	

（续）

发动机推力		P_{x_b}	P_{y_b}	P_{z_b}
$P_{u\text{III}}$	$P'_{u\text{III}}$	$P_{u\text{III}}\cos\delta_{\text{III}}\cos\mu$	$-P_{u\text{III}}\cos\delta_{\text{III}}\sin\mu$	
	$P''_{u\text{III}}$			$-P_{u\text{III}}\sin\delta_{\text{III}}$
$P_{u\text{IV}}$	$P'_{u\text{IV}}$	$P_{u\text{IV}}\cos\delta_{\text{IV}}\cos\mu$		$-P_{u\text{IV}}\cos\delta_{\text{IV}}\sin\mu$
	$P''_{u\text{IV}}$		$P_{u\text{IV}}\sin\delta_{\text{IV}}$	

在实际弹道解算中，一般δ_γ是一个小量，可近似认为$\cos\delta_\gamma\approx1$，$\sin\delta_\gamma\approx0$，令

$$R'=\frac{1}{2}P_u \tag{1-29}$$

则得

$$\begin{cases}P_{x_1}=R'\cos\mu(\cos\delta_\varphi+\cos\delta_\psi)\\P_{y_1}=R'\sin\delta_\varphi\\P_{z_1}=-R'\sin\delta_\psi\end{cases} \tag{1-30}$$

式中：R'为游动发动机控制力梯度；P_{y_1}、P_{z_1}分别为游动发动机产生的法向和横向控制力；P_{x_1}为游动发动机有效推力。

在当量摆动角δ_φ、δ_ψ很小，可近似认为$\sin\delta_\varphi\approx\delta_\varphi$，$\sin\delta_\psi\approx\delta_\psi$，式（1-30）又可进一步简化为

$$\begin{cases}P_{x_1}=R'\cos\mu(\cos\delta_\varphi+\cos\delta_\psi)\\P_{y_1}=R'\delta_\varphi\\P_{z_1}=-R'\delta_\psi\end{cases} \tag{1-31}$$

当计入主发动机推力P_z时，则“+”型布局的发动机组有效推力P_e为

$$P_e=P_z+R'\cos\mu(\cos\delta_\varphi+\cos\delta_\psi) \tag{1-32}$$

由式（1-20）和式（1-29）不难看出，“×”型布局时的发动机控制力梯度R'是“+”型布局时控制力梯度R'的$\sqrt{2}$倍，也就是说，前者的控制效率是后者的$\sqrt{2}$倍，因此“×”型布局的摇摆发动机常用于要求控制力较大的多级弹道导弹的第一级。但由于控制系统复杂和控制精度不高，成为这种布局时的主要缺点，因此得出结论：在要求控制力较大而控制精度不高的情况下，宜采用“×”型布局的摆动发动机组。

像推导式（1-23）或式（1-24）一样，可导出游动发动机摆动时产生的控制力矩，即

$$\begin{cases}M_{y_{1c}}=-R'(x_{ry}-x_z)\delta_\psi=M_{y_{1c}}^{\delta}\delta_\psi\\M_{z_{1c}}=-R'(x_{ry}-x_z)\delta_\varphi=M_{z_{1c}}^{\delta}\delta_\varphi\end{cases} \tag{1-33}$$

式中：x_{ry}、x_z分别为游动发动机铰链轴和导弹质心至头部理论尖端的距离；$M_{y_{1c}}^{\delta}=M_{z_{1c}}^{\delta}=-R'(x_{ry}-x_z)$为游动发动机控制力矩对其当量摆动角的导数。

1.2.2.3 二次喷射方式产生的控制力和控制力矩

用于改变发动机推力方向和产生控制力、控制力矩的二次喷射方式，已广泛地应用于固体弹道导弹上。

应用二次喷射方式来控制导弹运动的原理，就是在发动机喷管某一侧面，向喷管内垂直喷注气体或液体，使受扰动的主燃气流附面层分离，改变其流动方向，并产生控制力和控制力矩（图 1-22），以控制导弹运动。

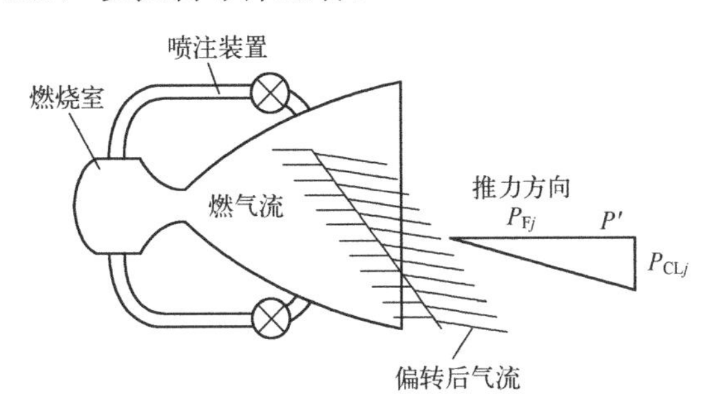

图 1-22　二次喷射装置推力示意图

由 4 台推力大小相等的固体火箭发动机并联构成“+”型布局的发动机组如图 1-23 所示。固体发动机安装轴线与弹体纵轴平行，其排列顺序与“+”型布局的摇摆发动机相同。每台发动机喷管侧面均有两个大小相等，且又相互对称的二次喷射启动活门。它们不能同时开启（图 1-22），当控制信号为正时，z 边的喷射启动活门打开；反之，F 边的启动活门打开。喷射启动活门的这种有规律的打开或关闭的组合，便可实现控制导弹的俯仰、偏航和滚动运动。

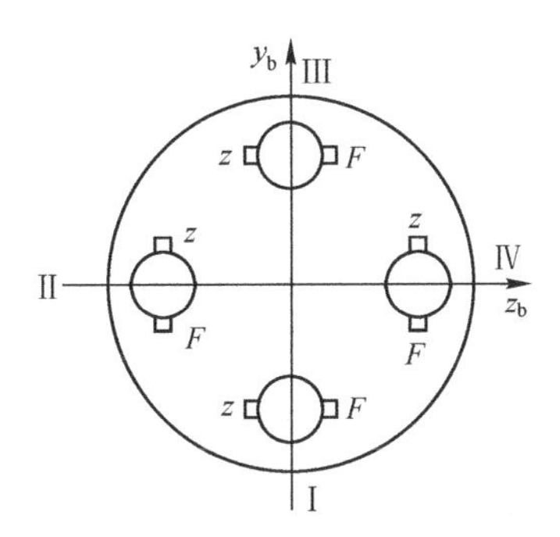

图 1-23　二次喷射装置布局图

喷射启动活门启开高度与其当量启开高度间的关系，和发动机摆动角与其当量摆动角间的关系一样。因此，根据发动机启动活门布局特点，可得

$$\begin{cases} h_{\mathrm{FI}} = h_{\mathrm{F}\delta_\psi} - h_{\mathrm{F}\delta_\gamma} \\ h_{\mathrm{FII}} = h_{\mathrm{F}\delta_\varphi} - h_{\mathrm{F}\delta_\gamma} \\ h_{\mathrm{FIII}} = h_{\mathrm{F}\delta_\psi} + h_{\mathrm{F}\delta_\gamma} \\ h_{\mathrm{FIV}} = h_{\mathrm{F}\delta_\varphi} + h_{\mathrm{F}\delta_\gamma} \end{cases} \tag{1-34}$$

式中：$h_{\mathrm{F}j}(j=\mathrm{I},\mathrm{II},\mathrm{III},\mathrm{IV})$ 为二次喷射启动活门的开启高度；$h_{\mathrm{F}i}(i=\delta_\varphi,\delta_\psi,\delta_\gamma)$ 分别为与导弹俯仰、偏航和滚动力矩有关的二次喷射启动活门的当量开启高度。

下面讨论二次喷射方式产生的控制力和控制力矩。

由图 1-22 可知，当无二次喷射时，因固体火箭发动机推力 P' 方向与其自身安装轴线平行，故其合推力作用线沿弹体纵对称轴；当有二次喷射时，因注入喷管内的气体或液体使燃气主流偏转，从而产生指向开启喷射活门一边的附加侧向力 $P_{\mathrm{CL}j}$ 和附加轴向力 $P_{\mathrm{F}j}$。令

$$C=\frac{P_{\mathrm{F}}}{P_{\mathrm{CL}}} \tag{1-35}$$

$$\begin{cases} P_{\mathrm{F}}=\sum P_{\mathrm{F}j} \\ P_{\mathrm{CL}}=\sum\left|P_{\mathrm{CL}j}\right| \end{cases} \tag{1-36}$$

式中：P_{F} 为合附加轴向力；P_{CL} 为合附加侧向力。于是有

$$P_{\mathrm{F}}=CP_{\mathrm{CL}}=C\sum\left|P_{\mathrm{CL}j}\right| \tag{1-37}$$

当顾及发动机无二次喷射时，则有效推力为

$$P_{\mathrm{e}}=P'+P_{\mathrm{F}}=P'+C\sum\left|P_{\mathrm{CL}j}\right| \tag{1-38}$$

在发动机推力线无偏斜条件下，用二次喷射方式产生的控制力和控制力矩为

$$\begin{cases} P_{y_1}=P_{\mathrm{CL}\,\mathrm{II}}+P_{\mathrm{CL}\,\mathrm{IV}} \\ P_{z_1}=P_{\mathrm{CL}\,\mathrm{I}}+P_{\mathrm{CL}\,\mathrm{III}} \end{cases} \tag{1-39}$$

$$\begin{cases} M_{x_{1\mathrm{c}}}=(P_{\mathrm{CL}\,\mathrm{III}}-P_{\mathrm{CL}\,\mathrm{I}}+P_{\mathrm{CL}\,\mathrm{II}}-P_{\mathrm{CL}\,\mathrm{IV}})z_{ry} \\ M_{y_{1\mathrm{c}}}=(P_{\mathrm{CL}\,\mathrm{I}}+P_{\mathrm{CL}\,\mathrm{III}})(\bar{x}_{ry}-\bar{x}_z)l_k \\ M_{z_{1\mathrm{c}}}=-(P_{\mathrm{CL}\,\mathrm{II}}+P_{\mathrm{CL}\,\mathrm{IV}})(\bar{x}_{ry}-\bar{x}_z)l_k \end{cases} \tag{1-40}$$

$$\bar{x}_{ry}-\bar{x}_z=\frac{x_{ry}-x_z}{l_k} \tag{1-41}$$

式中：x_{ry} 为控制力作用点至导弹头部理论尖端的距离；x_z 为导弹质心至头部理论尖端的距离；z_{ry} 为控制力作用点至导弹纵轴的距离；l_k 为导弹壳体总长度。

1.2.3 推力矢量控制基础

推力矢量控制是一种通过控制主推力相对弹轴的偏移产生改变导弹方向所需力矩的控制技术。根据指令要求，改变从推力发动机排出的气流方向，对飞行器姿态进行控制，这种方法称为推力矢量控制方法。显然，这种方法不依靠气动力。与空气动力执行装置相比，它的优点是：只要导弹处于推进阶段，即使在高空飞行和低速飞行段，也能对导弹进行有效的控制，而且能获得很高的机动性能，但当发动机燃烧停止后就不能操纵了。正因为推力矢量控制具有气动力控制不具备的优良特性，所以在现代导弹设计中得到了广泛的应用。

1.2.3.1 推力矢量控制系统

在大气层中飞行的导弹，推力矢量控制主要应用在导弹发射后又要求导弹立即实施机动的场合。因为发射后导弹速度很低，气动力很小，气动力控制面的操纵效率较低，而推力矢量控制不依赖于气动力的大小；推力的作用点与全弹质心的距离 l_δ 较大，又不

受导弹姿态变化的影响，操纵效率较高。

这种导弹的操纵特点不同于气动力控制面，而是采用改变发动机的推力方向来控制导弹，如图 1-24 所示。

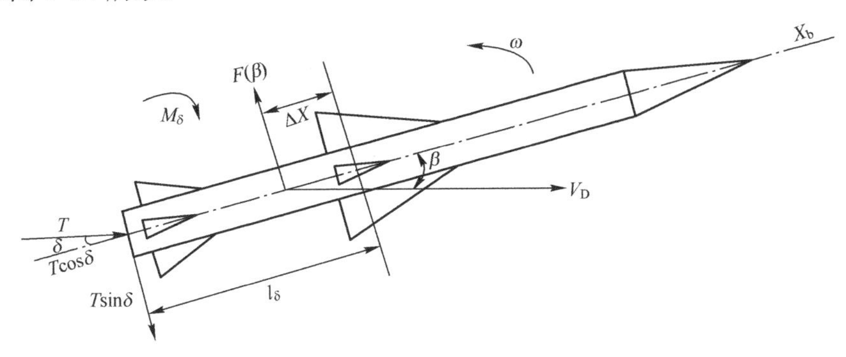

图 1-24　推力矢量控制导弹处于静稳定状态时的力和力矩关系

当推力 T 偏转一个角度 δ 时，可以分解成有效推力 $T\cos\delta$ 和操纵力 $T\sin\delta$ 。导弹在操纵力矩 $M_{\delta}=Tl_{\delta}\sin\delta$ 的作用下转动，产生侧向力 $F(\beta)$ 。当导弹处于静稳定状态时，必有一确定的 β 与 δ 相对应，它与正常式布局导弹的操纵特点类似，不同点在于操纵力矩与导弹的姿态角及气动力效应无关，而只与推力发动机的状况有关。

推力矢量控制技术最大的特点是不使用空气动力进行控制，没有失速限制，初始阶段就能进行回转，并且能够取大攻角（70°～90°）进行回转，能够使导弹快速修正姿态进入预定弹道。此外，推力矢量控制无需依赖空气舵和大气的气动压力，只要发动机处于推进工作状态，即使导弹处于低速飞行段，也能够进行有效的控制，但是当发动机停止工作后，就无法进行姿态控制了。

弹道导弹的推力矢量控制系统主要由敏感装置、变换放大装置、推力矢量控制装置、偏向装置和弹体等部分组成，如图 1-25 所示。图中，敏感装置测量导弹在空中飞行时的弹体运动参数，所测得的参数与给定信号进行差分运算，得出误差信号；变换放大装置对误差信号进行变换并放大，作为推力矢量控制装置的输入指令信号；推力矢量控制装置根据输入指令信号的大小和极性驱动偏向装置动作，以改变发动机推力的方向；偏向装置是直接改变发动机推力方向的动作元件，主要包括可动喷管、喷射阀门、机械导流板等；弹体是控制对象。

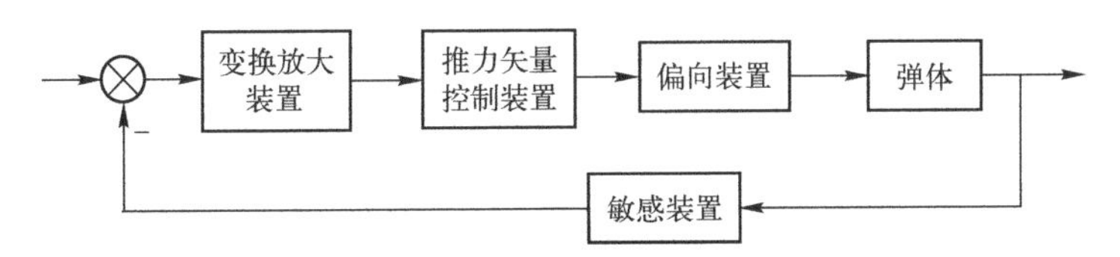

图 1-25　弹道导弹的推力矢量控制系统组成方框图

推力矢量控制系统的工作原理如下：当导弹程序转弯或由于干扰作用引起导弹姿态变化时，推力矢量控制系统的敏感装置便有相应的信号（电压或电流信号）输出，该信号与给定信号进行比较，得出误差信号；经过变换放大后成为推力矢量控制装置的输入指令信号，推力矢量控制装置便按照这个指令信号的大小与极性摆动喷管、偏转机械导流板或者调节喷射阀门的开启与关闭，以改变发动机推力的方向，从而改变导弹飞行中的姿态和速度，使之按预定弹道稳定飞行。

推力矢量控制装置是推力矢量控制系统的重要组成部分，它是控制系统中动特性复杂、质量大、温度高、工作环境恶劣的设备。一般的推力矢量控制装置是由反馈元件、放大变换元件、执行元件、校正元件及能源系统组成的，如图 1-26 所示。

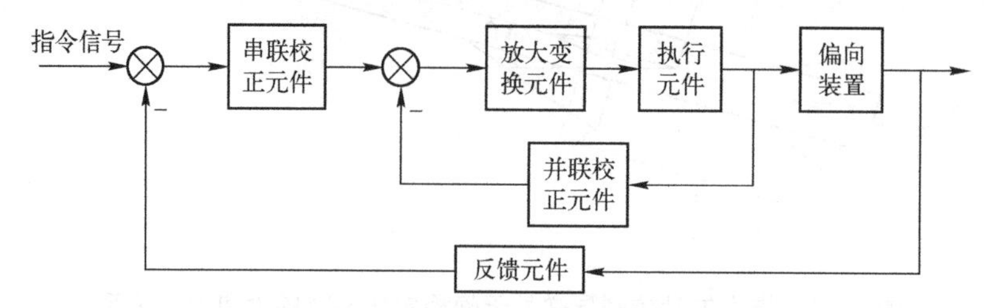

图 1-26　推力矢量控制装置组成方框图

由图 1-26 可以看出，偏向装置是推力矢量控制装置的控制对象。反馈元件实时测量偏向装置的输出量，并将其转换为与指令信号具有同样性质的物理量，送回输入端，与指令信号进行差分比较，产生误差信号。但是，在开环形式的推力矢量控制装置中不设置反馈元件。

为了快速而准确地对导弹进行飞行控制，推力矢量控制装置的控制精度要高，控制动作要快速，串联或并联校正元件就是根据推力矢量控制装置的控制性能而设置的，其主要作用是对整个系统的动态和稳态性能进行调节，实现对导弹快速、精确的控制。

放大变换元件是将误差信号的能量形式（电气、液压、气动、机械）加以转换和放大，使之转变成适当的能量形式，且其幅值和功率又能达到推动执行元件动作所需要的数量级。通常采用的放大变换元件有电子伺服放大器、电液伺服阀等。

执行元件产生控制动作，驱动负载（偏向装置）完成控制任务，例如伺服作动器、喷射阀门、电动舵机、液压舵机、电机等。

能源系统是必不可少的组成部分，它为推力矢量控制装置提供各种能源，常采用的能源系统有电池、燃气发生器—涡轮—泵、伺服液压源、燃气挤压和冷气挤压能源等。

在推力矢量控制系统的基础上，再加上制导装置和导弹的运动学环节就组成了一个新的大系统，即弹道导弹推力矢量控制的制导系统，如图 1-27 所示。图中，制导装置的用途是鉴别目标，把目标的位置与导弹的位置作比较，形成导引指令，该指令要求导弹改变速度的大小和方向。导引指令信号送给推力矢量控制系统，经变换、放大，通过执行元件操纵偏向装置偏转，改变导弹的飞行方向，操纵导弹飞向目标。

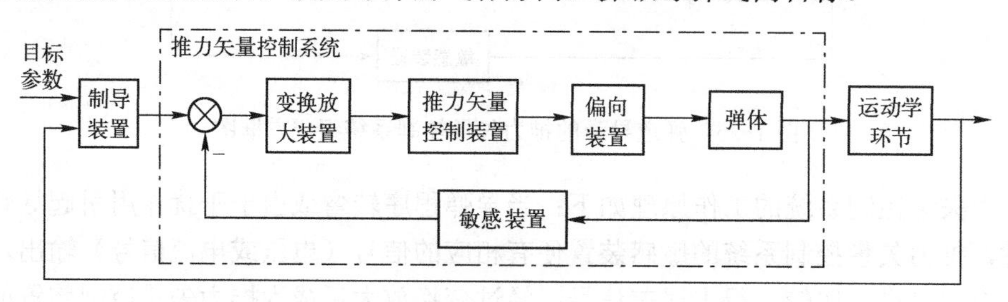

图 1-27　弹道导弹推力矢量控制的制导系统组成方框图

为了保证弹道导弹的命中精度要求，制导系统需要具有导航、制导和控制功能，且三者要很好地发挥作用。导航的作用是实时提供导弹的状态参数，如飞行加速度、速度和位置量等，这些参数是弹道导弹相对某种基准坐标系（如初始发射坐标系）运动定义的，是飞行时间 t 的函数，因此也称为运动参数。制导的作用是根据导航提供的弹道导弹运动参数来确定为达到命中目标的终端指标要求所需的制导控制律、导引指令等。控制的作用是保证制导控制律的实现，通过改变发动机推力的方向实现对弹道导弹的质心控制和姿态控制，控制弹道导弹的飞行弹道，使之准确命中目标。

1.2.3.2　推力矢量控制装置

本书主要的研究对象是弹道导弹，目前主流的弹道导弹多为无翼式导弹，而且大多采用固体发动机，因此，这里主要介绍固体弹道导弹推力矢量控制技术相关的一些内容。

在固体弹道导弹的发展历程中，随着固体火箭发动机应用范围的不断扩大，为满足导弹对推力矢量控制多方面的要求，先后出现了多种多样的推力矢量控制方法，大致可分为可动喷管和固定喷管两大类，其分类如图 1-28 所示。

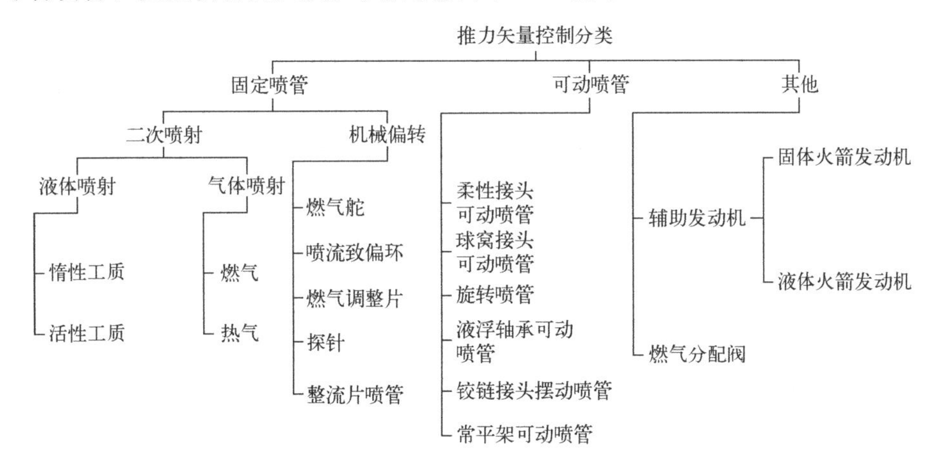

图 1-28　推力矢量控制方法分类

目前固体弹道导弹通常使用的推力矢量控制有可动喷管和固定喷管两类中的 4 种方法，基本情况如下。

1. 可动喷管推力矢量控制

（1）铰链接头摆动喷管推力矢量控制。

铰链接头摆动喷管是一种单轴摆动喷管，如图 1-29 所示。一个喷管只能提供一个平面内的侧向控制力。因此，采用铰链接头摆动喷管的发动机必须是多喷管的（通常为四喷管），这样，才能满足导弹飞行的控制要求。

（2）柔性接头可动喷管推力矢量控制。

如图 1-30 所示，柔性接头是由弹性材料制成的环和金属或复合材料制成的环交替组合而成的。前者称为弹性环或弹性件；后者称为增强环或增强件。柔性接头可动喷管是一种新型的、单喷管全轴摆动的推力矢量控制装置。与四喷管相比，采用单喷管可以减小结构质量，还可以减少伺服系统的数量，更能充分利用喷管周围的空间安装伺服系统和其他设备，容易协调它们之间的关系。但是，单喷管只能提供俯仰，偏航方向的控制力矩，还需配备一套专门提供滚转控制力矩的系统。

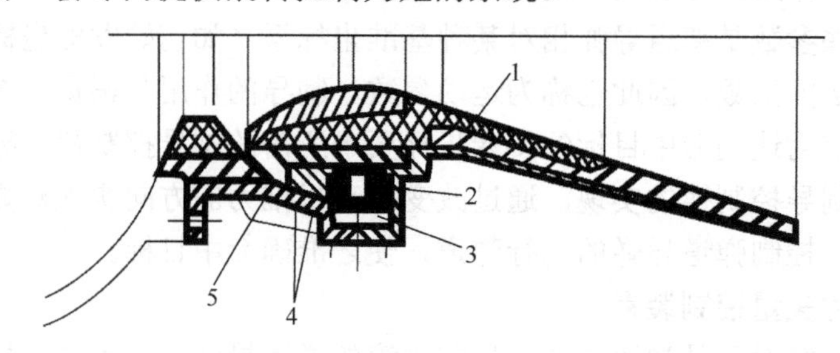

图 1-29　铰链接头摆动喷管推力矢量控制结构原理图

1—活动体；2—轴承；3—转轴；4—密封环；5—固定体。

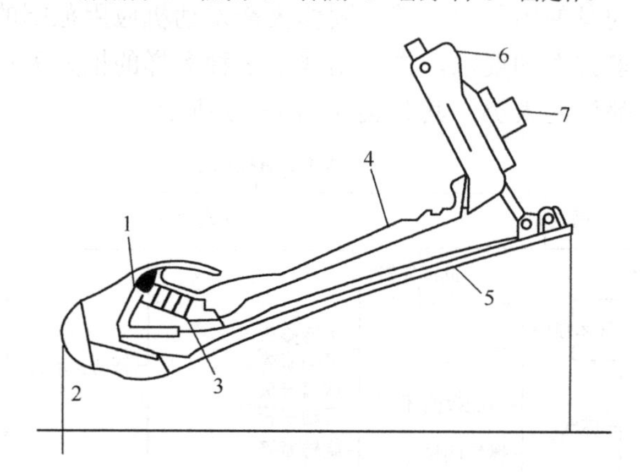

图 1-30　柔性接头可动喷管推力矢量控制结构原理图

1—柔性接头；2—弹性件；3—增强件；4—固定结构；5—可动喷管；6—伺服系统支座；7—伺服系统。

2. 固定喷管推力矢量控制

（1）二次喷射推力矢量控制。

如图 1-31 所示，液体二次喷射推力矢量控制系统主要由三部分组成：伺服喷射阀门、喷射剂贮箱和高压气瓶。大致的工作过程如下：高压气瓶中的高压气体，通过减压阀将贮箱中的喷射工质挤入喷射阀门；当系统接到控制指令时，伺服系统控制喷射阀门的开度，将喷射工质喷入发动机喷管的扩散段形成激波，产生侧向控制力。

采用这种推力矢量控制的发动机喷管固定不动，即可实现导弹的俯仰、偏航和滚转方向的控制。系统活动部件的惯量很小，因此，伺服系统的驱动功率也很小，它主要用于中近程弹道导弹的上面级。

（2）组合式喷管推力矢量控制。

如图 1-32 所示组合式喷管推力矢量控制用于整体式发动机中，这种发动机的特点是将下一级发动机的封头置于上一级发动机的喷管出口锥内，从而取消了级间段，缩短了导弹的长度，减小了导弹质量，使射程大为增加。为了实现整体式发动机方案，需要缩短喷管出口锥长度。但普通短喷管推力损失大，效率低，提高短喷管效率的方法是采用强制偏流喷管（图 1-33），该喷管有一个抛物线出口锥和一个具有 6 个独立喷喉的喷管塞，利用该喷管塞使推进剂燃气改变方向，被导入出口锥内，使扩散段推力损失减少，推进剂燃气通过燃气阀喷入出口锥实现推力矢量控制。

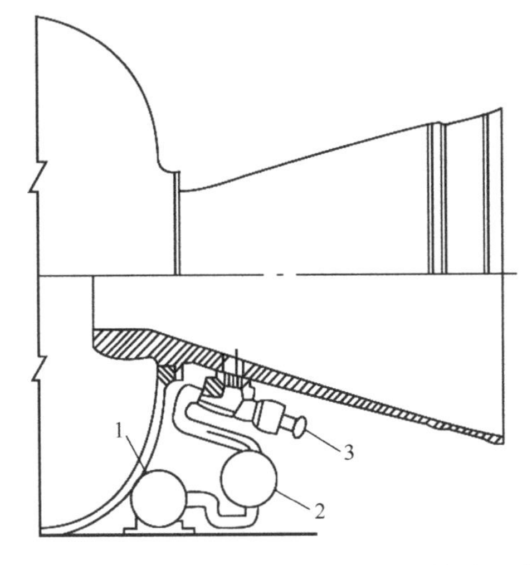

图 1-31　液体二次喷射推力矢量控制原理图

1—高压气瓶；2—喷射剂贮箱；3—伺服喷射阀门。

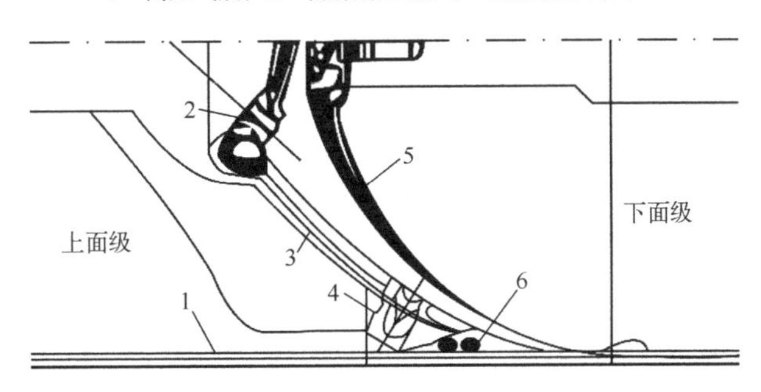

图 1-32　组合式喷管推力矢量控制

1—复合材料壳体；2—喷喉；3—喷管出口锥；4—燃气阀；5—下面级前封头；6—全直径接头。

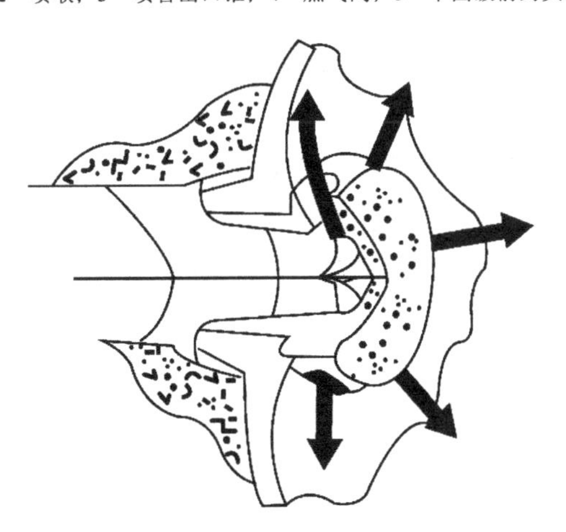

图 1-33　强制偏流喷管

1.2.4 直接侧向力控制基础

直接侧向力控制又称为横向喷流控制，是一种利用弹上火箭发动机在横向上直接喷射燃气流，以燃气流的反作用力作为控制，从而直接或间接改变导弹弹道的控制方法。目前，直接侧向力控制在防空导弹上应用比较广泛，主要是因为防空导弹经常拦截体积小、速度高、机动能力强的空中目标，对机动能力和制导精度都有非常高的要求。在弹道导弹控制方面，直接侧向力控制多用于导弹大气层外末端调整姿态阶段，或者用于主动段滚动通道的控制。

依据操纵原理的不同，直接侧向力控制可分为力矩操纵（姿控直接力）方式和力操纵（轨控直接力）方式，如图 1-34 所示。

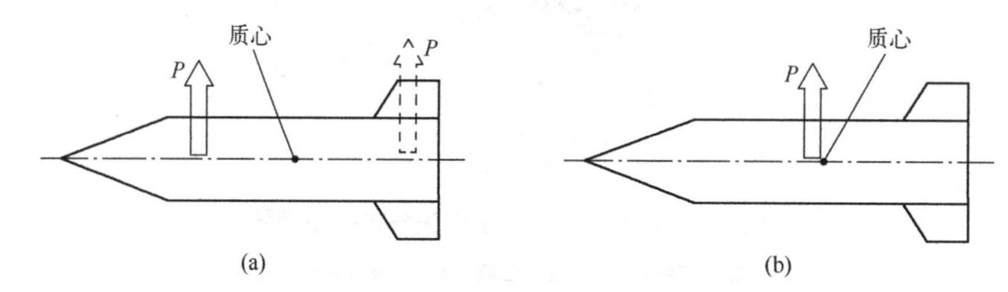

图 1-34 横向喷流装置安装位置示意图

（a）力矩操纵方式；（b）力操纵方式。

1.2.4.1 力矩操纵方式

力矩操纵方式是指横向喷流装置纵向配置在远离导弹质心的位置，因此横向喷流装置产生的控制力迅速改变导弹姿态，从而改变导弹攻角（或侧滑角）、改变气动升力（或气动侧向力），最终改变法向力和导弹的弹道。这种方式是利用在导弹重心前、后径向安装的几十个小型姿控发动机点火，产生脉冲推力，使导弹产生相应的运动，从而进行姿态的调整。姿控火箭空间的点火方位及产生的推力大小将决定导弹系统的控制形式。由于姿控火箭个数有限，并且一经设计定型，其推力大小及作用时间即被确定，因而是一种非线性控制，它根据一定的规律来决定启动哪些发动机。

力矩操纵方式的直接侧向力控制与推力矢量控制技术在原理上是一样的，因此具有推力矢量控制同样的响应速度快的优点，区别在于：①前者既可以放置在导弹的后段构成正常式气动布局，又可以放置在导弹的前段构成鸭式气动布局；②前者的控制作用不会因发动机工作停止而受到影响，这在导弹飞行末段特别有意义。美国的爱国者Ⅲ型（PAC-3）地空导弹武器系统的增程拦截弹（Extended Range Interceptor，ERINT）就采用了力矩操纵方式直接侧向力控制与空气动力控制的复合控制技术，在导弹的前段轴对称地配置了多达 180 个微小型固体脉冲发动机，当导弹在滚转飞行时，这些姿控发动机根据制导指令依次点火工作，用于导弹的姿态快速控制，确保导弹灵活机动、自主寻的，直接命中并摧毁目标。

1.2.4.2 力操纵方式

力操纵方式是指横向喷流装置在纵向上配置在导弹质心处或质心位置附近，且喷口轴对称配置，因此横向喷流装置产生的控制力为法向力，直接用于改变导弹的弹道。横向喷流可利用配置在质心的燃气动力或火箭发动机进行控制。

在导弹质心附近安装的侧向推力系统，可以是多个径向分布的小型固体火箭发动机，也可以是小型的液体火箭发动机。如果是末段的侧向力轨控发动机，一般在与目标相遇前 1s 左右点燃侧喷发动机，这样可以保证脱靶量减至最小，接近直接碰撞的水平。

为了有效利用轨控发动机，对应于不同的控制幅度要求，发动机采用 3 种脉冲推力工作方式：①连续脉冲。在末制导初始阶段，控制幅度要求较大，发动机处于连续脉冲工作方式，即发动机连续脉冲工作若干个采样周期，直到导引律的输出小于拦截弹的最大过载为止。②间隔脉冲。随着所需控制幅度的减小，发动机转入间隔脉冲工作方式。③单脉冲。当所需控制幅度进一步减小，即对弹道做较小纠偏时，发动机转入单脉冲工作方式。

俄罗斯 S-400 防御系统中的Ⅱ型导弹采用了直接侧向力微型发动机轨控系统，共有 24 个均布的微型发动机，部署在导弹质心附近，每个发动机工作 25ms，产生控制导弹横向运动的侧向力。其作用是消除在末制导段与目标相遇前由于目标突然机动所产生的制导误差，这时寻的制导指令会点燃相应坐标的 4～6 个微型发动机，快速产生机动力，保证脱靶量减至很小。

由牛顿定律和导弹制导基本原理，有

$$mV\dot{\theta}=F$$

即

$$\dot{\theta}=\frac{F}{mV} \tag{1-42}$$

式中：F 为横向喷流装置产生的控制力；$\dot{\theta}$ 为弹道倾角变化率。

可见，在力操纵方式下，导弹的机动性与质量、速度成反比，而与直接力成正比。在下述几种情况下可以优选采用力操纵方式控制方法。

（1）低初速导弹初始段控制的情况。

“四微发射”是指减少导弹发射时产生的声、光、尾喷火焰与烟雾的发射方式，它能适应封闭空间发射和降低发射时被探测的概率，是当前和未来小型战术导弹追求的目标之一。这种导弹在设计时采用很小的发射药量，结果使导弹的发射初速很低，一般只有十几米每秒。

由式（1-42）可对力操纵方式直接侧向力控制和空气动力控制的机动性进行对比。前者弹道倾角变化率与速度是反比关系，低速时控制效率反而更高；而后者却是正比关系，低速时控制效率下降。因此，前者更适合四微发射导弹的控制。法国 600m 射程的近程反坦克导弹 Eryx 和法德英联合研制的 2km 射程的中程反坦克 Trigat-MR 都采用了这种技术。

（2）简易制导弹药的情况。

为简化结构和降低成本，简易制导弹药也常采用力操纵方式进行弹道修正。例如，俄罗斯的 152mm 激光末修炮弹（Santimeter）、120mm 激光末修炮弹 BETA 就采用了这种技术。

（3）需导弹快速响应的情况。

无论是空气动力控制、推力矢量控制还是力矩操纵方式的直接侧向力控制，从制导的基本原理来说，都是首先产生控制力矩，使弹体转动并生成攻角。当攻角对应的恢复力矩与控制力矩平衡时，弹体在转动方向达到稳态，此时对应的攻角即为平衡攻角。此平衡攻角产生的气动升力与推力的法向分量、重力在法向上的分量产生的合力，将使导弹速度矢量转动，从而实现对弹道的控制。

力操纵方式完全没有姿态转动的动态控制过程，当横向喷流装置喷射时，弹体过载将会迅速响应。图 1-35 对比了同一弹体在单位阶跃输入下，气动力控制与力操纵方式直接侧向力控制法向过载生成过渡过程的对比。

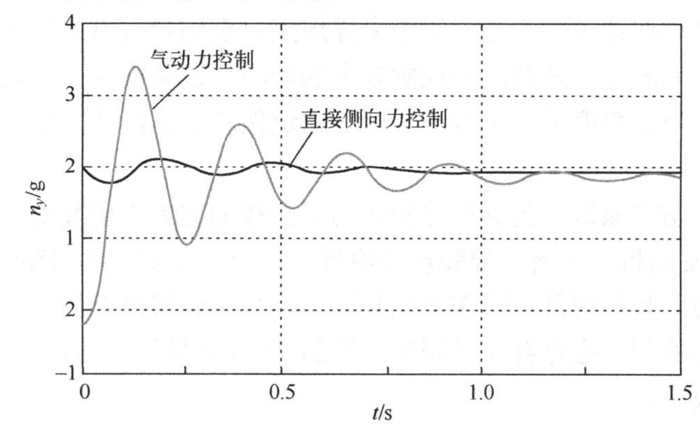

图 1-35　气动力控制和直接侧向力控制两种输入下弹体的法向过载变化

由图 1-35 可见，前者的响应是瞬时的（实际响应的时间常数一般为 5～20ms），后者则由于弹体（无自动驾驶仪时）或自动驾驶仪的惯性，响应有明显的滞后（时间常数一般为 150～350ms，比前者大 1～2 个数量级）。

随着空中威胁越来越严重，突袭目标的速度越来越快、机动性越来越强，必然要求防空导弹动态响应时间常数要足够小、可用过载足够大，因此力操纵方式直接侧向力控制技术获得了越来越多的应用。图 1-36 对比了空气舵控制和空气舵/直接力复合控制在对付高速高机动目标时的不同结果。前者因为控制系统反应过慢而脱靶，后者则利用直接力控制快速机动命中目标。欧洲多国联合研制的面空导弹系统的“紫苑”Aster15 和 Aster30 导弹，导弹质心附近有 4 个横向喷嘴；俄罗斯 C-300 面空导弹系统的 9M96E 和 9M96E2 导弹，导弹质心附近有 24 个横向喷嘴，据称可附加产生短时过载高达 $20g$～$22g$。

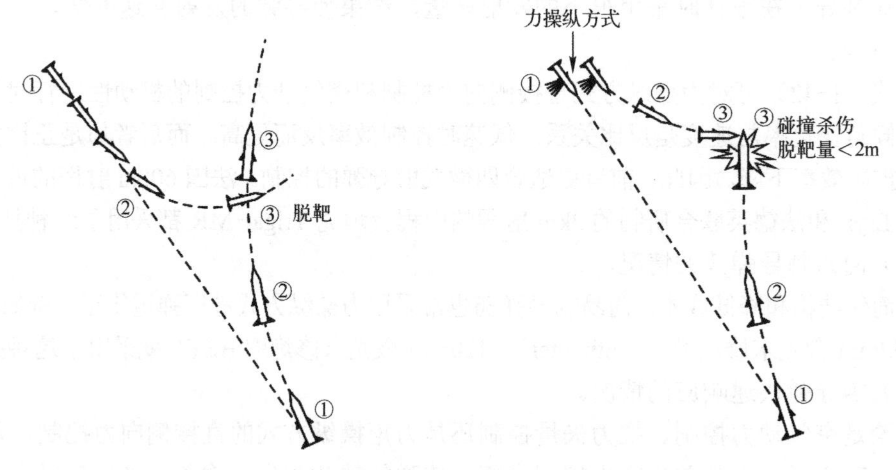

图 1-36　直接侧向力控制导弹拦截机动目标示意图

力操纵方式的缺点在于：①横向喷流与导弹飞行气流的相互干扰非常复杂，单独的力操纵方式控制的控制效率和控制精度需要解决的难题较多；②受弹上体积质量限制，横向喷流工作的时间一般较短，产生的控制力相比导弹气动升力也要小。因此实际工作中力操纵方式只工作在关键的弹道末段，要么单独用在小型导弹上，要么与其他控制方法进行复合控制。

1.3 本章小结

本章通过对现有弹道导弹相关书籍分析研究，得出了弹道导弹控制系统的任务、组成、功能、分类相关的基本概念，并从功能设计的角度出发，对弹道导弹控制系统的组成进行了重新界定。介绍了弹道导弹控制相关的基础理论知识，包括常用坐标系、控制力和控制力矩、推力矢量基础、直接侧向力控制基础等，为后续相关原理的学习奠定了基础。

第2章　弹道导弹控制系统总体设计

第1章对弹道导弹控制系统的任务、组成、功能与分类等情况进行了阐述。弹道导弹控制系统是一个非常复杂的系统，由多个分系统组成，能够实现各种复杂的功能。要实现如此多的功能，需要在总体上对弹道导弹控制系统进行设计，并基于一定的技术架构，通过硬件和软件设计进行实现。本章将从总体的角度对弹道导弹控制系统设计进行阐述，建立全局概念，为后续分系统原理的学习奠定基础。

2.1　弹道导弹控制系统综合设计

为了实现制导系统和姿态控制系统提出的状态和参数指标要求，以及导弹武器系统总体提出的一系列综合设计技术要求，控制系统必须进行综合设计。综合设计实际上就是控制系统的工程设计，它要求把对控制系统多方面的要求，从工程实现上加以综合考虑和协调，最后设计出由一些具体设备和相应软件组成的、有机联系并相互匹配的、与总体和其他分系统协调工作的、能安全可靠地完成所要求功能和精度的控制系统。也可以说，综合设计是控制系统研制的工程实现。

2.1.1　控制系统综合设计的任务和工作内容

综合设计的主要依据包括：

（1）导弹系统总体部门提出的综合设计任务书。它提出了导弹总体对控制系统及其设备的一系列综合设计技术要求。

（2）制导系统和姿态控制系统对综合设计提出的系统技术状态和参数要求。这些要求反映了相应系统的数学模型、各种参数的范围及精度要求等。

（3）总体部门制定的可靠性、维修性、安全性、电磁兼容性大纲，以及由质量监督管理部门协调制定的标准化大纲及选定的各种标准及规范等。

综合设计的内容牵涉面很广，应当在充分了解和消化以上依据性文件的基础上展开综合设计，其主要任务归纳如下：

（1）进行总体及制导、姿态控制系统基本控制体制方案论证，确定控制系统的基本结构和设备配置。

（2）制定控制系统各组成设备必须满足的控制系统总技术条件；编制控制系统可靠性、维修性、安全性，电磁兼容性保证大纲；制定标准化实施要求，选定各种标准规范、元器件、原材料优选目录等。

（3）对各项组成设备进行技术指标分配，充分协调接口关系，确定供电方式、时序关系、信息流程、测试要求、结构形式、体积和质量的分配等，提出各项设备的研制任务书。

（4）完成反映控制系统各组成设备之间以及控制系统与外界（包括与地面以及与其他系统之间）电气连接关系和时序、条件逻辑控制关系的控制系统电原理图，并进而完成弹上电缆网的设计。

（5）对地面测发控系统提出综合测试和发射控制要求，同时对遥测系统提出控制系统遥测要求。

（6）对导弹系统总体及结构系统提出控制系统设备的安装要求。

（7）经综合确定飞行控制应用软件的技术要求，并完成应用软件的编制。

（8）向导弹总体提出控制系统对场地的布局、建设和设施要求。

（9）在完成各项组成设备和相应软件研制的基础上，进行控制系统综合试验，参加全弹系统匹配试验，而在进入试样研制阶段后，还要进行飞行试验，以验证综合设计的正确性、协调性，以及一定程度的可靠性。

（10）完成编写包括控制系统技术说明书在内的一整套设计和使用文件。

弹道导弹新型号的研制工作一般要经过方案阶段、初样阶段、试样阶段和定型阶段。在研制工作正式开始以前还要进行可行性研究和论证。控制系统综合设计工作贯穿于型号研制工作的各个阶段。其主要工作内容如表 2-1 所列。

表 2-1　型号研制各阶段综合设计主要工作内容

研制阶段	工作内容
方案阶段	（1）全面了解导弹武器系统总体部门对控制系统的初步要求和控制系统弹上主要设备研制水平，会同制导系统、姿态控制系统设计人员一起，经充分论证比较，提出控制系统基本结构和设备配置方案。 （2）进行可靠性、维修性、安全性、电磁兼容性的初步分析。 （3）进行技术指标的预分配，并向主要设备承制方提出初步的技术要求。 （4）分别向地面测发控系统和遥测系统提出初步的测试要求。 （5）同导弹总体和结构系统初步协调控制设备的质量、外形尺寸及安装要求。 （6）进行方案阶段控制系统原理图设计。 （7）利用模样产品进行方案原理性综合试验。 （8）向导弹总体提出控制系统对场地的布局，建设和设施的要求。 （9）完成方案阶段综合设计报告
初样阶段	（1）在全面理解导弹武器系统总体部门下达的综合设计任务书的基础上，考虑制导系统、姿态控制系统、电源配电系统及其他辅助设备的技术要求，进一步确定控制系统基本结构及设备配置，提出完整的系统设备配套清单。 （2）在进行技术指标分配的基础上，提出各项弹上设备研制任务书。 （3）制定控制系统总技术条件，编制控制系统可靠性、维修性、安全性、电磁兼容性保证大纲，标准化大纲实施措施，明确控制系统需遵循的标准、规范和原材料、元器件优选范围等。 （4）对地面测发控系统提出测试要求。 （5）对遥测系统提出飞行过程遥测参数要求。 （6）对导弹总体和结构系统提出控制系统设备安装要求。 （7）明确飞行控制软件的技术要求并完成软件编制。 （8）完成控制系统电原理图设计，并在此基础上完成全套电缆网设计。 （9）进行可靠性、维修性、安全性、电磁兼容性的全面深入分析，发现问题，及时采取措施。 （10）在完成各项设备试制和相应软件编制的基础上，同地面测发控系统一起，进行控制系统综合试验，继而参加全弹系统的匹配试验，验证综合设计的正确性。 （11）编写和完成供研制生产和地面试验用的有关设计文件和图纸。 （12）完成初样设计报告

（续）

研制阶段	工作内容
试样阶段	（1）工作内容与初样阶段类同，对初样阶段某些未满足技术指标和质量问题的导弹进行针对性的修改设计。 （2）进行可靠性、维修性、安全性、电磁兼容性的重点深入分析，以便发现薄弱环节，采取改正措施。 （3）编制和完成研制生产、地面试验和飞行试验所需的全套技术设计文件和图纸。 （4）进行试样产品的控制系统综合试验，参加全弹系统的匹配试验，通过飞行试验的考核，包括方案和战术技术指标的全面考核。 （5）完成试样设计报告
定型阶段	（1）改正个别设计缺陷，完善设计。 （2）对设计文件、图纸进行全面清理、校核、复审，经批准后的设计文件、图纸作为今后进行批生产的依据。 （3）完成在使用文件配套表中所列出的全部文件的编制工作。 （4）完成设计定型报告及全部设计定型工作

2.1.2 系统基本结构和设备配置

综合设计是控制系统研制的工程实现。因此，确定控制系统的基本结构和设备配置是综合设计的一项重要任务。

一方面，控制系统的基本结构在很大程度上取决于导弹武器系统总体、制导系统和姿态控制系统对技术状态和参数的一系列要求。因此，全面、深入地了解和分析这些要求是十分重要的。实际上，控制系统中的一些重要组成部分，往往是同系统总体、制导系统和姿态控制系统设计人员经协调确定的。同时还要从工程实现上去考虑电源配电系统、时序和条件逻辑控制、导弹发射准备及飞行过程控制等一系列工程技术问题。只有既考虑系统功能和各项战术技术指标要求，又考虑技术发展状况和工程实现可能，两者紧密结合，才能提出一个技术上比较完善和合理的方案。在这方面，要注意处理好技术上的继承性和适度引入新技术的关系。

另一个重要方面，就是在满足系统功能和各项指标要求的前提下，应力求使系统结构简单，使其工作可靠安全，便于使用和维修。

在确定控制系统基本结构的过程中，以下一些因素是必须重点考虑的。

（1）作战场景。

它包括导弹在潜艇上还是在陆上发射，在陆上固定点发射还是机动发射，发射方式是热发射还是冷发射。

（2）制导方式。

制导方式在很大程度上取决于对制导精度的要求。最简单的方式是导弹仅在动力飞行段（主动段）进行制导。当前最普遍的是采用惯性制导，但是为了提高精度，要考虑有无必要在弹道上某一段采用其他辅助的制导方式。

惯性制导本身又可采用惯性稳定平台方案或者捷联惯性制导方案。就目前看，前者精度高，但设备复杂、价格昂贵；后者精度低些，但设备相对简单、可靠，价格相对低廉。一般情况下，中远程精度要求高的导弹，采用平台方案较为普遍；而近程导弹，宜采用捷联惯性制导方案。

至于采用摄动制导或是显式制导，只对弹载计算机性能要求及其软件有较大影响，一般不影响系统的基本结构。

（3）推力矢量控制形式。

推力矢量控制形式与导弹总体布局、发动机、控制系统及其执行机构有紧密联系。具体形式由总体部门会同有关各方进行详细的分析和论证后确定。

固体导弹的推力矢量控制最常见的形式是摆动喷管和气体或液体的二次喷射。前者通过发动机喷管的摆动，直接使推力方向偏转而产生侧向控制力；而后者则把一定压强和流量的流体（液体或气体）喷注到固定喷管的扩张段的气流中，使主气流产生斜激波，引起压强的不均匀分布，从而产生侧向控制力。此外，还可采取燃气舵、喷流致偏环、辅助小发动机等推力矢量控制方式。

对导弹控制系统而言，无论什么形式的推力矢量控制系统，均应能提供所需要的侧向控制力，而且要在额定负载条件下，保证其快速性。

在采用 4 个喷管的发动机时，可以利用 4 个喷管的组合控制，产生导弹俯仰、偏航和滚动方向所需的控制力矩。而对于单喷管的发动机，为了实现对导弹的滚动控制，必须另设一套独立的滚动控制装置，如燃气喷嘴、辅助小发动机等。

对多级火箭构成的导弹，不同的级可以采用同一种推力矢量控制形式，也可以采取不同的形式。

（4）控制系统信号及指令的基本形式。

早期的导弹控制系统一般采用模拟信号形式。在现代导弹控制系统中，以高性能的数字计算机为弹上控制的中心环节，因此，信号的处理和运算多采用数字技术，大大简化了电子设备配置和电路连接。同时，信号的处理和计算，采用计算机软件实现，具有高度灵活性。更重要的是，由于现代计算机具有很强的数据处理和运算能力，使基于现代控制理论的复杂控制规律得以实现。此外，在系统里也不可避免地要附加引入数/模和模/数转换接口，但由于现代电子技术的发展，这并不会增加系统负担。

（5）弹上供电体制。

弹上电源分为一次电源和二次电源。在现代导弹中，一次电源普遍采用化学电池。为了便于长期贮存，化学电池一般为一次激活电池，即：在平时的非使用状态，电池内电解液贮存在一单独的容器内，并不与电极接触；在正式使用前，电解液进入电极所在空间，此时，两极间快速建立电压，向用电设备供给电能。

由于弹上设备的多样性，其所需电源很不相同，例如交流或直流、高电压或低电压、高频或低频、稳压稳频等。这就需要将一次电源变换成所要求的电源，这种变换器依据不同功能分别称为直流稳压器，单相、两相或三相换流器，高频换流器等。通常把这种电源变换器统称为二次电源。

无论是一次电源还是二次电源，在弹上都有集中设置或者分散设置的选择问题。通常采用集中和分散相结合的方式。

（6）软件功能。

现代导弹的弹载计算机是控制系统的中心环节，其功能大多通过计算机软件实现。制导系统的导航计算、导引方程和关机方程解算，均由计算机进行。

姿态控制系统若是模拟式的，则其信号的综合、校正、滤波等功能，由各级综合变换放大器去实现。在数字式姿态控制系统里，许多功能由编制计算机软件予以实现。

在过去的导弹控制系统中，为了实现各种条件逻辑控制，依赖于由继电器和电子元器件组成的各种逻辑组合电路装置。它的缺点是硬件设备复杂，且可靠性不高。由于计算机的逻辑运算功能很完善，因此许多的条件逻辑控制采用计算机软件实现，能取得灵活、简单、可靠的效果。此外，飞行过程中所需的时序控制以及动力飞行段的姿态程序角控制，过去都用专门的仪器或装置实现，而这些功能在计算机上实现是很方便的。

在对基本结构一些重要因素进行了全面分析研究以后，控制系统的基本结构即可确定。在此基础上，工程设计要求进一步确定具体而完整的设备配置。这是一项很细致的技术工作，要求对控制系统基本结构中的各个环节逐个进行分析论证。在对控制系统基本结构中的每个环节进行分析、论证、权衡后，把控制系统的设备配置确定下来，并以此为依据，完成控制系统弹上设备配套表的编制。

2.1.3 技术要求

提出对各项控制设备的技术要求是控制系统综合设计的重要内容之一，这种技术要求通常以任务书的形式向设备研制单位提出。系统总体对控制系统的功能和技术指标要求，必须分配到各个组成设备。因此，对应各项设备，都要提出相应的要求。尽管如此，在各种技术要求中，也有一些共同的要求，如一般电气及结构要求，产品的工作、贮存、运输环境条件，寿命及可靠性设计、试验的一般要求等。通常把这些带有共性的一般要求，汇集在一起，制定各项设备均应满足的通用技术要求，一般以控制系统弹上设备总技术条件的形式给出。主要内容包括两个方面。

1. 单项设备技术要求

（1）工作特性。

工作特性包括输入输出特性、静动态精度、极限工作范围、投入工作所需时间等。

（2）电气接口及供电特性。

电气接口包括输入和输出的信号形式及信号特性。信号形式有模拟量、数字量、脉冲量等。模拟量又可分为直流量或交流量。若是交流量，应明确工作在调幅还是调频上。若是脉冲量，应明确工作在脉冲调宽还是脉冲当量形式等。因此，视不同的信号形式，应分别明确信号特性，如信号的幅值、频率、脉宽，还有输入、输出阻抗等。

供电特性包括供电类别及具体指标。直流电源要规定额定电压值、稳定度、负载大小、纹波指标等。交流电源则要明确频率及其稳定度、电压幅值及其稳定度、波形失真度、负载大小、相数等。

（3）结构及环境防护。

结构及环境防护包括必须控制的极限体积和质量，协调确定的外形尺寸及安装形式，以及必须满足的环境条件（力学环境、气候环境及其他特殊环境）。

（4）可靠性指标。

系统总体进行可靠性指标分配，并确定对具体设备的指标要求。出于导弹负载的严格限制和经济性考虑，弹上不可能采取较多的设备冗余，系统可靠性主要依靠各设备的可靠性保证，因此对各设备的可靠性指标要求是比较高的。如果涉及安全性，还应明确保证安全的特殊要求。

（5）维护使用性能。

这项要求主要是有关维修性要求。它包括可达性、测试性、互换性、防差错措施等定性要求以及平均修复时间等定量要求，还应包括维护性定期测试时间间隔、贮存性能等。

此外，在满足上述提出的各项要求的前提下，所研制的设备应具有经济上的合理性。

2. 控制系统弹上设备总技术条件

控制系统弹上设备总技术条件同单项设备任务书的具体技术要求一起，是单项设备研制的依据性文件。总技术条件规定了对弹上设备具有共同性的一般技术要求，检验是否满足技术要求的测试方法以及检验规则等项目。具体内容包括弹上设备必须适应的环境条件，设备的绝缘性能、抗电强度，检验和测试方法，产品交收时的检验规则等。

除了上述对于控制系统弹上设备提出的技术条件要求外，还应对与控制系统有关的其他系统提出要求，主要包括：对地面测发控系统提出控制系统测发控要求；对遥测系统提出遥测参数要求；对导弹总体及结构系统提出设备安装要求。由于本书以弹上控制系统为主，这里就不再详细描述了。

2.1.4 控制系统电原理图设计

设计控制系统电原理图，并以此为基础设计出电缆网图，是综合设计一项极为重要的内容。只有从电气上正确地把各单项设备连接起来，并按一定的时序和条件逻辑要求加以控制，才能组成统一的系统，并使之正确、协调、可靠和安全地工作，完成赋予控制系统的任务。

设计电原理图要牵涉到一系列复杂的问题，如接口匹配、供电途径、时序和条件逻辑控制、火工电路设计、检查测试通路、电磁兼容、可靠性、安全性及维修性、弹一地连接及协调、与外系统的连接和协调等。正确处理和解决以上问题，设计好电原理图，对控制系统的工作品质有重大作用。

为了完成电原理图设计，应尽早解决以下一些前提性问题：

（1）基本确定各项弹上设备的电输入输出信号；

（2）明确一、二次电源供配电关系；

（3）明确时序控制和条件逻辑控制要求；

（4）弹上控制系统向地面测发控系统提出测试要求，并已进行初步协调；

（5）弹上控制系统向遥测系统提出遥测参数要求，并已进行初步协调；

（6）确定各项设备安装位置；

（7）明确火工品的种类、特性和数量。

以上要求虽然是从完成电原理图设计的前提条件提出的，实际上，电原理图设计是一个复杂的过程，设计人员不应只是等待这些前提条件问题的解决，而要积极参与检查、校核、协调和明确这些条件的过程。所以，这些工作与电原理图设计往往是并行或同步进行的，而且是逐步深化的。

电原理图设计步骤和主要内容如下。

1. 绘制信息流程图及设备布置电缆连接图

在进一步核实和协调控制系统各设备的信号输入输出的基础上，绘制控制系统各设备间的信息流程图。同时，按照已确定的设备在弹上的布局，同弹体结构设计人员初步协调电缆走向、转接、分支及主要连接器的位置，绘制设备布置、电缆连接框图。信息流程图是电原理图的雏形，是电原理图的原始草图。

2. 供电电路设计

在供电体制、供电方式明确的基础上，具体设计供电电路。供电电路设计应满足可靠、安全、高品质、合理供电的要求。

3. 时序控制和条件逻辑控制设计

时序控制和条件逻辑控制同许多弹上设备有关，虽然大部分时序和条件控制信号由计算机发出，但是部分转换、执行部分仍然通过外电路实现。例如发动机燃烧室压力信号、级间分离信号等，并不送到计算机，那么这些信号有关的条件控制就要靠控制电路实现。通常把这些时序控制、条件控制的电路集中在综合控制器，数量视需要而定。在这些控制器里大都是一些继电器组成的控制电路，火工品电路的控制电路部分通常也安排在相应的综合控制器中。

此外，为了实现导弹发射前由地面电源转换到弹上电源及在发射故障时实现紧急断电，一般在弹上电路里设置受地面控制的电源转换电路和紧急断电电路。这些电路可安排在综合控制器中，也可安排在独立的配电器中。

上述控制电路本身并不十分复杂，但却十分重要。因为在导弹飞行过程中，正是在这些控制信号的指挥下，使系统有序地、正确地、协调地工作。因此，对控制电路的正确性、可靠性要求很严格。

4. 火工控制电路设计

导弹飞行程序中，各级发动机点火、级间分离、头体分离等事件，都是由火工装置（通常是电起爆器）控制的。这里的电起爆器是以电能加热激发的电发火管、电发火头、电爆管、电雷管等的总称。电起爆器由火工控制电路控制。

火工控制电路设计要特别注意其安全性和可靠性，在不需要火工装置起爆时绝不能误爆。在导弹飞行过程中误爆，意味着飞行程序的错乱，造成飞行失败；在地面误爆，则会导致严重的安全事故。与此同时，也要求火工控制电路可靠工作，该起爆时不起爆，同样会导致飞行失败。为了防止火工装置误爆，在综合设计和电路设计中应采取许多安全措施。

5. 与地面测发控系统的接口设计

在对地面测发控系统提出测试要求并进行初步协调基础上，要全面协调弹—地连接接口，为后续地面测试与发射控制做好准备。首先要列出所需要的全部弹—地电连接线的名称、种类、电特性、来自/去往设备、数量等。然后，根据连接线数量、电特性及来自/去往设备安装部位确定脱落连接器的型号、个数、安装部位及触点分配。最后，按连接线种类、电特性、有关设备分布及脱落连接器的触点分配选择相应导线，确定线缆分组、分支，完成弹—地连接接口设计。

6. 与遥测系统的接口设计

遥测与地面测试不同，它是在导弹飞行过程中对系统实际工作状态的监测。因此，一般情况下，不需要在控制系统里专门引入供电线、激励线和状态控制线等，与遥测系统的联系一般就是测量线。另一个不同是，由于遥测是在导弹飞行过程中对系统实际工作状况的监测，因此不允许改变或影响系统的实际工作状况。弹载计算机数字量遥测略有不同，它与遥测系统的联系除数据线以外，还有查询或中断控制连线。

7. 与其他系统的接口设计

控制系统还与安全自毁系统、头部系统等有接口连接，但其设计原则和基本方法与以上接口设计类同，不再赘述。

8. 全面综合协调，完成弹上电原理图设计

在完成上述工作以后，还应进行全面综合协调。把几个部分电路综合起来，特别要注意是否彼此相容，有无不利影响和矛盾。经充分的综合协调，完成电原理图、设备布置和线缆连接图设计，并在此基础上完成相应的电缆网设计。

2.1.5 控制系统软件设计

控制系统软件设计的核心工作是飞行控制软件系统设计，用于在硬件设计的基础上，实现各个子系统的控制功能。控制系统综合设计不仅应对硬件进行工程实现，也应对软件功能进行综合设计。首先，注重弹载计算机硬件与敏感装置之间界面。其次，对弹载计算机的硬件和软件各自功能进行权衡，从减小体积、质量、功耗出发，尽量减少硬件数量而用软件来完成。但是，限于计算机速度的限制和确保主飞行程序运行的可靠性，有些功能不用软件完成而使用硬件完成，如与遥测系统的数字量通信多采用硬件完成，尽可能使软件花费较少的时间。

2.1.6 可靠性和安全性分析

运用失效模式与影响分析（FMEA）、故障树分析（FTA）等方法，在控制系统综合设计中开展可靠性和安全性分析，发现系统中存在的薄弱环节或隐患，从而在设计中采取针对性措施进行预防，提高系统的可靠性和安全性。

2.1.7 控制系统综合试验

控制系统构成复杂，系统内部各设备之间及系统同外界之间的联系紧密且又相互制约。尽管在系统综合设计过程中进行了大量的技术协调工作，开展了专题设计评审，进行了可靠性、安全性等分析，仍不可避免地在设计中会存在一些不足之处。因此，在各种单项试验的基础上，进行控制系统全系统的综合试验是十分必要的。在综合试验中，往往会发现一些事先预想不到的问题，如设备在系统中接口不匹配、电磁干扰、潜电路、供电质量、软硬件功能、系统可靠性和使用性能等。

2.2 弹道导弹控制系统主要硬件

2.2.1 角度敏感装置

角度敏感装置在控制系统中可用于姿态控制系统和制导系统。姿态控制系统用它作为

姿态角的敏感元件，而捷联惯性制导系统用它来测量相对于惯性坐标系的角度，并输入弹载计算机对制导方程进行求解。各种形式的二自由度陀螺仪就是常用的角度敏感装置。陀螺稳定平台中，各框架轴在导弹飞行过程中测得的角信号，也可用作姿态控制信息。

1. 二自由度陀螺仪

二自由度陀螺仪所敏感的角度，可有两种不同用途：①用于导弹姿态控制系统作为姿态控制信号，亦用于陀螺稳定平台作为平台稳定的控制信号；②用于捷联惯性制导系统，作为求解制导方程所需的角度信息。

二自由度陀螺仪有三个相互垂直的轴：转子轴（即自转轴）、内环轴和外环轴，如图 2-1 所示。

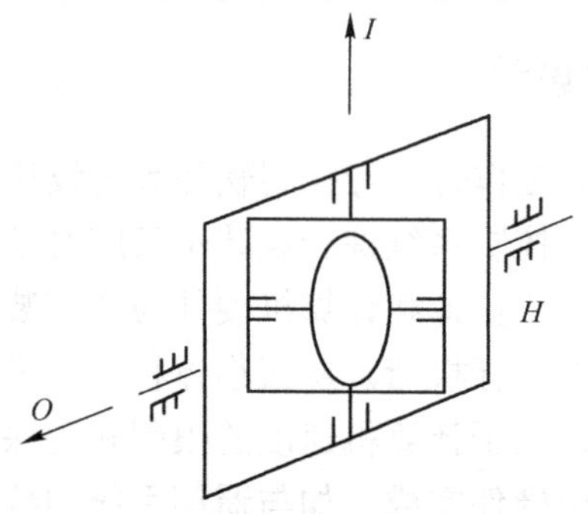

图 2-1　二自由度陀螺仪各轴示意图

H—陀螺转子轴；I—陀螺内环轴；O—陀螺外环轴。

图 2-1 中，转子轴（H 轴）不能给出角度信息，只有内、外环轴能够测出导弹相对惯性坐标系的角度。所以，为了确定导弹或加速度计在惯性空间的三个角位置，必须用两个二自由度陀螺仪，如早期导弹上用的水平陀螺仪和垂直陀螺仪，如图 2-2 所示。

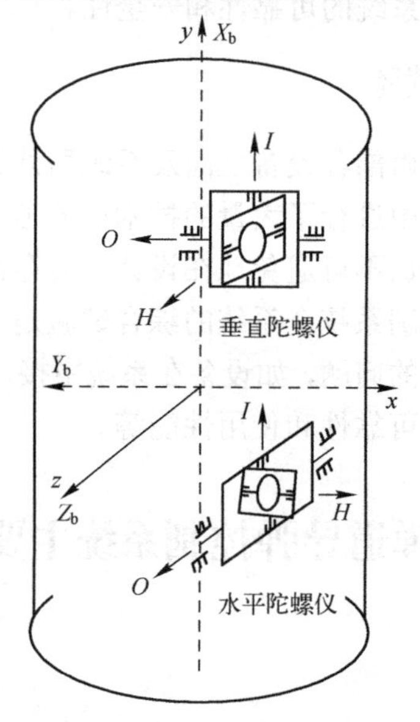

图 2-2　水平陀螺仪与垂直陀螺仪在导弹上的安装方向

2. 陀螺稳定平台

陀螺稳定平台是一种利用陀螺仪作为传感器，在空间建立惯性基准的高精度仪器。它所建立的惯性基准是实际存在的实体基准，在理论上相对惯性空间始终保持不变。基于该基准，可以将其作为姿态角测量的起始基准。

陀螺稳定平台配备了三通道的稳定回路，能够将台体稳定在惯性空间。在此基础上，它具有框架结构，能够为导弹提供相对于台体三个自由度的运动，如图 2-3 所示。而在各个框架结构轴端则装有角度传感器，能够准确测量相对运动角度的大小。平台的框架角反映的是平台框架相对于平台轴的转角，所以又称测量平台框架角。平台框架角和平台姿态角有固定的关系，即与平台在载体上的安装方向有关。它有可能是相同的、相反的，或相差一个固定角度值的。但只要平台安装方向确定，它们的相互关系就是固定的。在框架角测量的基础上，经过一定的变换，就可以得到导弹相对于导航坐标系的三个姿态角。

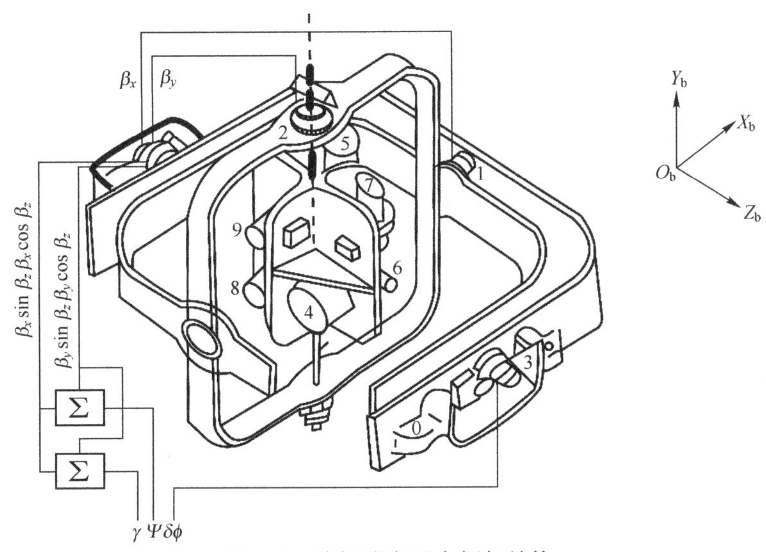

图 2-3　陀螺稳定平台框架结构

1—内框轴传感器；2—台体轴传感器；3—外框轴传感器；4，5，6—单自由度陀螺仪；7，8，9—加速度表（计）。

2.2.2 角速度敏感装置

角速度敏感装置在导弹上主要用于姿态控制系统，在使用环境条件满足测量精度要求时，也可用于惯性制导系统。

速率陀螺仪是单自由度陀螺仪（图 2-4），它可以是液浮、气浮等不同支承形式的陀螺仪，利用单自由度陀螺仪敏感载体角速度 ω，并产生与 ω 成比例的陀螺力矩实现对角速度的测量。

微分陀螺仪是单自由度陀螺仪的一种使用形式，它装有某种机械或电气装置，这种装置在陀螺框架稍许偏离起始位置时，便将与偏离角成比例的力矩加于陀螺上，并使其转回至起始位置。除此之外，微分陀螺仪还装有阻尼器，以消除框架绕旋转轴的振荡，阻尼器产生的力矩作用在框架上，其大小与框架绕旋转轴的旋转角速度成比例。

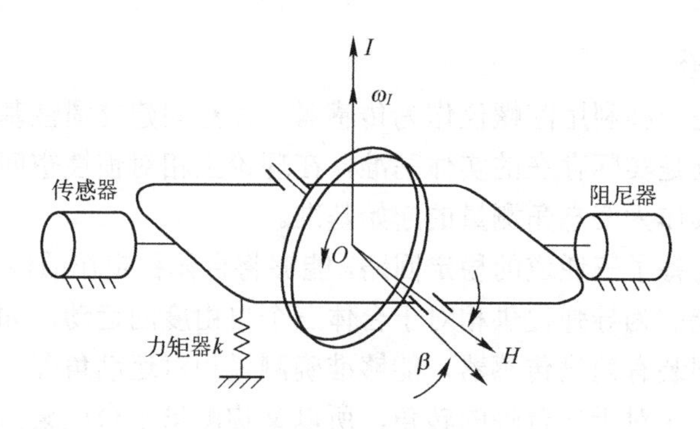

图 2-4　单自由度陀螺仪示意图

H—陀螺转子轴方向；I—陀螺输入轴方向；O—陀螺输出轴方向。

目前，角速度或角增量敏感装置有速率陀螺仪、挠性调谐式增量输出陀螺仪、激光陀螺仪和光纤陀螺仪等。

2.2.3　加速度敏感装置

加速度表是惯性制导系统中的惯性敏感元件，它的输出与导弹运动的加速度成一定函数关系。加速度表的类型多种多样，其作用原理都是基于牛顿经典力学。弹道导弹中常用的是陀螺加速度表，亦称为陀螺摆式加速度表，精度较高，一般可分为气浮陀螺加速度表和液浮陀螺加速度表，它们的工作原理都是基于陀螺力学。此外，还有一些非陀螺惯性加速度敏感元件，一般称为加速度计，如液浮摆式加速度计、挠性加速度计等，这类加速度计的类型很多，与陀螺加速度表相比结构较简单，但其工作原理都是基于牛顿力学。图 2-5 为陀螺摆式加速度表原理示意图，图 2-6 为液浮摆式加速度计原理示意图，其具体结构原理可参考相关文献。

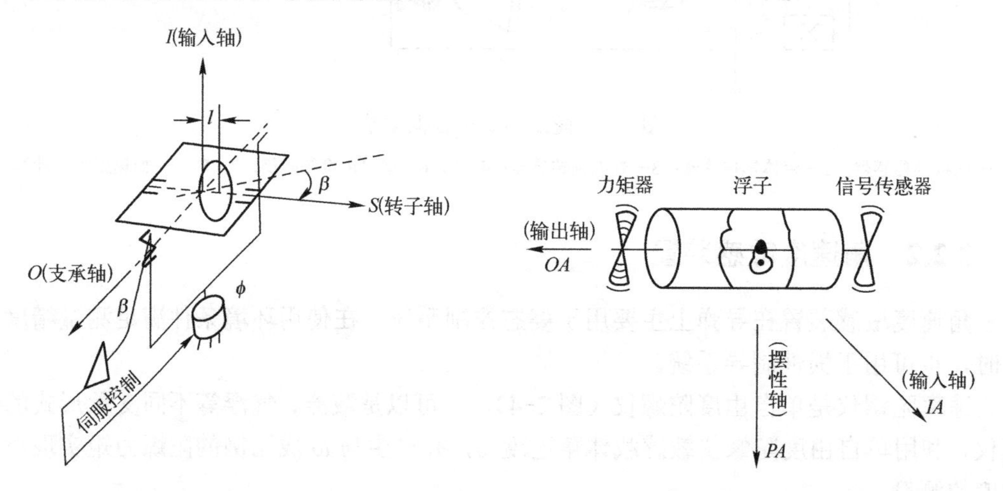

图 2-5　陀螺摆式加速度表原理示意图

图 2-6　液浮摆式加速度计原理结构图

2.2.4　计算装置

在早期的弹道导弹上，大量采用的是基于模拟电路的模拟计算装置，这种计算装置以连续变化的物理量（如电压、电流、位移、转角等）表示数学关系式中的变量。随着大规模集成电路及数字技术的飞速发展，模拟计算装置已经被逐步淘汰，取而代之的是功能更加强大的更加小型化的计算机，通常称为弹载计算机。

初期的弹载计算机采用中小规模集成电路和磁芯存储器，内存容量不超过 2KB，运算速度也不高。而现在有多种形式的存储器，均采用大规模集成电路，内存容量和各种功能都有很大增长。

随着元器件质量的不断提高，弹载计算机的平均无故障时间提高了一个数量级，弹载计算机的体积、质量和功耗都下降很多。

弹载计算机是一种专用实时控制机。航天技术的发展，要求弹载计算机必须朝着微型化、模块化、系列化和标准化方向发展，以使其功能增强、可靠性提高和成本降低。

弹载计算机的主要功能包括：

（1）制导律运算。

计算机实时接收加速度计输出的信号，计算关机方程和导引方程，控制导弹按预定弹道飞行。当导弹飞行偏离标准弹道时，计算机产生的误差信号（导引信号）通过姿态控制系统修正导弹飞行姿态。当满足关机条件时，计算机发出各级关机指令，使发动机关闭。

（2）姿态控制律运算。

计算机实时接收惯性平台（或惯性测量组合）的姿态角信号（俯仰、偏航和滚动信号）和速率陀螺的输出信号，计算姿态控制方程，完成程序飞行的程序角计算。计算结果经数/模转换后送至伺服系统，控制发动机摆向，以消除导弹在各种干扰力作用下的飞行姿态误差。

（3）飞行时序控制。

除了制导和姿态控制以外，导弹飞行过程中还有许多离散型的控制信号（如火工品引爆、级间分离等），它们在时间上是有序的，所以称为时序控制信号。

时序信号分为绝对和相对两类，其中，绝对时序信号是以起飞零秒为基准排序的；相对时序信号是以飞行中某个特定时刻（如关机时刻）为基准而排序的，它们之间的相对时间预先装定在计算机中。计算机按要求发出时序控制信号，并通过时序控制执行电路来实现飞行控制。

（4）发送遥测参数。

随着功能的增加，计算机越来越成为导弹的控制和信息中枢，计算机必须将它加工处理的所有数据通过遥测系统传送到地面。

（5）自动测试。

在导弹起飞之前，要进行全面检测，有的弹载计算机还承担地面测试任务，但不应为此过多地增加弹载计算机的复杂性。

计算机系统结构框图如图 2-7 所示。弹载计算机由主机、模/数（A/D）转换接口、加速度计输入接口、平台姿态角接口、GNSS 接口、时序接口、数/模（D/A）转换接口、功率放大器和二次电源等组成。主机通过数据总线 DB、地址总线 AB 和控制总线 CB 与各接口连接起来。

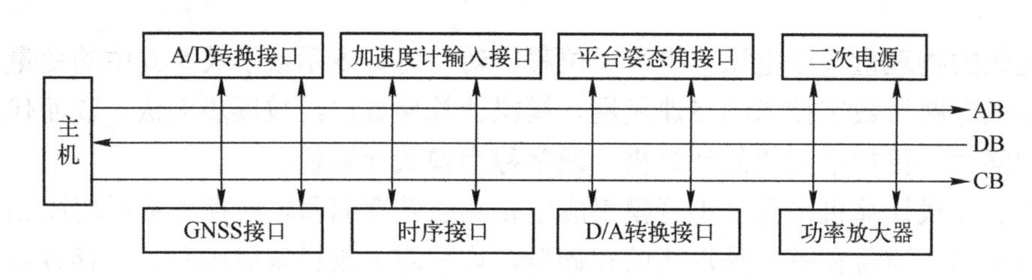

图 2-7　弹载计算机系统结构框图

各部分具体情况如下。

（1）主机。

弹上制导和姿态控制用的计算机要求有更大的计算能力和较小的体积。而近年来计算机的发展突飞猛进，芯片的集成度也越来越高。弹载计算机发展很快，一些主机采用了高性能的 CPU。为适应主机 CPU 的发展，相应接口电路也随着发展，现在用一片超大规模集成电路可编程门阵列（EPLD 或 FPGA）即可代替，为计算机小型化提供了技术基础。

弹载计算机的工作过程简述如下：首先把编制好的监控程序写入可擦除可编程只读存储器（EPROM）中；然后给计算机加电，主机上电复位或按复位按钮强迫复位，此时 CPU 执行的第一条指令是跳转指令 JMP，跳去执行监控程序，开始进行初始化，等待地面输入命令；最后地面计算机把需要执行的程序送到弹载计算机内存中，再发送执行命令，使弹载计算机程序开始执行。

（2）A/D 转换接口。

导弹如果采用捷联方案，因速率陀螺输出信号是模拟量，而计算机需要数字量，故必须采用 A/D 转换器。A/D 转换接口由多路开关、采样保持器、A/D 转换器、锁存器和控制电路组成。原理框图如图 2-8 所示。

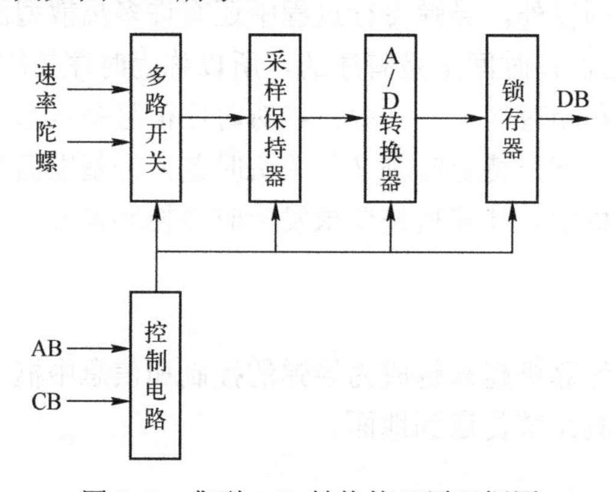

图 2-8　典型 A/D 转换接口原理框图

（3）加速度计输入接口。

加速度计输入接口是专门为加速度计输入到弹载计算机的脉冲信号进行计数的接口电路。惯组中的速率陀螺也是输出脉冲信号，其计数接口电路与加速度计的计数接口电路相同。

由于要求计数精度高，因此接口电路必须采用较多的抗干扰措施。一般输入接口电路由隔离电路、整形抗干扰电路和计数电路组成。隔离电路可采用脉冲变压器隔离，也可采用光电耦合器隔离。整形抗干扰电路把隔离后的脉冲整形，同时加强抗干扰。计数电路可以是单个计数电路，也可以是可逆计数器。由于加速度计输出的信号有正有负，需要正负路单独计数，若需要正负路综合计数时，则可设计成可逆计数器。

（4）平台姿态角接口。

如果采用平台方案，则必须有平台姿态角接口。平台姿态角接口的设计视平台输出信号而定。若平台输出数字量，则可采用数字量计数电路；若输出角模拟量，则可采用专用接口电路将模拟量转换为数字量。

（5）GNSS 接口。

为了提高制导精度，有些弹道导弹的控制系统采用全球导航卫星系统（GNSS）。为了把兼容接收机收到的信号送入弹载计算机处理，必须备有 GNSS 接口。为了双向传送数据和进行预处理，则采用智能接口。GNSS 接口由单片机 8031、双口 RAM 存储器、EPROM 只读存储器（装监控程序和用户程序）、地址锁存器 54LS373、可编程通信口及发送器和接收器组成。原理框图见图 2-9。

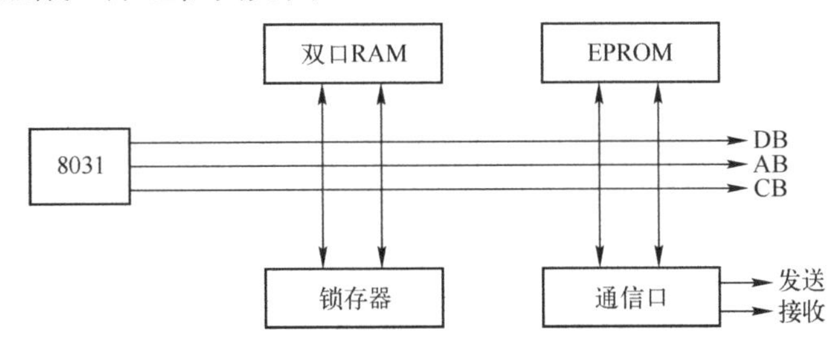

图 2-9　GNSS 接口原理框图

（6）数/模（D/A）转换接口和功率放大器。

弹载计算机的 D/A 转换接口和功率放大器用于控制伺服系统工作。D/A 转换接口和功率放大器一般由 D/A 转换器、控制电路和综合功率放大器组成。

伺服系统采用模拟量控制，而计算机输出为数字量，故采用 D/A 转换器，将计算机输出的数字量转换为模拟量。对 D/A 转换器输出的电流进行放大，又因 D/A 转换器输出信号与反馈信号需要进行综合，故采用运算放大器作为综合放大器，确保伺服系统的可靠控制。

D/A 转换接口和功率综合放大器工作原理简述如下：弹载计算机加电复位时，监控程序给 D/A 转换接口清零，使 D/A 转换器输出为 0；当需要控制伺服系统时，用软件通过 CPU 向 D/A 转换接口发送数字量，经 D/A 转换器转换成模拟量，再经功率放大器输出电流去控制伺服系统。

以上是弹载计算机的基本组成与功用，除此之外，根据实际的设计需求，弹上计算机还包含以下几个功能模块：

（1）开关量输出接口。

开关量输出接口有时序控制、喷管控制和安全控制等。时序和喷管控制一般采用位控式和三取二表决方式，确保开关量正确发出。而安全自毁控制则不同，它是为确保不误发开关量，所以采取多个信号控制。

（2）开关量输入接口。

开关量输入有转电、点火起飞、出筒、转弹等，这些开关量都是采用光电耦合器隔离，经触发器输出。一般采用中断方式，这些开关量均送入中断控制器，使 CPU 执行中断服务程序。

（3）电源。

弹载计算机电源采用 DC/DC 变换器将弹上控制系统电池电源变为弹载计算机所需的各种电源。

（4）监控程序。

监控程序分为弹上监控程序和地面监控程序两部分，它们分别装在弹载计算机和地面测试计算机中。地面监控程序的功能是接收键盘键入的命令，并传送到弹载计算机中，控制弹上监控程序的执行。弹上监控程序负责接收地面测试计算机发送到弹上的命令，并执行命令。

弹上监控程序最少要有 6 个命令，即数据装定命令、取结果命令、单字节检查/修改命令、执行程序命令、单元测试命令、软复位命令。

（5）地面支撑设备。

弹载计算机还需配备相应的地面支撑设备。地面支撑设备是指那些为弹载计算机提供服务而不随之装弹的软硬件设备，这些设备不仅在实验室、工厂向弹载计算机提供服务，而且在阵地也提供服务。地面支撑设备提供的服务包括：对弹载计算机进行维护性检测和装弹前的检测；研制调试和验收飞行程序，并制作飞行程序的拷贝；通过一些仿真手段，重现某些飞行过程。

地面支撑设备的配置根据要完成的任务而定。若仅完成弹载计算机的检测，则只需配有与弹载计算机对应的一些专用接口和检测弹载计算机所必需的信号源即可；若还要完成调试程序、仿真等任务，则还需配微机、仿真弹道参数发生器以及各种服务软件。

2.2.5 变换放大装置

变换放大装置在导弹控制系统中是一个承上启下的中间装置，它把来自各敏感装置的信号进行综合、变换、放大，推动相应的执行机构，使导弹沿标准弹道稳定飞行，如图 2-10 所示。

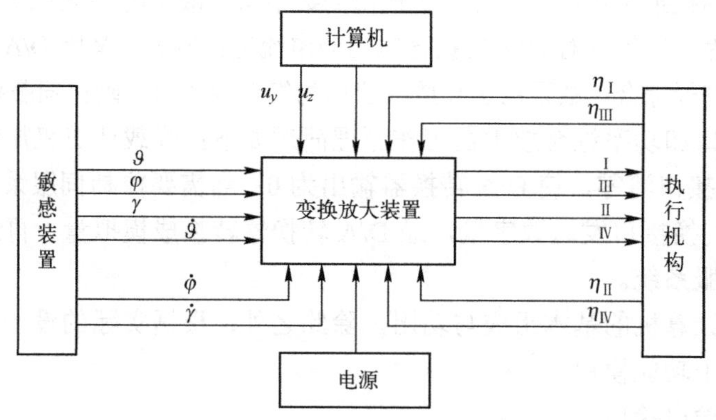

图 2-10　变换放大装置关联图

变换放大装置的主要功能如下：

（1）综合来自位置陀螺或平台的俯仰角、偏航角、滚动角（φ，ϕ，γ）信号，速率陀螺的俯仰角速度、偏航角速度、滚动角速度（$\dot{\varphi}$，$\dot{\phi}$，$\dot{\gamma}$）信号，计算机或计算装置来的u_y、u_z导引信号，执行机构来的η_{I}、η_{II}、η_{III}、η_{IV}回路反馈信号以及放大装置本身的反馈信号等。

（2）用硬件实现姿态稳定控制方程的数学变换。

（3）将综合的信号放大到足够的电流或功率去推动相应的执行机构。

目前，随着计算机技术和集成电路技术的不断发展，变换放大装置的部分功能已经进一步集成，通过在弹载计算机上增设一些功能板块实现传感器信号采样、姿态稳定控制方程变换等功能。

2.2.6　执行机构

执行机构是指指令信号经功率放大推动操纵机构产生改变飞行状态所需力和力矩的设备的总称。执行机构一般为闭路形式，由电位计或机械反馈装置闭合，组成位置反馈回路。在导弹姿态控制系统中采用的执行机构有机电式、气动式、电动液压式三大类。前两类只部分地应用于小型导弹，而电动液压式执行机构在大型导弹和各类运载火箭上应用广泛。

电动液压执行机构的类型很多，根据不同的控制对象、性能、能源的不同要求，可选取不同的伺服作动器、操纵机构和反馈装置，从而组成不同类型的执行机构。其中，伺服作动器，也称为伺服系统或舵机，是一个将输入信号通过一定形式（电动、气动、液压）转换成具有一定功率并能推动操纵装置运动的能量转换装置；操纵机构是指用于产生控制力和力矩的机构，如燃气舵、摆动发动机等。

导弹中常用的操纵机构有下面几种类型：

（1）空气舵。

空气舵是利用舵相对气流运动产生控制力，控制能力较小，因此多用于大气层内飞行的战术导弹，大型导弹很少应用。

（2）燃气舵。

燃气舵是将舵置于发动机的燃气流中，利用舵相对燃气流运动产生控制力和控制力矩，如图 2-11 所示。

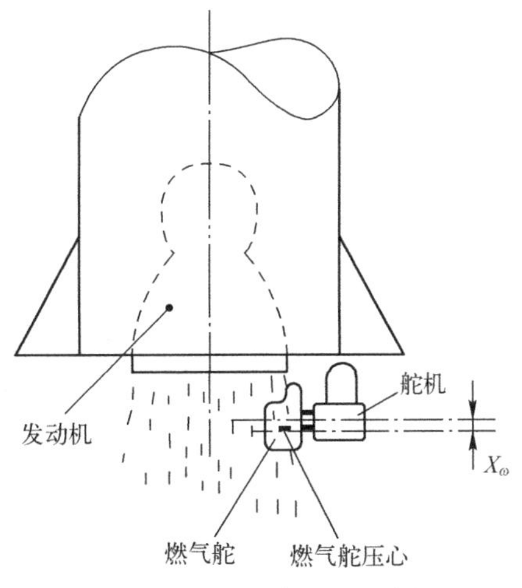

图 2-11　燃气舵配置示意图

采用燃气舵作为操纵机构，通常用 4 个舵按一定分配规律控制俯仰、偏航、滚动。由于 4 个舵都安装在燃气流中，必然影响燃气的流动，造成推力损失。另外，由于每个舵机只带动一个燃气舵，所以所需舵机功率较小。

（3）摆主发动机。

发动机的推力方向在弹体主轴方向上，如果把发动机安装在可转动的支架上，由伺服系统带动，按照需要的控制作用转动发动机，使发动机的推力在弹体主轴的垂直方向产生分力，控制导弹绕质心转动，如图 2-12 所示。若主发动机只有 1 台，则可通过双向摆动完成俯仰和偏航控制，滚动则需要用其他方法；若主发动机是 2 台或 4 台，则可通过摆主发动机完成 3 个通道的控制。

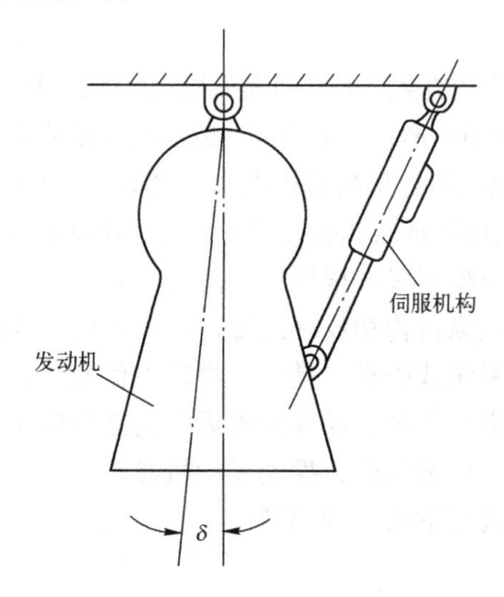

图 2-12　摆主发动机示意图

摆主发动机的最大优点是无推力损失，并且可提供较大的控制作用。但由于伺服系统要推动的发动机惯量很大，所以需要大功率的伺服系统。

（4）摆游动发动机。

主发动机固定不动时，可通过摆动游机（或称辅助发动机）来产生控制力和控制力矩；或者用一台主发动机双向摆动控制俯仰、偏航，而用游动发动机控制滚动；或者在主发动机停机后用游动发动机进行姿态控制和调姿。一般用 4 台游机对 3 个通道进行综合控制。

（5）柔性喷管。

柔性喷管用于固体发动机（图 2-13），因为固体发动机和弹体是刚性连在一起的，或者说固体导弹装药部分的弹体就是发动机，所以无法改变发动机的方向，只能转动喷管，图中的柔性接头就是起到柔性连接的作用。相关内容将在 1.2.2 节进行介绍。

（6）二次喷射。

二次喷射是在喷管的跨临界区喷射某种气体或液体，使燃气流发生偏转产生控制力和控制力矩，如图 2-14 所示。此方法一般用于固体发动机，其功能与摆主发动机相同。相关内容将在 1.2.2 节进行介绍。

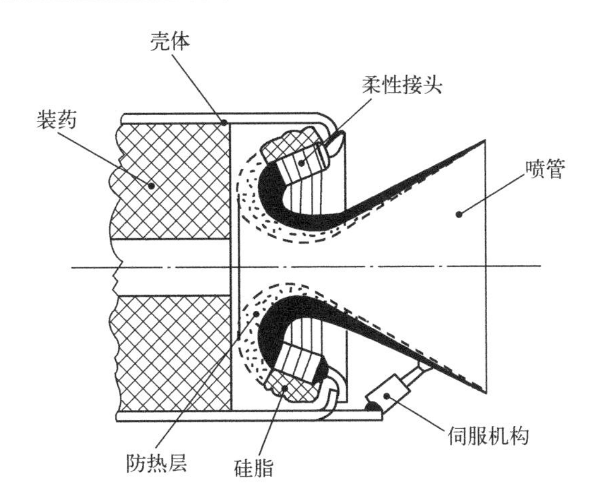

图2-13　柔性喷管示意图

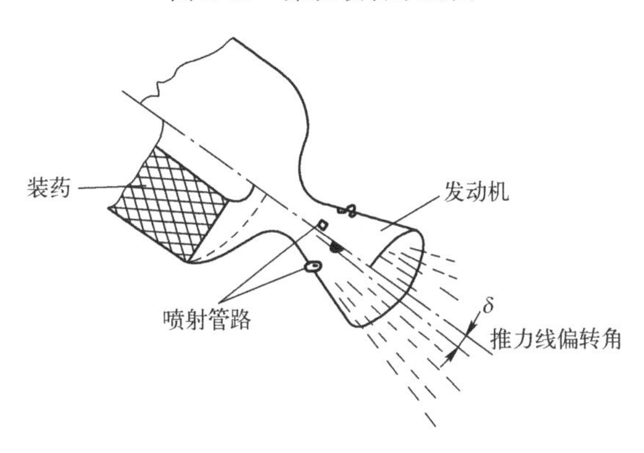

图2-14　二次喷射示意图

（7）姿态控制喷管。

姿态控制喷管分为单组元、双组元和冷气式三种，都是以一定的指向固定安装在弹体上，通过控制喷射时间的长短完成控制作用。此类操纵装置产生的控制力和力矩较小，一般用于末级、滑行段或修正段飞行控制。

2.2.7　时序装置

时序是指在飞行过程中按预先确定的顺序和时间接通或断开相应电路的时间控制指令串，它由时序系统实现，在硬件上由时序装置实现该系统的功能。飞行中需要由时序装置进行控制的对象有：

（1）各级发动机的启动与关机；

（2）多级导弹的级间分离；

（3）头体或星体分离；

（4）级间、头体或星体分离时的反推或加速火箭的点火；

（5）时变参数的控制和各级信号的转换；

（6）其他，例如允许关闭发动机、定时关闭发动机、箱体补压、姿态程序转弯控制等。

时序装置包括时间基准和输出电路两部分。时间基准给出各指令时间，而输出电路以被控制电路需要的方式和功率给出指令信号。常用的时间基准有：

（1）恒速转动装置，例如恒速电机，恒频脉冲源驱动的步进电机或其他步进装置，它们的转角可作为时间基准；

（2）电子计数电路，以恒频脉冲为输入计数，所计的值可作为时间基准；

（3）弹载计算机。

常用的输出电路有：

（1）凸轮—触点机构，用凸轮的形状变化控制簧片触点组接通或断开；

（2）继电器；

（3）电子器件，例如三极管、可控硅、光电耦合器等。

利用它们的组合，可组成多种形式的时序系统。用恒速转动装置驱动凸轮—触点机构组成的时序系统，称为机—电式程序配电器，可输出多路不同时间的触点指令。用电子计数器经译码器、功放电路驱动继电器或电子器件组成的时序系统，称为电子式程序配电器。由计算机按要求时间输出指令脉冲驱动步进装置，使凸轮组转过一个角度发出一个触点指令是另一种形式的机—电式程序配电器；也可由计算机以多路或单路编码的形式输出时间指令，经译码、功放后，驱动继电器动作，实现对时序的控制。

2.2.8　电源装置

导弹电源系统包括一次电源、二次电源。一次电源是指化学电源，是将化学能直接转换成电能的贮能与换能装置，是导弹上提供电能的独立电源。常用的化学电源是高效的银锌蓄电池或镍镉蓄电池。二次电源是电能变换与调整装置，简称为电源装置，主要用于将蓄电池的直流电变换成各种电气参数的交流电与直流电，供给弹上各控制装置用电。

电源装置主要有直流稳压电源、脉冲电源、逆变器电源和变流机组等。为适应空间使用的特殊要求，提高电源装置的效率与可靠性、减小电源装置的体积与质量至关重要。随着电子技术与电子元器件的快速发展，近年来固态电源的发展趋向于高频化、集成化、模块化与标准化，这又促进了更多技术先进、性能优良的新型电源装置的诞生。

2.3　弹道导弹控制系统软件

弹道导弹控制系统软件可分为飞行控制软件、综合测试软件、地面测试发射控制软件等。

2.3.1　飞行控制软件

弹载计算机是导弹控制系统的核心设备之一。飞行控制软件是弹载计算机的重要组成部分，它对飞行控制系统的所有输入信号（加速度、角速度、姿态角等）进行采集处理和计算，并输出相应的控制信号，控制导弹按预定弹道稳定飞行和关机。可见，飞行控制软件不仅影响飞行控制质量，而且直接关系到飞行控制的成败，所以它是实现导弹飞行控制的重要环节。

飞行控制软件的具体任务取决于飞行控制系统的总体方案和飞行控制系统综合要求。概括起来，有三个方面的任务：

（1）完成制导系统的数据采集、处理和计算，给出导引信号和关机指令。

（2）完成姿态控制系统的数据采集、处理和姿态控制方程计算，输出相应信号控制导弹的飞行姿态。

（3）其他，如飞行时序控制、飞行安全控制、辅助关机控制、遥测数据处理和输出等。

为完成上述三大任务，飞行控制软件由制导系统软件、姿态控制系统软件和综合软件组成。

（1）制导系统软件功能包括：对于速率捷联惯性制导系统，发射瞬间弹体初始姿态角确定；完成惯性测量组合实时误差补偿；用四元数在弹载计算机中建立“数学平台”实现坐标转换，完成弹体姿态角计算；完成飞行俯仰程序角计算；进行导弹质心运动参数计算；进行推力终止和导引计算。

（2）姿态控制系统软件功能是：进行姿态稳定和网络的控制计算，对姿态信号和导引信号进行综合，经 D/A 变换直接控制伺服系统，确保制导律的实现和稳定飞行。

（3）综合软件功能是：按时间要求发出各种时序指令、发送遥测参数，进行弹体安全自毁判别和综合测试。

飞行控制系统对飞行控制软件的要求如下：

（1）实时性强。导弹的控制是一个实时控制过程。从起飞前的方位瞄准到飞行控制结束，飞行控制系统一直处在实时工作状态。因此，飞行控制软件应能对各种控制信号进行实时处理。

（2）速度快、精度高。任何过程的实时控制都要求计算机能够快速响应。但是，一般过程的实时控制计算量比较小，精度要求比较低，程序运行时间短，计算的速度和精度比较容易实现；而导弹飞行控制系统计算量大，精度要求高，因此计算速度和精度显得十分突出。

姿态控制系统对计算速度要求比较高，表现在对采样周期（计算周期）和计算延时的要求上。采样周期由采样定理决定。计算延时是指从姿态控制信号的采集到姿态控制信号的输出之间的这段时间。计算延时越小，对姿态控制越有利，因此应尽量减小。姿态控制系统对计算精度的要求比制导系统低得多，比较容易实现。

制导系统对计算精度要求比较高，因为它直接影响导弹的制导精度，所以，必须对制导方程进行高精度计算。为了确保制导系统的计算精度和关机精度，在计算周期的安排上一般有长周期和短周期之分。长周期用于导弹从点火起飞到末级发动机临近关机这段时间的计算，一般取得比较长，有足够的时间对制导方程进行高精度计算。短周期用于末级发动机临近关机到关机这段时间的计算，一般取得比较短，只对简化关机方程进行计算，以确保发动机能够准时关机，提高关机精度。

（3）可靠性高。导弹的可靠性至关重要，无论是硬件设计还是软件设计都应将可靠性放在首要位置考虑。飞行过程中程序运行的任何差错都可能导致飞行失败。引起差错的原因有：①程序本身有错；②外界干扰破坏了程序的正常运行；③硬件故障。无论哪种原因，对飞行控制都是不允许的。因此，飞行控制软件的可靠性在软件设计时必须充分考虑，采取措施。

2.3.2 综合测试软件

综合测试软件的主要作用是通过系统模拟飞行使飞行控制软件全部功能完全演示出来，验证飞行控制软件功能设计正确性和匹配性，解决软件与硬件的配合问题。这需要通过综合测试软件的巧妙设计，将飞行控制软件引导到地面的检测中，不仅确保综合线路设计正确可靠,还能进行飞行控制软件在地面综合试验中的全面检查和软硬件的磨合,使弹—地通信和弹—地之间协调一致。综合测试软件运行得正确和可靠，是导弹飞行成功必要条件之一。

综合测试的主要项目包括：模拟飞行（总检查）；极性和安全自毁检查；惯性测量装置测试；综合发射检查；发射电路检查。

2.3.3 测试发射控制软件

导弹武器系统地面测试发射控制软件的任务主要包括：完成地面测试发射设备的自检与测试；完成对控制系统弹上设备与电路的检查测试（分系统检查）；完成对导弹武器系统的总检查以及实施导弹的发射控制。具体来说，包括：

（1）对地面测试系统的主控计算机组合的各功能模块及整机进行检查、调试和测试验收。

（2）用部件等效器对地面测试发射设备进行调试、检查和综合性能测试。

（3）在系统综合试验室进行控制系统全部项目的检查和系统的综合试验。

（4）完成导弹武器系统的各阶段地面大型试验及出厂检测与验收。

（5）完成射前检查和发射。

测试发射控制软件主要包括：主测发控软件；多屏显示软件；弹上综合测试软件；智能机箱控制器测发控软件；监控、通信软件；数据库、程序库及其应用软件；系统服务与支持程序。

测试发射控制软件的主要功能有：完成射前的诸元计算与装定；向弹载计算机、智能机箱控制器发送测试指令，进行数据交换；进行全系统（如各次总检查）、分系统的测试，或根据需要进行抽项检测；人机对话操作；测试数据的屏幕显示控制；进行数据处理、分析及自动校核；数据的存储；列表打印测试数据、曲线及图形；具有故障诊断系统的地测系统完成故障诊断，并进行实时显示；对地面测发控系统进行自测、自检。

2.4 本 章 小 结

本章从控制系统总体设计的角度，系统描述了弹道导弹控制系统的综合设计过程，并分别介绍了目前弹道导弹控制系统的基本组成和功能。通过本章的学习，能够从全局的角度对弹道导弹控制系统有一定的了解，从而为后续各个分系统原理的学习打下良好基础。

第 3 章　弹道导弹惯性测量系统

惯性器件是指根据力学中惯性原理构成的惯性仪表，例如陀螺仪、加速度计等。在弹道导弹飞行过程中，装在内部的陀螺仪为运动中的导弹建立不变的基准，据此测量出姿态角和角速度等状态量；由加速度计测出其线加速度，经过必要的积分运算和坐标变换，确定导弹相对于基准坐标系的瞬时速度和位置。控制系统根据这些参数对导弹进行控制，使其保持在预定轨道上，并按规定条件发出关机信号，保证它按预定要求命中目标。由此可见，惯性器件是控制系统中的关键部件，其性能的优劣直接影响导弹的命中精度。惯性器件所引起的误差通常占整个制导误差的 70%以上。

惯性测量系统是对用于测量导弹运动状态量的惯性器件的总称，包括各种陀螺仪、加速度计以及由这些惯性器件构成的测量系统。弹道导弹常用的惯性测量系统包括平台式系统、捷联式系统和速率陀螺系统，本章将对其组成、结构和工作原理进行简要介绍。

3.1　平台式惯性测量系统

平台式惯性测量系统又称为陀螺稳定平台，它的主要作用是在导弹内按给定的战术技术指标，建立一个与导弹的角运动无关的导航坐标系，为加速度计提供可靠的测量基准，也为导弹姿态角的测量提供所需的坐标基准。

陀螺稳定平台的稳定系统由陀螺仪、平台台体、框架系统和稳定回路组成。用框架系统支撑的平台台体是陀螺稳定平台的稳定对象，安装在台体上的陀螺仪敏感台体相对于惯性空间的角位移或角速度，并通过由电子元件和机电元件组成的稳定回路，使平台台体稳定在惯性空间。因此一般平台台体所建立的坐标系是惯性坐标系。安装在平台台体上的加速度计，因为敏感轴一般与惯性坐标轴相重合，所以它所测量的是导弹沿惯性坐标系三个轴的视加速度分量。框架系统为平台台体提供了 3 个转动自由度，因此平台台体能与弹体的角运动相隔离，为平台台体上的惯性仪表提供良好的工作条件。框架轴上装有姿态角传感器，其输出信号经适当的坐标变换即为导弹相对惯性空间的姿态角信号。

陀螺稳定平台有各种不同的类型，可以从不同的角度进行分类。

1. 按稳定轴的数量分类

按照稳定轴的数量，陀螺稳定平台可以分为单轴陀螺稳定平台、双轴陀螺稳定平台、三轴陀螺稳定平台、全姿态平台、浮球平台 5 类。

为了完成导弹的制导任务，必须采用三轴陀螺稳定平台，因为这种平台具有 3 个转动自由度，能隔离导弹的角运动对平台台体的影响，满足建立一个精确导航坐标系的条件。但为了避免三轴陀螺稳定平台的“框架锁定”问题，使用时外框架相对内框架的转角不能太大，所以只能用于导弹的一般飞行任务。全姿态平台具有 3 个以上的转轴，可以利用其冗余自由度来克服“框架锁定”现象，绕每个轴的转角不受限制，因而可用于导弹的大姿态飞行。浮球平台利用球体支承取代框架支承，不存在“框架锁定”现象，绕每个轴的转角不受限制，能用于大姿态机动飞行。

2. 按陀螺仪的类型分类

（1）由单自由度陀螺仪构成的陀螺稳定平台。

可用作陀螺稳定平台敏感元件的单自由度陀螺仪有速率陀螺仪、液浮积分陀螺仪和静压流体陀螺仪等。这些陀螺仪敏感台体的角运动，并分别输出与台体角速度、台体转角和台体角度积分值成比例的控制信号。将这些信号分别进行适当处理后，输送给平台相应框架轴的力矩电机，使台体在惯性空间保持稳定。因为每个单自由度陀螺仪只有一个敏感轴，所以一个在空间稳定的三轴陀螺稳定平台需要有 3 个单自由度陀螺仪。单自由度陀螺仪，是以进动特性为其工作基础的，当绕输入轴存在角速度时，转子将绕进动轴转动。利用与进动角度有关的信息控制力矩电机，产生外反馈力矩；同时，由于转子的进动而产生的与进动角速度成比例的陀螺力矩通过轴承的约束也作用在台体上，形成内反馈力矩。角动量愈大，内反馈愈强，内反馈是无惯性的，在动态过程一开始便起作用，但在动态过程结束后，内反馈力矩便随之消失。外反馈在动态过程和静态过程中均起稳定作用，只是由于通过稳定回路起作用，具有一定的相位滞后。

（2）由二自由度陀螺仪构成的陀螺稳定平台。

框架式二自由度陀螺仪、动力调谐陀螺仪、动压或静电支承的自由转子式陀螺仪均可作为陀螺稳定平台的敏感元件。二自由度陀螺仪是利用其定轴性原理工作的，在理想的没有干扰的情况下，其自转轴方向在惯性空间保持稳定。当台体因受干扰力矩的作用而偏离初始位置时，平台台体和陀螺转子轴之间产生相对转动，形成偏差角。利用与该偏差角有关的信号来控制力矩电机，形成外反馈力矩。二自由度陀螺仪在平台稳定过程中不产生陀螺力矩，因而不存在内反馈。二自由度陀螺仪有两个敏感轴，能稳定两个平台框架轴。三轴陀螺稳定平台采用两个二自由度陀螺仪时，仅利用其三个敏感轴，剩余的一个敏感轴可作为冗余信息用于提高平台的可靠性，亦可以将该轴锁定，以提高另一敏感轴的稳定精度。

3.1.1 单轴陀螺稳定平台

在导弹的制导系统中，建立一个空间导航坐标系，需要采用一个三轴陀螺稳定平台，而三轴稳定平台可以看成是由 3 个单轴陀螺稳定平台构成的，因此，单轴陀螺稳定平台是分析、设计三陀螺稳定平台的基础。为此，在讨论三轴陀螺稳定平台之前，本节将首先介绍单轴陀螺稳定平台。

3.1.1.1 单轴陀螺稳定平台的工作原理

图 3-1 是由单自由度陀螺仪构成的单轴陀螺稳定平台的原理示意图。平台台体的旋转轴 X_p 称为稳定轴，台体绕稳定轴相对基座的转角用 θ 表示。台体上安装一个单自由度

陀螺仪，其输入轴 $O'X$ 与稳定轴 OX_p 平行，陀螺仪的输出通过稳定回路送到稳定轴上的力矩电机。

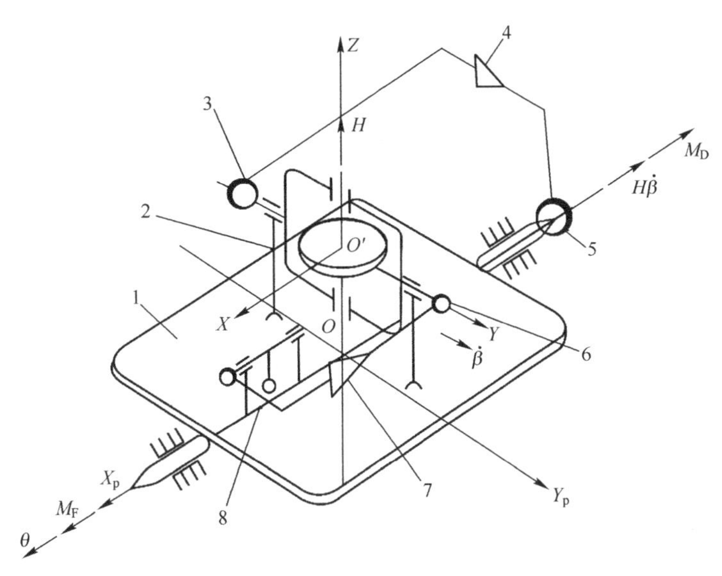

图 3-1　用单自由度陀螺仪构成的单轴陀螺稳定平台

1—台体；2—单自由度陀螺；3—陀螺仪角度传感器；4—放大器；

5—力矩电机；6—力矩器；7—调平放大器；8—摆组件。

（1）单轴平台的稳定过程。

平台台体是受控对象，平台稳定回路的任务就是控制该受控对象不受基座干扰，而能在惯性空间保持方向稳定。当稳定轴上存在着干扰力矩 M_F 时，平台台体将绕 OX_p 轴相对于惯性空间转动，其角速度为 $\dot{\theta}$。与台体固联的陀螺仪必然随之转动，引起陀螺仪转子绕其输出轴 $O'Y$ 进动，其进动角速度为 $\dot{\beta}$ 。一旦陀螺仪转子绕输出轴进动，在输入轴上便产生陀螺反作用力矩 $H\dot{\beta}$ 。由于单自由度陀螺仪输入轴的转动自由度已被约束，这一陀螺力矩将直接作用到台体上，并指向 OX_p 轴的负端，从而抵消外干扰力矩的作用。同时，陀螺仪的角度传感器将进动角 β 转换成电压信号，经放大和变换后，送到平台稳定轴力矩电机的控制绕组中，从而产生平衡力矩 M_D 。当过渡过程结束，回路趋于稳态时，M_D 与 M_F 大小相等、方向相反，因此互相抵消。这样，在整个台体受 M_F 作用而转动的过程中，稳定回路产生的电机力矩和陀螺反作用力矩一起共同抵消 M_F 的影响，但陀螺反作用力矩只在动态过程中起稳定作用，到达稳态时陀螺力矩等于零。电机力矩则在动态和稳态过程中都起作用，只是由于受回路中各环节时间常数的影响，它滞后于干扰力矩 M_F 。随着时间的增长，β 角逐渐增大，电机力矩 M_D 才逐渐增大，直到完全抵消 M_F 时为止。为了能及时消除干扰力矩 M_F 的影响，进一步提高平台的稳定精度，通常将稳定回路设计成快速稳定系统，这就要求回路有足够高的开环增益。在到达稳态后，β 角的稳态值为 $\beta(0)$ ，假设校正网络中无纯积分环节时，有 $M_D = K_0\beta(0) = M_F$ 和 $H\dot{\beta} = 0$ 。因此有

$$\beta(0)=\frac{M_{\mathrm{F}}}{K_0} \tag{3-1}$$

式中：K_0为稳定回路的总增益。

由此看来，当平台台体受到稳定轴的干扰力矩作用时，由于反馈力矩的平衡作用，台体不会绕稳定轴转动，但陀螺仪转子需付出绕输出轴转过β角的代价，当干扰力矩M_{F}消失后，平台处在电机力矩M_{D}的作用下，陀螺仪转子将绕输出轴向相反方向进动，使β角逐渐减小，因此，电机力矩M_{D}也逐渐减小直至归零。

从上述单轴平台的工作过程可知，在整个稳定过程中，由陀螺力矩引起的内反馈和由力矩电机产生的外反馈都在起作用。如果陀螺仪的角动量H很大，则内反馈作用加强，对提高稳定回路系统的稳定性和减小动态误差都是有利的。但是为了减小体积，通常H值不可能做得很大。当角动量很小时，外反馈的作用必须加强，需要较大的力矩电机，需要高的回路增益，以便外反馈回路既能在动态也能在稳态的条件下抵消外干扰力矩的影响。

（2）陀螺稳定平台的误差。

前面已经介绍过，理想的陀螺稳定平台，不论基座如何转动，平台台体位置相对于惯性空间稳定不变。但在实际应用中的平台并不理想，它承受着各种干扰作用，因而使平台台体偏离规定的稳定位置，即存在着一定的误差。造成平台误差的因素是多方面的，其主要的有：

① 陀螺仪是平台系统的敏感元件，陀螺仪的误差直接影响平台系统的稳定精度。实际应用中的陀螺仪总是存在着大小不等的漂移量，必然引起平台台体绕稳定轴产生漂移。

② 平台结构的质心静不平衡、不等刚度以及各种随机干扰都能形成绕稳定轴的干扰力矩，这些力矩可分解成与g无关的、与g成正比的、与g^2成正比的各分量。在正常情况下，这些力矩虽被力矩电机的反馈力矩平衡，但也能引起平台的稳定误差。陀螺仪的类型不同，其所产生的误差性质也不完全相同。

③ 滚珠轴承中静摩擦力矩比动摩擦力矩大得多，因而可引起较大的陀螺失调角，这无疑将引起平台的交叉耦合误差。动摩擦力矩的模值基本上与角速度无关，但其方向与相对角速度方向相反。在基座有角运动时，动摩擦力矩将使平台绕稳定轴产生动态误差和漂移。

④ 回路中的滞后，力矩电机中的饱和等都能造成系统的动态误差。

（3）空间积分工作状态。

如果向陀螺力矩器输入按一定规律变化的指令电流，则绕输出轴产生指令力矩M_{c}，此指令力矩将使平台按给定的规律绕稳定轴转动，在基座静止的条件下可表示为

$$\dot{\theta}=\frac{M_{\mathrm{c}}}{H} \tag{3-2}$$

$$\theta=\int_0^t \frac{K_{\mathrm{T}}I_{\mathrm{c}}}{H}\mathrm{d}t \tag{3-3}$$

式中：K_{T}为陀螺仪力矩器的比例系数；I_{c}为控制电流。

这就是说，平台台体绕稳定轴在惯性空间的转角是指令控制电流的积分，因此对这

样应用的平台也称为空间积分器。

（4）平台的调平回路。

单轴陀螺稳定平台的台体是绕一个轴相对于惯性空间稳定的，该轴的方向取决于工作开始前的初始对准。在某些应用中，希望安装在平台台体上的控制对象相对于地垂线定位或跟踪当地水平面，为此需引入调平回路。图 3-1 所示的单轴陀螺稳定平台含有由摆组件、调平放大器、力矩器构成的调平回路，实施相对于地垂线定位的初始调平任务。

3.1.1.2　单轴陀螺稳定平台的运动方程

单自由度陀螺仪是失去了一个自由度的二自由度陀螺仪，当它装在台体上构成单轴陀螺稳定平台时，平台的稳定轴代替了原来它所失去的轴，因此，由单自由度陀螺仪构成的单轴陀螺稳定平台类似于一个框架式二自由度陀螺仪。

图 3-1 中标出了平台所受到的力和力矩，具体情况如下：

当平台 X 轴受到外力矩 M_F 干扰后，在平台轴上将产生角度 θ、角速度 $\dot{\theta}$ 和角加速度 $\ddot{\theta}$，由此将引起平台轴上的惯性力矩 $J\ddot{\theta}$ 和阻尼力矩 $C\dot{\theta}$。角速度 $\dot{\theta}$ 同时被陀螺仪敏感，根据陀螺进动原理，将在陀螺仪输出轴上产生陀螺进动力矩 $H\dot{\theta}$，从而使陀螺仪输出轴产生角度 β、角速度 $\dot{\beta}$ 和角加速度 $\ddot{\beta}$。同理，由于陀螺仪角动量 H 的存在，$\dot{\beta}$ 将在平台轴上产生进动力矩（陀螺力矩）$H\dot{\beta}$。陀螺仪输出轴上的角速度 $\dot{\beta}$ 将在其轴上产生阻尼力矩 $D\dot{\beta}$，角加速度 $\ddot{\beta}$ 将在陀螺仪输出轴上产生惯性力矩 $I\ddot{\beta}$。由于陀螺仪输出轴输出角度 β，β 角由传感器转成电压信号，经平台系统稳定回路的前置放大电路放大、变换放大器放大、系统校正和桥式功率电路放大后，送入平台 X 轴的平台力矩电机。由于平台 X 轴的平台力矩电机的作用，产生与 β 角相对应的控制力矩 M_D，来抵消外力矩 M_F 的干扰作用。根据力矩平衡的原理，在平台轴上的所有力矩之和应当为零，在陀螺仪输出轴上的力矩之和也应当为零，为此可以列出这两个轴上的力矩方程式。

对于 X 轴，表达式为

$$J\ddot{\theta}+C\dot{\theta}=M_F-M_D-H\dot{\beta} \tag{3-4}$$

式中：M_F 为干扰力矩；M_D 为平台 X 轴上的控制力矩；$H\dot{\beta}$ 为陀螺力矩；$J\ddot{\theta}$ 为惯性力矩；$C\dot{\theta}$ 为阻尼力矩。

由于平台轴是在空气中转动，而空气的阻尼系数很小，因此，阻尼力矩 $C\dot{\theta}$ 可以忽略。平台轴没有弹性，因此，不存在弹性力矩。

控制力矩 M_D 与 β 角的大小、平台系统稳定回路的放大倍数 K_0、校正网络的传递函数 $G_N(s)$ 及平台力矩电机的时间常数 T_g 有关，其表达式为

$$M_D(s)=\frac{K_0G_N(s)}{1+T_gs}\beta(s) \tag{3-5}$$

考虑到上述因素后，式（3-4）可改写为

$$J\ddot{\theta}=M_F-\frac{K_0G_N(s)}{1+T_gs}\beta-H\dot{\beta} \tag{3-6}$$

对于 Y 轴，表达式为

$$I\ddot{\beta}+D\dot{\beta}+K\beta=H\dot{\theta}+M_{\mathrm{R}} \tag{3-7}$$

式中：$I\ddot{\beta}$为陀螺仪输出轴上的惯性力矩；I为陀螺仪输出轴上的转动惯量；$D\dot{\beta}$为陀螺仪输出轴上的阻尼力矩；$K\beta$为陀螺仪输出轴上的弹性力矩；$H\dot{\theta}$为陀螺仪输出轴上的陀螺力矩；M_{R}为陀螺仪输出轴上的干扰力矩。

在式（3-7）中，陀螺仪输出轴上的弹性系数K很小，弹性力矩$K\beta$可以忽略。因此，可以将式（3-7）可改写为

$$I\ddot{\beta}+D\dot{\beta}=H\dot{\theta}+M_{\mathrm{R}} \tag{3-8}$$

对式（3-6）和式（3-8）进行拉普拉斯变换可得

$$Js^2\theta(s)=M_{\mathrm{F}}(s)-\frac{K_0G_{\mathrm{N}}(s)}{1+T_{\mathrm{g}}s}\beta(s)-Hs\beta(s) \tag{3-9}$$

$$Is^2\beta(s)+Ds\beta(s)=H\theta(s)+M_{\mathrm{R}}(s) \tag{3-10}$$

整理后得

$$Js^2\theta(s)=M_{\mathrm{F}}(s)-\left[\frac{K_0G_{\mathrm{N}}(s)}{1+T_{\mathrm{g}}s}+Hs\right]\beta(s) \tag{3-11}$$

$$(Is^2+Ds)\beta(s)=Hs\theta(s)+M_{\mathrm{R}}(s) \tag{3-12}$$

可以画出传递函数框图，如图 3-2 所示。

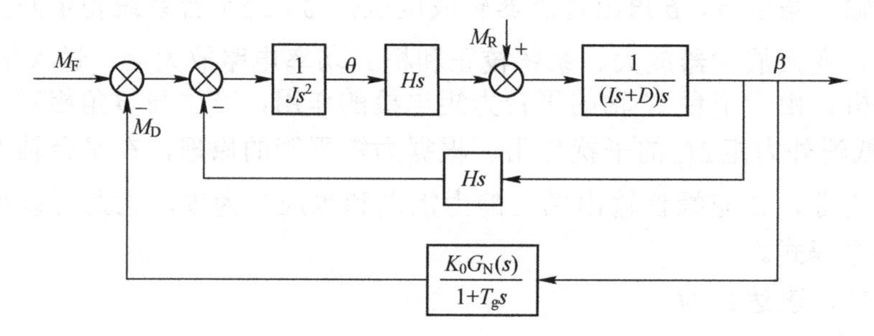

图 3-2　单轴陀螺稳定平台稳定回路传递函数

根据图 3-2 所示的传递函数框图，在不考虑反馈控制作用的情况下，可以求取平台结构部分的陀螺仪输出转角与β与干扰力矩M_{F}之间的传递函数为

$$\begin{aligned}\frac{\beta(s)}{M_{\mathrm{F}}(s)}&=\frac{\frac{1}{Js^2}Hs\frac{1}{Is^2+Ds}}{1+Hs\frac{1}{Js^2}Hs\frac{1}{Is^2+Ds}}\\&=\frac{\frac{1}{Js^2}Hs\frac{1}{Is^2+Ds}}{1+\frac{H^2}{J}\frac{1}{Is^2+Ds}}=\frac{1}{Hs\left(\frac{JI}{H^2}s^2+\frac{JD}{H^2}s+1\right)}\end{aligned} \tag{3-13}$$

定义

$$\omega_{\mathrm{N}}=\frac{H}{\sqrt{JI}},\quad \xi_{\mathrm{N}}=\frac{D}{2H}\sqrt{\frac{J}{I}}$$

则式（3-13）可变换为

$$\frac{\beta(s)}{M_{\mathrm{F}}(s)}=\frac{1}{Hs\left(\frac{1}{\omega_{\mathrm{N}}^2}s^2+\frac{2\xi_{\mathrm{N}}}{\omega_{\mathrm{N}}}s+1\right)} \tag{3-14}$$

按照标准的三阶控制系统模型，ω_{N} 和 ξ_{N} 分别为该系统的固有振荡频率和阻尼系数。进一步可以得到开环传递函数为

$$G(s)=\frac{K_0G_{\mathrm{N}}(s)}{Hs\left(\frac{1}{\omega_{\mathrm{N}}^2}s^2+\frac{2\xi_{\mathrm{N}}}{\omega_{\mathrm{N}}}s+1\right)\left(1+T_{\mathrm{g}}s\right)} \tag{3-15}$$

闭环传递函数为

$$\Phi_{\beta}(s)=\frac{1+T_{\mathrm{g}}s}{Hs\left(\frac{1}{\omega_{\mathrm{N}}^2}s^2+\frac{2\xi_{\mathrm{N}}}{\omega_{\mathrm{N}}}s+1\right)(1+T_{\mathrm{g}}s)+K_0G_{\mathrm{N}}(s)} \tag{3-16}$$

若不考虑干扰力矩 $M_{\mathrm{R}}(s)$，则有

$$\theta(s)=\frac{Is+D}{H}\beta(s) \tag{3-17}$$

由此得到

$$\Phi_{\theta}(s)=\frac{(1+T_{\mathrm{g}}s)(Is+D)}{H^2s\left(\frac{1}{\omega_{\mathrm{N}}^2}s^2+\frac{2\xi_{\mathrm{N}}}{\omega_{\mathrm{N}}}s+1\right)(1+T_{\mathrm{g}}s)+HK_0G_{\mathrm{N}}(s)} \tag{3-18}$$

3.1.2　三轴陀螺稳定平台

三轴陀螺稳定平台有 3 个稳定轴，相对载体有 3 个自由度，因此可以保证平台台体不受载体角运动的影响而稳定在惯性空间。

在惯性制导系统中，三轴陀螺稳定平台为加速度计提供了稳定的测量坐标系，保证了加速度计的正确取向，并能精确地给出载体相对测量坐标系的姿态信息，从而实现对载体的姿态控制。

三轴陀螺稳定平台能够减小台体的角振荡，从而为装在平台上的惯性仪表提供良好的工作条件。三轴陀螺稳定平台按其所用的敏感元件，可以分为用单自由度陀螺仪构成的三轴陀螺稳定平台和由二自由度陀螺仪构成的三轴陀螺稳定平台两类。下面分别叙述这两种类型的结构原理。

3.1.2.1　用单自由度陀螺仪构成的三轴陀螺稳定平台

图 3-3（a）是用 3 个单自由度陀螺仪构成的三轴陀螺稳定平台的结构示意图，图 3-3（b）是以框架角表示的坐标相对位置。

图 3-3 中，P 为平台台体，$\mathrm{I_g}$ 为内框架，$\mathrm{O_g}$ 为外框架。与基座、外框架、内框架、台体相固联的坐标系分别为：$OX_{\mathrm{p}_0}Y_{\mathrm{p}_0}Z_{\mathrm{p}_0}$ ——与基座固联的坐标系；$OX_{\mathrm{p}_1}Y_{\mathrm{p}_1}Z_{\mathrm{p}_1}$ ——与外框架固联的坐标系，OX_{p_1} 为外框架轴，它与基座的 OX_{p_0} 轴重合；$OX_{\mathrm{p}_2}Y_{\mathrm{p}_2}Z_{\mathrm{p}_2}$ ——与

内框架固联的坐标系，OY_{p_2} 为内框架轴，它与外框架的 OY_{p_1} 轴重合；$OX_pY_pZ_p$——与台体固联的坐标系，OZ_p 为台体轴，它与内框架的 OZ_{p_2} 轴重合。

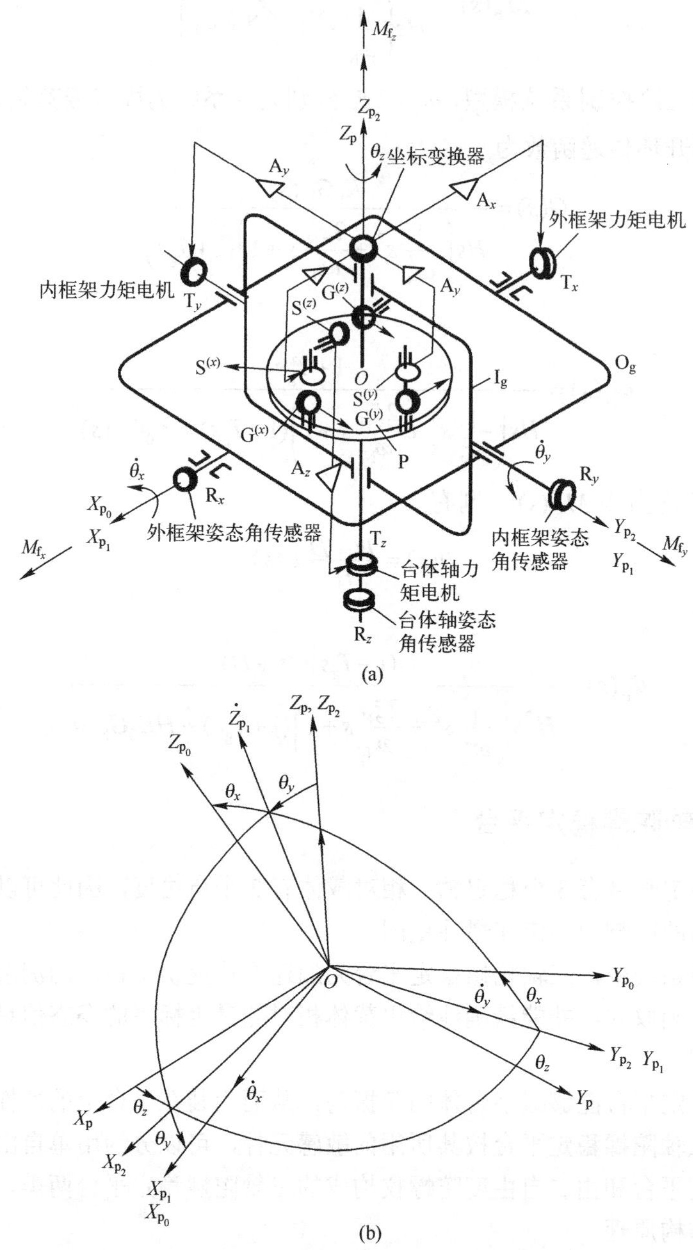

图 3-3 由 3 个单自由度陀螺仪构成的三轴陀螺稳定平台

（a）结构示意图；（b）坐标相对位置图。

在台体上装有 3 个单自由度陀螺仪 $G^{(x)}$、$G^{(y)}$、$G^{(z)}$，它们分别敏感台体绕 3 个稳定轴的角速度，因此，各陀螺仪的输入轴分别平行于 OX_p、OY_p、OZ_p 轴。T_z、T_y、T_x 分别代表台体轴、内框架轴和外框架轴上的力矩电机，A_z、A_y、A_x 分别表示相应轴的伺服放大器，$S^{(x)}$、$S^{(y)}$、$S^{(z)}$ 分别代表 $G^{(x)}$、$G^{(y)}$、$G^{(z)}$ 陀螺仪上的角度传感器。三轴陀螺稳定平台有 3 条稳定回路，分别由有关陀螺仪的角度传感器、伺服放大器、力矩电机组成。R_z、R_y、R_x 分别代表台体、内框架和外框架的姿态角传感器，其作用是测量平台基座绕各框架轴转角的信号。此外，当绕 Z_p 的转角较大时，X、Y 两条回路间将产生交叉干扰，需进行坐标转换，因此有的平台在 Z 轴上安装有坐标变换器。

为了研究平台的工作过程，假设基座处于静止状态，OZ_{p_0} 处于垂直位置。设在初始状态下，台体轴 X_p、Y_p、Z_p 分别与框架轴 X_{p_1}、Y_{p_2}、Z_p 相重合，即 3 个姿态角传感器均处于零位。当 OX_{p_1} 轴上有干扰力矩 M_{f_x} 作用时，外框架 O_g 将带动内框架 I_g 和台体 P 一起绕 OX_p 轴转动，使台体产生一相对于惯性坐标系的角速度 $\dot{\theta}_x$。陀螺仪 $G^{(x)}$ 敏感到这一角速度时，其浮子将绕输出轴进动，产生进动角速度 $\dot{\beta}^{(x)}$。这样，一方面按进动原理，陀螺仪将有一个陀螺力矩 $H\dot{\beta}^{(x)}$ 作用到 OX_{p_1} 轴上，指向 OX_{p_1} 负端，平衡掉一部分干扰力矩；另一方面，随着浮子相对于陀螺仪壳体的 $\beta^{(x)}$ 角的增长，信号传感器 $S^{(x)}$ 产生一与 $\beta^{(x)}$ 角成比例的电压信号，经过放大和变换，加到力矩电机 T_x 上。力矩电机输出力矩 M_{D_X}，其方向也与 M_{f_x} 相反。

在稳态下，有

$$M_{D_X} = K_{ox}\beta^{(x)} = M_{f_x} \quad \text{（设网络无纯积分环节）}$$

$$\beta^{(x)}(0) = \frac{M_{f_x}}{K_{ox}} \qquad \dot{\beta}^{(x)} = 0$$

式中：K_{ox} 为 X 回路的增益。

同理，在 Y 回路和 Z 回路的作用下，可消除 OY_{p_2} 轴和 OZ_p 轴上干扰力矩对平台的影响，从而使平台保持绕 OY_{p_2} 轴和绕 OZ_p 轴的稳定。

这样，在 3 条稳定回路的作用下，平台实现了在惯性空间的稳定。这里，假设平台的 3 条回路是各自独立工作的，如果平台 3 个轴上同时有干扰力矩作用，则 3 条回路之间将产生耦合，使各轴的运动相互影响。

三轴平台也可以工作在空间积分状态，其原理和单轴空间积分器一样，只不过要考虑各条回路之间的耦合问题。

利用平台台体上的 X 轴加速度计、Y 轴加速度计（或者其他能敏感地垂线的敏感元件）和陀螺仪 $G^{(x)}$、$G^{(y)}$ 上的力矩器，并另外配置两个调平放大器（X 通道和 Y 通道），可组成平台的调平系统，使平台跟踪当地水平面运动。此外，利用陀螺罗经敏感地球自转角速度，再结合 $G^{(z)}$ 陀螺仪的力矩器及一个单独配置的方位对准放大器，可共同构成方位对准系统。通过调平和方位对准系统可实现平台相对地理坐标系的对准。

3.1.2.2　用二自由度陀螺仪构成的三轴陀螺稳定平台

三轴陀螺稳定平台也可以用两个二自由度陀螺仪组成。这里，陀螺仪只是起到建立参考基准的作用，绕平台稳定轴的角位移是通过陀螺仪敏感轴上的角度传感器来测量的。

图 3-4 是一种用两个二自由度陀螺仪构成的三轴陀螺稳定平台。平台台体上安装有两个框架式二自由度陀螺仪。其安装的取向是：角动量 H 平行于平台外框架轴 X_{p_1} 的陀螺仪用 $G^{(x)}$ 表示，它可以敏感平台绕内框架轴的转角 $\phi_{y_{p_2}}$ 和绕台体轴的转角 ϕ_{z_p}；而角动量 H 平行平台内框架轴 Y_{p_2} 的陀螺仪用 $G^{(y)}$ 表示，它可以测量平台外框架轴

X_{p_1} 转角 $\phi_{y_{p_1}}$ ，同时也可测量绕台体轴 Z_p 的转角 ϕ_{z_p} 。由此可见，绕 Z_p 的转角可以同时在两个陀螺仪的输出中测得。绕 $G^{(x)}$ 陀螺仪外框架轴的角度用 $\alpha^{(x)}$ 表示，绕内框架轴的角度用 $\beta^{(x)}$ 表示；绕 $G^{(y)}$ 陀螺仪外框架轴的角度用 $\alpha^{(y)}$ 表示，绕其内框架轴的角度用 $\beta^{(y)}$ 表示。

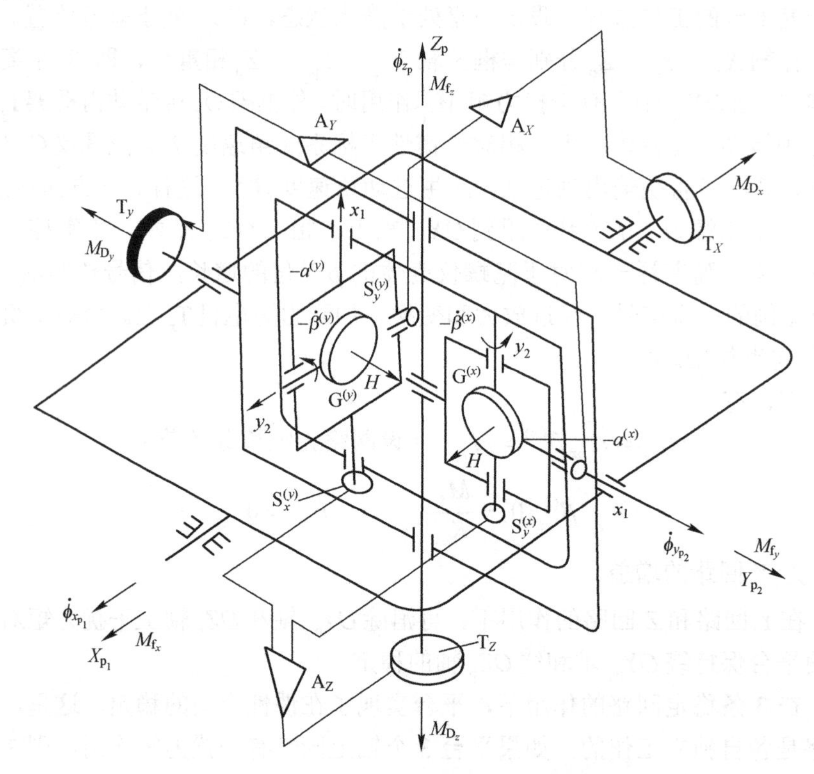

图 3-4 用二自由度陀螺仪构成的三轴陀螺稳定平台

下面结合图 3-4 来说明用二自由度陀螺仪构成的平台的工作原理。当平台外框架轴 X_{p_1} 上受到干扰力矩 M_{f_x} 作用时，外框架带动台体一起绕 X_{p_1} 轴转动，由于陀螺仪的定轴性，$G^{(y)}$ 陀螺仪的转子保持在惯性空间方向不变，但由于陀螺仪壳体与台体固联，台体绕 X_{p_1} 的转动将在 $G^{(y)}$ 陀螺仪的内框架轴上反映出来，使陀螺仪外框架相对内框架转了 $\beta^{(y)}$ 角，且 $\beta^{(y)}$ 等于台体绕 X_{p_1} 的转角 $\phi_{x_{p_1}}$ 。$G^{(y)}$ 陀螺仪内框架轴上的信号传感器 $S_y^{(y)}$，将 $\beta^{(y)}$ 角转换成电压信号。该信号经放大和校正后用来控制 X_{p_1} 轴上的力矩电机 T_x，以便抵消干扰力矩 M_{f_x} 的影响。

同理，当平台内框架轴 Y_{p_2} 上受到干扰力矩 M_{f_x} 作用时，平台内框架带动台体一起绕 Y_{p_2} 转动 $\phi_{y_{p_1}}$ 角，台体相对 $G^{(x)}$ 陀螺仪的外框架轴转动 $\alpha^{(x)}$ 角（$\alpha^{(x)}=\phi_{y_{p_2}}$ ）它由 $G^{(x)}$ 陀螺仪外框架轴上的信号传感器 $S_x^{(x)}$ 转换成电压信号，经放大、变换，发送给 Y_{p_2} 轴上的力矩电机 T_y，以抵消 M_{f_y} 的干扰。

当台体轴 Z_p 受到干扰力矩 M_{f_z} 作用时，台体绕轴 Z_p 转动 ϕ_{z_p} 角，从而带动 $G^{(x)}$ 陀螺仪的外框架相对内框架转 $\beta^{(x)}$ 角（$\beta^{(x)}=\phi_{z_p}$ ），同时台体相对 $G^{(y)}$ 陀螺仪的外框架转 $\alpha^{(y)}$ 角。两个陀螺仪的角位移分别通过传感器转换成电信号，取两个电信号的平均值，经放大器放大，输给 Z_p 轴上的力矩电机 T_z 产生控制力矩，以抵消 M_{f_z} 的影响。

由于实际应用的陀螺仪总是有漂移，所以由陀螺仪所建立的参考基准也存在误差，这样就直接影响由二自由度陀螺仪所组成的陀螺稳定平台的稳定精度。

3.1.3　三框架四轴全姿态平台

前面讨论的三轴陀螺稳定平台已广泛地用于机动姿态有限的载体上，即飞行中不会同时绕两个轴出现大姿态角的载体。就弹道导弹而言，其最大的姿态角就是俯仰角，一般不大于 90°，而其他两个姿态角则一般不超过 20°，所以两框架三轴平台已完全可以满足要求。但有时由于弹道导弹要作机动变轨飞行，特别是战术导弹、卫星以及许多军用飞机需要在全姿态、大机动状态下工作。在这样的条件下，要求平台台体仍能保持稳定。

三轴陀螺稳定平台能精确稳定工作的条件，是平台的三个轴保持相互正交。由于导弹在飞行过程中姿态变化的影响，两框架三轴平台的外框架轴和台体轴不能始终保持互相垂直，即外框架相对内框架的 θ_y 角不等于零。当 θ_y 很大时，严重的轴间耦合会使平台失稳。当 $\theta_y = 90°$ 时，平台发生框架锁定现象，即平台的外框架轴与台体轴相重合，从而使平台失去一个自由度。当发生框架锁定时，若弹体绕 Z_{p_0} 轴转动，则通过平台外框架轴和内框架轴的轴承约束，将带动整个平台绕 Z_{p_0} 轴转动，使平台台体不能在惯性空间保持稳定。另外，由于平台外框架轴 OX_{p_1} 已转到与 OZ_{p_2} 重合，$G^{(x)}$ 陀螺仪不能感受 OX_{p_1} 轴的转动，从而失去了对 OX_{p_1} 轴的控制作用。

为了消除在大 θ_y 角下稳定回路的失控，避免框架系统的锁定，通常采用三框架四轴陀螺稳定平台。图 3-5 为这种平台的结构原理。图中 $OX'_{p_1}Y'_{p_1}Z'_{p_1}$ 为与随动框架相固联的坐标系。

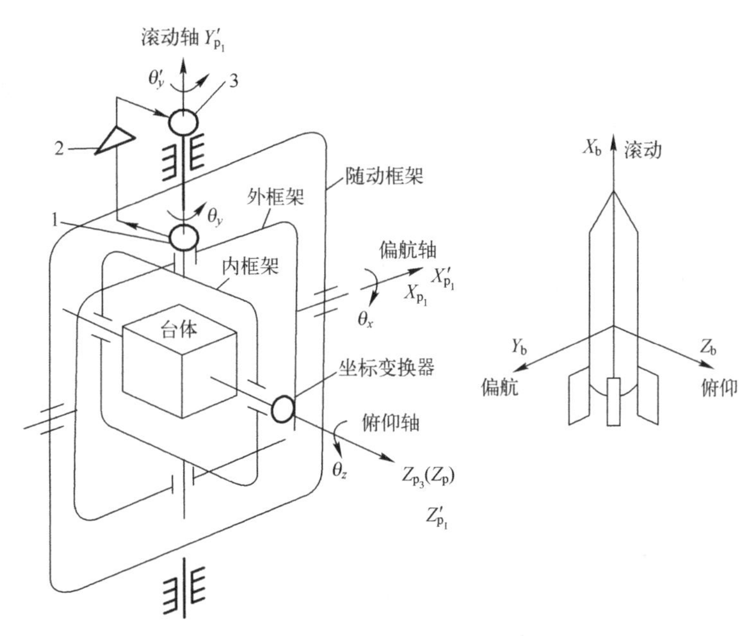

图 3-5　三框架四轴陀螺稳定平台示意图

1—角度传感器；2—放大器；3—力矩电机。

三框架四轴平台是在原来的两框架三轴平台的基础上，通过在最外面增加一个随动框架而构成的。原来的三轴陀螺稳定平台的外框架轴通过轴承安装在随动框架上，而随动框架的转动轴通过轴承安装在导弹上。这样，平台共有 4 个自由度，因一般相对于惯性空间的稳定平台只需要 3 个自由度，因此就有一个多余的自由度，可以用来避免“框架锁定”现象。这种三框架四轴平台，在导弹做大姿态角飞行时，里面的 3 个框架轴能始终保持互相垂直状态，因此称为全姿态稳定平台。

在三框架四轴平台中，为了控制随动框架的运动，在内框架轴上安装有角度传感器。该角度传感器敏感内框架和外框架间的相对运动。当导弹绕 X_b 轴转动时，由于随动框架轴承中摩擦力矩的影响，将带动外框架一起转动，因此破坏了台体轴和外框架轴的垂直度，形成误差角 θ_y。角度传感器敏感这一角度的变化，输出与此角度成比例的电压信号，经过放大器的放大和变换，输给装在随动框架轴上的力矩电机，电机产生修正力矩，转动随动框架，并通过随动框架和外框架之间的轴承约束，带动外框架一起向反方向转动，直到消除此误差角 θ_y 时为止。这样，就保证了外框架轴、内框架轴和台体轴的互相垂直。

3.2 捷联式惯性测量系统

捷联式惯性测量系统的研究工作启动较早，在 20 世纪 50 年代就已出现该类系统的工程设计资料，但当时缺乏可供使用的惯性仪表和计算机，而不能付诸实现。直到 60 年代，惯性仪表和微电子技术都有了较大进展，才得以研制出可供应用的捷联系统，并经受了实际飞行的考验。70 年代后，捷联系统发展更快，现已广泛应用于航天器、飞机、导弹等。

捷联式惯性测量系统与陀螺稳定平台的主要区别在于前者省去了复杂的机械式框架结构，陀螺仪和加速度计均直接安装在弹体上，加速度计测得的信号是导弹相对于惯性空间的视加速度沿弹体坐标系各轴的分量。因此必须根据陀螺仪给出的弹体运动信息，在弹载计算机中建立起导航坐标系，并以此为基础将加速度计的输出信息作相应的坐标变换，以求得按规定导航坐标系的导弹运动加速度。

3.2.1 捷联式惯性测量系统的主要特点

捷联式惯性测量系统的简化原理框图见图 3-6。由陀螺仪、加速度计组成的惯性测量装置（IMU）直接安装在弹体上，按弹体坐标系测出运动中弹体的角速度、加速度等信息。将这些信息馈入弹上计算机后，即可计算出导弹在导航坐标系内的姿态、航向、速度、距离和地理位置等导航参数。当惯性坐标系规定为导航坐标系时，弹上计算机接收到陀螺仪、加速度计按弹体坐标系测出的角速度、加速度等信息后，首先计算出弹体坐标系与导航坐标系间的变换矩阵，而后将各轴加速度经变换矩阵算出导弹按惯性坐标系的加速度信息。此后，其导航计算与平台系统的情况完全相同。与此同时，按照陀螺仪所测出的角速度信息，经弹载计算机的变换和计算，给出导弹的姿态信息和航向信息。将计算出的姿态、航向信息连同弹体速度、位置信息一起馈入导弹的控制系统或制导系统，从而控制导弹的飞行状态。如果选用其他坐标系作为导航坐标系时，需在图中增加按虚线所示的姿态修正信息，使计算出的变换矩阵与规定的导航坐标系相适应。

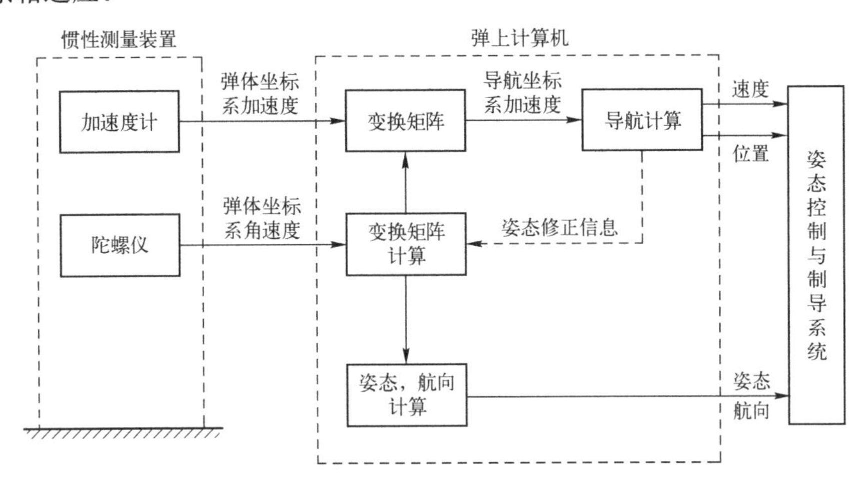

图 3-6　捷联式惯性制导系统简化原理框图

捷联式惯性测量系统与陀螺稳定平台系统相比，两者的核心都是 IMU，但因为捷联式惯性测量系统中的 IMU 无繁杂的框架系统，所以具有体积小、质量小、成本低、维护方便等特点。由于没有框架锁定问题，使它可以做全姿态测量。但是捷联式惯性仪表直接安装在弹体上，直接承受弹体的振动、冲击和角运动，使惯性仪表产生附加的动态误差。为了具有与平台系统相同的使用精度，捷联惯性仪表必须具有更高的精度和稳定度，以及更高的抗振动和抗冲击的能力，同时在使用中必须对其所产生的动态误差进行实时补偿。

与平台用计算机相比，捷联系统计算机由于需要实时计算由弹体坐标系到导航坐标系的变换矩阵和进行动态误差的补偿，因此对其容量和计算速度提出了更高的要求。

3.2.2　位置捷联系统

位置捷联系统由能测量大姿态角的位置陀螺仪和加速度计等组成。用陀螺仪测出运动中弹体的姿态角，再由这些姿态角计算出坐标变换矩阵。

对于弹道导弹应用的位置捷联系统，典型的 IMU 的构成原理如图 3-7 所示。该系统使用了两个框架式二自由度陀螺仪。其中，一个称为水平陀螺仪，其外框架轴可测出弹体的俯仰角 φ；另一个称为垂直陀螺仪，其内、外框架轴可分别测出弹体的滚动角 γ、偏航角 ψ。系统中有 3 个加速度计，其敏感轴分别沿弹体坐标系的 3 个坐标轴安装，用来测量弹体相应轴的运动加速度分量。

假设选定的导航坐标系 $OX_NY_NZ_N$ 为惯性坐标系 $O\xi_1\eta_1\zeta_1$，如图 3-8 所示。并假定运动的弹体从与惯性坐标系重合的位置开始，首先绕 $O\xi_1(OZ_N)$ 轴转动 φ 角，再绕 OY' 轴转动 ψ 角，最后绕 OX_b 轴转动 γ 角，使弹体坐标系 $OX_bY_bZ_b$ 处于图 3-8 中的位置。这样，弹体坐标系相对惯性坐标系的姿态角 φ、ψ、γ 称为克雷洛夫角。

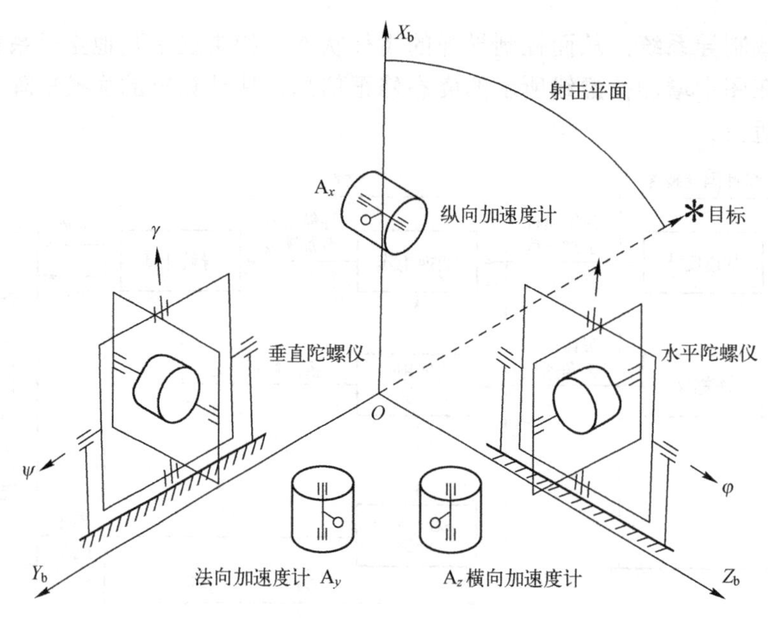

图 3-7　位置捷联系统 IMU 的结构原理图

按克雷洛夫角 φ、ψ、γ 所作出的弹体坐标系变换至惯性坐标系的变换矩阵为

$$
\boldsymbol{C}_{\mathrm{b}}^{\mathrm{I}}=\begin{bmatrix}\cos\varphi\cos\psi & -\sin\varphi\cos\gamma+\cos\varphi\sin\gamma\sin\psi & \sin\psi\sin\gamma+\cos\gamma\cos\varphi\sin\psi\\ \cos\psi\sin\varphi & \cos\varphi\cos\gamma+\sin\varphi\sin\gamma\sin\psi & -\cos\varphi\sin\gamma+\sin\varphi\sin\psi\cos\gamma\\ -\sin\psi & \cos\psi\sin\gamma & \cos\psi\cos\gamma\end{bmatrix} \tag{3-19}
$$

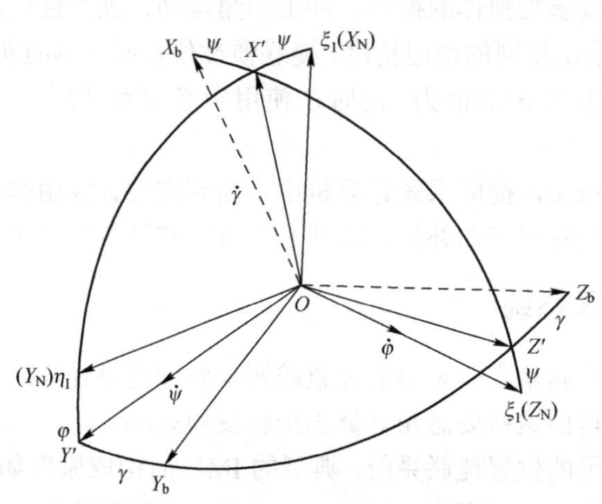

图 3-8　坐标变换关系图

可见，变换矩阵和姿态角有关，故变换矩阵 $\boldsymbol{C}_{\mathrm{b}}^{\mathrm{I}}$ 又称姿态矩阵。3 个加速度计的敏感轴分别沿 OX_{b}、OY_{b}、OZ_{b} 方向安装，所测出的是按弹体坐标系的导弹视加速度矢量 $\boldsymbol{a}_{\mathrm{b}}$，其矩阵形式为

$$
\boldsymbol{a}_{\mathrm{b}}=\begin{bmatrix}a_{\mathrm{b}X}\\ a_{\mathrm{b}Y}\\ a_{\mathrm{b}Z}\end{bmatrix} \tag{3-20}
$$

式中：a_{bX}、a_{bY}、a_{bZ} 为导弹视加速度在弹体坐标系的 3 个分量。

矢量 $\boldsymbol{a}_b$ 经变换矩阵 $\boldsymbol{C}_b^I$ 的变换后，即可计算得出导弹在惯性坐标系的加速度矢量 $\boldsymbol{a}_I$，以矩阵形式表示为

$$\boldsymbol{a}_I = \begin{bmatrix} a_{IX} \\ a_{IY} \\ a_{IZ} \end{bmatrix} = \boldsymbol{C}_b^I \begin{bmatrix} a_{bX} \\ a_{bY} \\ a_{bZ} \end{bmatrix} \tag{3-21}$$

式中：a_{IX}、a_{IY}、a_{IZ} 为导弹视加速度在惯性坐标系的 3 个轴向分量。

式（3-21）为导弹采用位置捷联系统时，加速度计测量出的弹体加速度，转换成以导航坐标系（惯性坐标系）表示的加速度的坐标变换原理。

3.2.3　速率捷联系统

速率捷联系统是利用能测量弹体角速度的陀螺仪和加速度计等组成的一种捷联系统。陀螺仪用来测量导弹的姿态角速度，利用这些角速度信息，通过弹载计算机计算出坐标变换矩阵，并对相对弹体坐标系的加速度作变换，计算出相对导航坐标系的加速度。速率捷联系统中加速度计的使用情况与位置捷联系统中使用情况相同。

对于单自由度陀螺仪组成的速率捷联系统，其典型的 IMU 构成原理如图 3-9 所示。该系统使用 3 个带有再平衡回路的单自由度陀螺仪 G_x、G_y、G_z，用以测量弹体绕 3 个坐标轴的转动角速度。用 3 个摆式加速度计 A_x、A_y、A_z 测量弹体沿 3 个坐标轴的运动加速度。

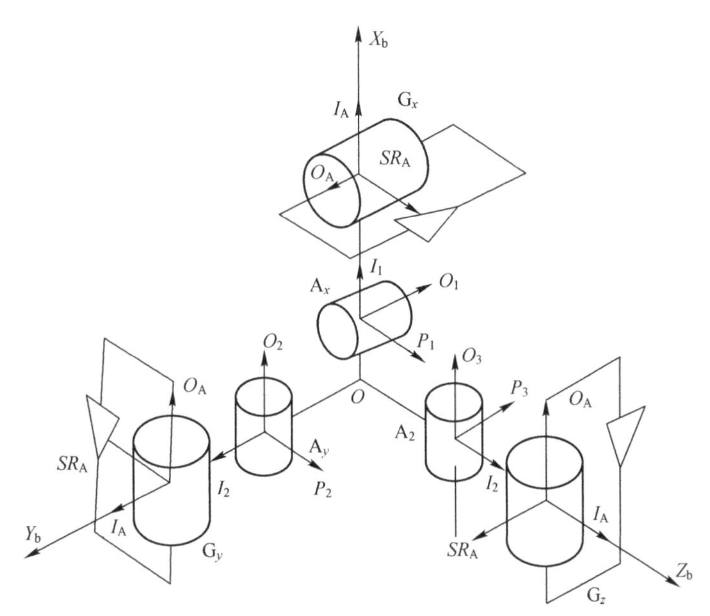

图 3-9　用单自由度陀螺仪组成的 IMU 构成原理图

采用二自由度陀螺仪组成的速率捷联系统，其典型的 IMU 的构成原理如图 3-10 所

示。该系统使用两个带有再平衡回路的动力调谐陀螺仪G_1、G_2，用以测量绕弹体坐标系3个轴的转动角速度分量，其合成角速度矢量表示为$\boldsymbol{\omega}_b$。用3个挠性摆式加速度计来分别测量沿弹体坐标系3个轴的线加速度分量，其合成加速度矢量表示为$\boldsymbol{a}_b$。

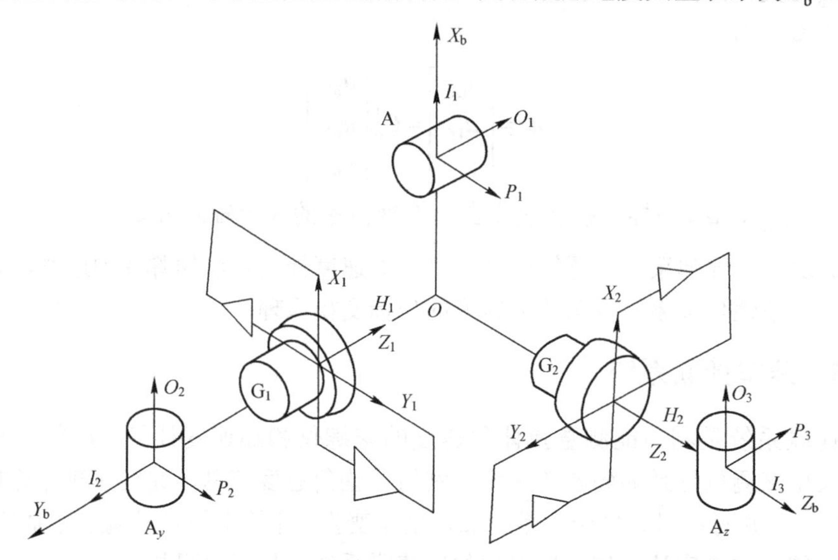

图 3-10　用二自由度陀螺仪组成的 IMU 构成原理图

设与弹体固联的直角坐标系为$OX_bY_bZ_b$。动调陀螺仪G_1的转子轴O_1Z_1与弹体坐标系的OY_b轴平行，两测量轴O_1X_1、O_1Y_1分别与弹体坐标系的OZ_b、OX_b轴相平行。陀螺仪G_1可测量出弹体绕其坐标轴OX_b、OZ_b的角速度ω_{bX}、ω_{bZ}。动调陀螺仪G_2的转子轴O_2Z_2与弹体坐标轴OZ_b相平行，它的一个测量轴O_2Y_2与弹体坐标轴OY_b相平行，可测出弹体角速度ω_{bY}；另一测量轴O_2X_2可测出弹体角速度ω_{bX}。两个陀螺仪中有两个测量轴O_1X_1、O_2X_2的输出量代表弹体角速度ω_{bX}，实用中往往只用其一，另一个并不引出。

如果根据陀螺仪测得的弹体角速度矢量$\boldsymbol{\omega}_b$，由计算机计算出坐标变换矩阵$\boldsymbol{C}_b^I$，则可利用此变换矩阵，再根据加速度计测得的弹体加速度矢量$\boldsymbol{a}_b$，计算出弹体在导航坐标系内的线加速度矢量。

由于测得的角速度$\boldsymbol{\omega}_b$为一矢量，而变换矩阵中需要的姿态角却不是矢量，因此不能将已知的角速度各分量用简单的积分运算来求得姿态角。为了完成姿态角的计算，捷联式惯性测量系统必须解决下面三个问题：①必须选择适当的参数来描述弹体坐标系与导航坐标系之间的转动运动关系，而在这些关系中又必须包含角速度$\boldsymbol{\omega}_b$；②必须建立选定参数与弹体角速度$\boldsymbol{\omega}_b$之间关系的微分方程式；③解算上述微分方程式，求得其结果。

3.3　速率陀螺系统

速率陀螺系统是用来测量物体运动角速度的陀螺仪表。在弹道导弹中，它主要用来测量导弹相对于惯性空间的运动角速度（偏航、俯仰、滚动），以便改善姿态控制系统的动态品质，确保导弹的稳定性。

速率陀螺系统的种类很多，根据其结构中是否具有高速旋转转子，可以区分为常规速率陀螺仪和非常规速率陀螺仪两大类。常规速率陀螺仪是一种带有弹性约束的单自由度陀螺仪，根据构成弹性约束的方式不同，可分为机械弹簧约束（扭杆式速率陀螺仪）和电弹簧约束（反馈式速率陀螺仪）两种。非常规速率陀螺仪是指在原理、结构等方面与常规速率陀螺仪有本质区别，但同样能实现测量物体运动角速度功能的仪表，例如：振梁式压电晶体速率陀螺仪；振弦式速率陀螺仪；挠性片式、水银转子式、磁流体式等双轴速率陀螺仪；技术逐步成熟和应用的光纤速率陀螺仪。本章重点介绍典型速率陀螺系统的工作原理和基本特性。

3.3.1　扭杆式速率陀螺仪

扭杆式速率陀螺仪是一种绕输出轴对陀螺浮子施加机械弹性约束的单自由度陀螺仪。其主要组成部分有转子、浮子、扭杆、阻尼器、传感器和支承等，图 3-11 是典型扭杆式速率陀螺仪的结构简图。

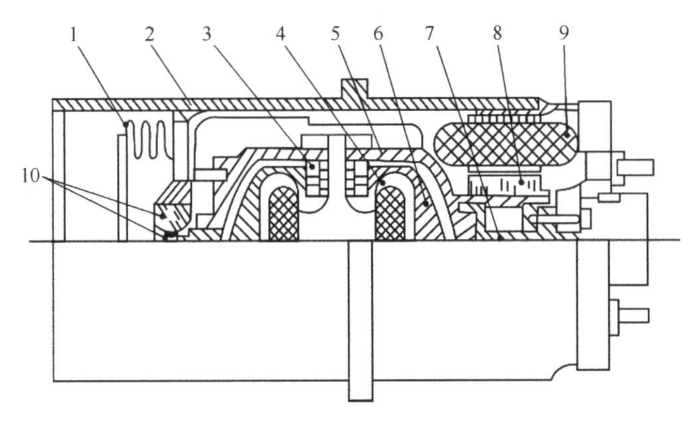

图 3-11　扭杆式速率陀螺仪结构简图

1—波纹管；2—壳体；3—滚珠轴承；4—马达定子；

5—浮子（框架）；6—马达转子；7—扭杆；8—传感器转子；

9—传感器定子；10—枢轴与宝石（宝石轴承）。

图 3-11 所示结构与常见的单自由度陀螺仪相类似，浮子内装有马达。通电后，其转子通过滚珠轴承相对于固定在支架上的定子作高速旋转，浮子通过宝石轴承和扭杆支承于壳体上，可相对于壳体转动，通过角度传感器将转动角度变换成电信号输出。角度传感器转子安装在浮子轴上，其定子安装在壳体的相应位置上，浮子与壳体间充有液体，随着温度变化液体的体积也会变化。为了保证在液体体积变化时不致破坏仪表的密封，在壳体一端装有波纹管，用以调节壳体内部体积。仪表同时备有阻尼器（图中未示出），可对浮子的转动起阻尼作用。速率陀螺仪的原理示意图见图 3-12。

设 $OX_0Y_0Z_0$ 为原点在马达转子中心的陀螺壳体坐标系，其中 OX_0 为仪表输入轴，OY_0 为仪表输出轴（浮子轴），OZ_0 与 OX_0、OY_0 垂直。$OXYZ$ 为内框架（浮子）坐标系，其中 OY 为输出轴，OZ 为转子自转轴，在忽略转子与内框架间的安装误差时，即莱查坐标系，在没有角速度输入时，两坐标系重合。当壳体绕输入轴 OX_0 以角速度 ω_{X_0} 转动时，通过浮子轴带动陀螺仪转子随之转动，从而在输出轴上形成陀螺力矩 $H\omega_{X_0}$ ，使浮子绕输出轴转动。当浮子转动后，输出轴上的扭杆产生与浮子转角成正比的弹性恢复力矩，同时阻尼器又产生与浮子转动角速度成正比的阻尼力矩。单自由度陀螺仪运动方程可写成函数形式为

$$(J_Y S^2 + C_Y S + K_Y)\beta(S) = H\omega_{X_0}(S) \tag{3-22}$$

式中：J_Y 为输出轴转动惯量；C_Y 为阻尼系数；K_Y 为弹性系数；H 为角动量；ω_{X_0} 为输入角速度；β 为输出轴转角。

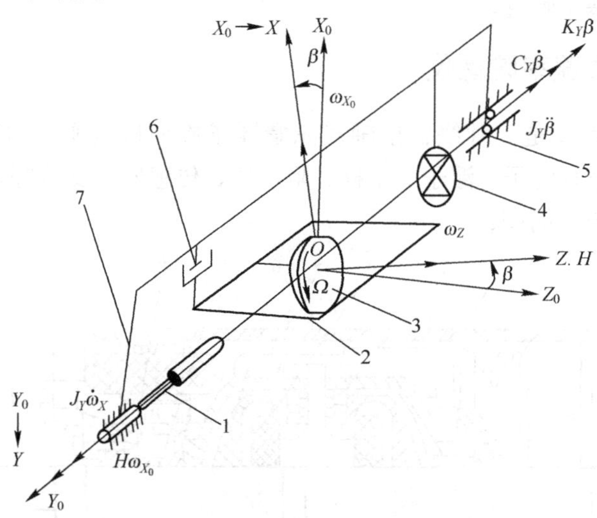

图 3-12　扭杆式速率陀螺仪原理示意图

1—扭杆；2—浮子（框架）；3—陀螺马达；4—传感器；5—支承；6—阻尼器；7—壳体。

在稳态时陀螺仪输出转角 β 为

$$\beta = \frac{H}{K_Y}\omega_{X_0} \tag{3-23}$$

式（3-23）说明了输出转角 β 正比于输入角速度 ω_{X_0} ，因此称这种陀螺仪为速率陀螺仪。若输出转角通过传感器变成电压信号送出，则有

$$u = \frac{HK_S}{K_Y}\omega_{X_0} = K\omega_{X_0} \tag{3-24}$$

式中：u 为传感器输出电压；K_S 为传感器传递系数；$K = \frac{HK_S}{K}$ 为陀螺仪传递系数。

为了使 K 为常量，除了 K_Y、K_S 应保持不变外，还应使 H 不变，因此速率陀螺仪的马达应采用恒速的同步马达，图 3-13 是扭杆式速率陀螺仪的原理框图。从式（3-22）可写出速率陀螺仪的传递函数为

$$\begin{aligned} W(S) &= \frac{u(S)}{\omega_{X_0}(S)} = \frac{HK_S}{J_Y S^2 + C_Y S + K_Y} \\ &= \frac{HK_S}{K_Y} \cdot \frac{\omega_n^2}{S^2 + 2\xi\omega_n S + \omega_n^2} \end{aligned} \tag{3-25}$$

式中：$\omega_n=\sqrt{\dfrac{K_Y}{J_Y}}$为仪表的固有频率；$\xi=\dfrac{C_Y}{2\sqrt{J_Y K_Y}}$为仪表的阻尼比。

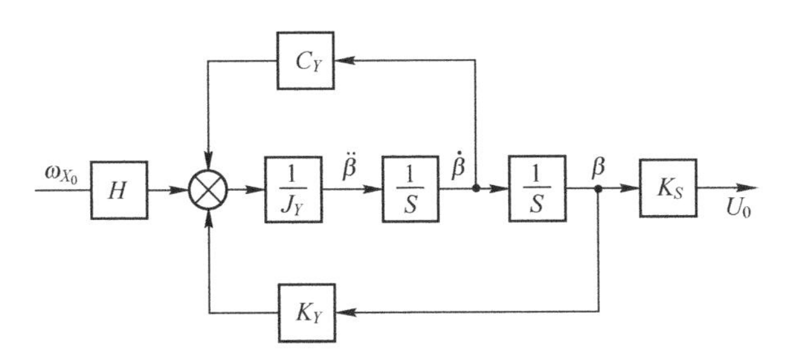

图 3-13　扭杆式速率陀螺仪原理框图

实际陀螺仪在输出轴上还有干扰力矩M_d存在，式（3-22）可写为

$$\begin{aligned}(J_Y S^2+C_Y S+K_Y)\beta(S)&=H\omega_{X_0}(S)+M_d(S)\\&=H\left[\omega_{X_0}(S)+\frac{M_d(S)}{H}\right]\end{aligned}\tag{3-26}$$

式（3-26）说明，由于M_d的存在，相当于附加一大小为$\dfrac{M_d S}{H}$的输入误差角速度。

3.3.2　反馈式速率陀螺仪

反馈式速率陀螺仪是一种用反馈力矩来形成弹性约束的单自由度速率陀螺仪，其结构如图 3-14 所示，其原理如图 3-15 所示。

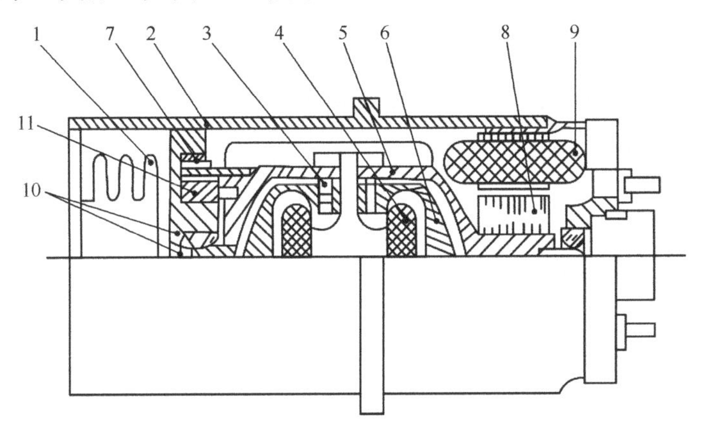

图 3-14　反馈式速率陀螺的结构图

1—波纹管；2—壳体；3—滚珠轴承；4—马达定子；5—浮子（框架）；
6—马达转子；7—力矩器动圈；8—传感器转子；9—传感器定子；
10—宝石轴承；11—力矩器永磁定子。

图 3-14 中所示结构，除用力矩器代替扭杆外，其他部分基本上与图 3-13 相同。力矩器转子安装在浮子轴上，定子安装在壳体的相应位置上，浮子与壳体间充以浮油，起阻尼器的作用。反馈式速率陀螺仪的结构与液浮单自由度陀螺仪相同，只是用作速率陀

螺仪时突出输出轴上弹性约束力矩，其阻尼力矩一般要比积分陀螺仪低。

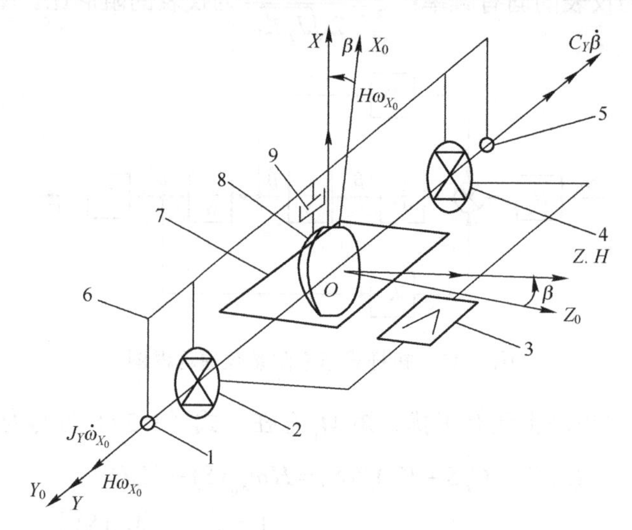

图 3-15 反馈式速率陀螺仪原理图

1—支架；2—传感器；3—伺服电路；4—力矩发生器；5—支承；

6—壳体；7—框架浮子；8—陀螺马达；9—阻尼器。

当壳体绕输入轴 OX_0 以角速度 ω_{X_0} 转动时，通过浮子轴带动陀螺转子随之转动，在输出轴上形成陀螺力矩 $H\omega_{X_0}$，使浮子绕输出轴转动。角度传感器把转角 β 转换成电压信号，经伺服放大器送到力矩器，从而产生平衡力矩 M_t 作用在输出轴上，其大小等于

$$M_t = K_t I \tag{3-27}$$

式中：I 为伺服电路输出电流；K_t 为力矩器力矩系数。

在稳态下，输出轴上陀螺力矩由再平衡力矩 M_t 平衡，得

$$I = \frac{H}{K_t}\omega_{X_0} \tag{3-28}$$

此电流经采样电阻 R_S 输出电压信号，得

$$U_0 = \frac{HR_S}{K}\omega_{X_0} = K\omega_{X_0} \tag{3-29}$$

式中：$K = \dfrac{HR_S}{K}$ 为仪表的传递系数。

通常，伺服放大器有两种形式：一种是模拟反馈伺服电路，它包括交流放大、解调、校正、功率放大等部分；另一种是脉冲调宽力矩反馈电路，适合于数字输出，它除了交流放大、解调、滤波、校正外，还有脉冲函数发生器（如图 3-16（b）中所示的锯齿发生器）和力矩电流发生器（如图 3-16（b）中所示的由恒流源和 H 开关组成）等。它们的方块图分别如图 3-16 所示。

图 3-17 是反馈式速率陀螺仪用模拟伺服回路时的原理框图。在理想条件（干扰力矩 $M_d = 0$ 时）下，仪表传递函数式可表示为

$$W(S)=\frac{U_0(S)}{\omega_{X_0}(S)}=HR_S\frac{K_S K_{am}W_c(S)}{J_y S^2+C_Y S+K_S K_{am}K_t W_c(S)} \tag{3-30}$$

式中：K_{am} 为伺服放大器静态增益；$W_c(S)$ 为校正网络传递函数。

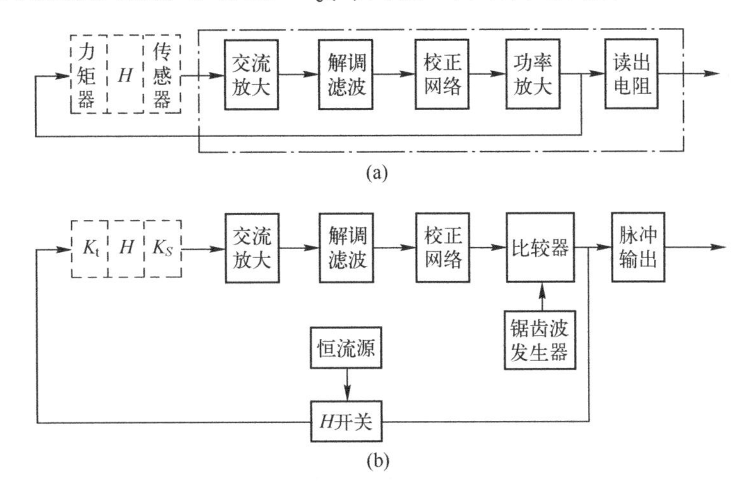

图 3-16　反馈式速率陀螺仪伺服放大器方块图

（a）模拟反馈方式；（b）脉冲调宽力矩反馈方式。

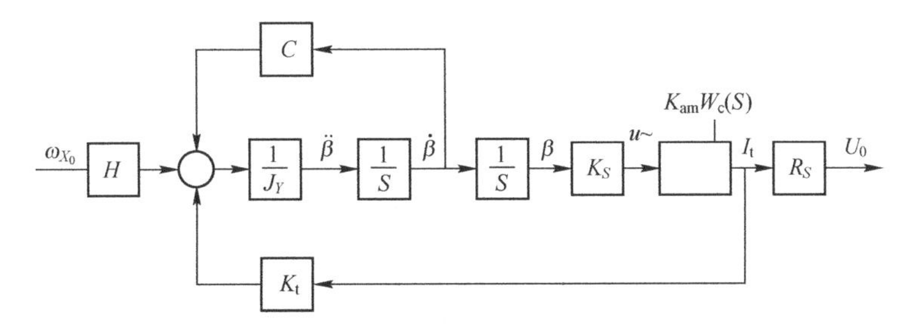

图 3-17　反馈式速率陀螺仪传递函数框图

比较式（3-25）和（3-30），若不考虑 $W_c(S)$ 的影响，仪表的传递函数在形式上基本一样，都是二阶环节特性，而且一般都是振荡环节特性。但从性能上讲，扭杆式速率陀螺仪用机械弹簧产生弹性约束力矩，输出信号与输入角速度之间的比例取决于扭杆弹性系数的稳定性和传感器的线性度；反馈式仪表用力矩器来产生弹性约束力矩，其输出信号是力矩器电流通过采样电阻的电压。在采样电阻 R 精度足够高的条件下，电流 I 与输入角速度之间的关系仅由力矩器的传递系数决定，传感器的传递系数、放大器的增益对仪表静态传递系数没有直接影响。

如果采用图 3-16（b）所示的脉冲调宽力矩反馈方式时，单位时间仪表输出的脉冲数与输入角速度成正比。

3.3.3　振梁式压电晶体陀螺仪

振梁式压电晶体陀螺仪利用弹性金属梁作等幅振动，当有角速度输入时，振梁上将承受哥氏惯性力，应用压电晶体的压电效应测量哥氏惯性力，可得到相应于角速度的输出信号。振梁式压电晶体陀螺仪没有高速旋转转子，是一种非常规速率陀螺仪。它具有寿命长、可靠性高的特点，有一定的实用价值。

振梁式压电晶体速率陀螺仪由一根固定在支座上的弹性金属振梁（图 3-18）和贴在振梁振动波腹面上的 4 个压电晶体构成，并附有驱动电路，在其作用下振梁沿驱动轴作等幅振动，当输入角速度为零时，振梁沿 Y 轴没有变形，沿输出轴无振动存在，即没有信号输出；当有角速度 ω 输入时，由于哥氏惯性力的作用，将使振梁沿输出轴振动，面上的压电晶体产生正比于沿输出轴振动的电信号，经读出电路输出。其微分方程式为

$$\ddot{Y}+2\zeta\omega_{\mathrm{n}}\dot{Y}+\omega_{\mathrm{n}}^{2}Y=2\omega_{x_{\mathrm{n}}}\omega_{\mathrm{c}}Z_{0}\cos\omega_{\mathrm{c}}t \tag{3-31}$$

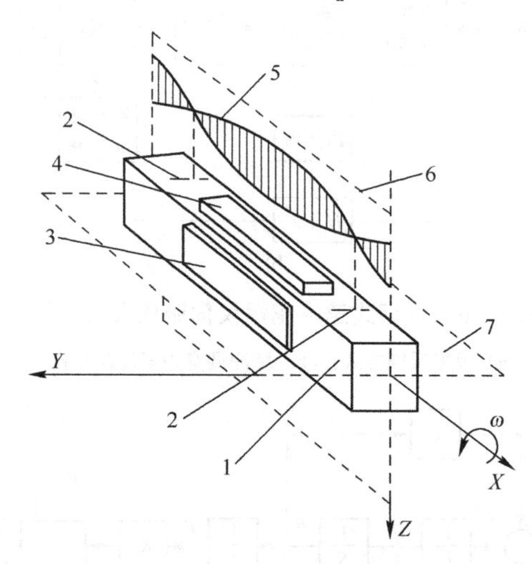

图 3-18　压电晶体陀螺的基本元件

1—振梁；2—节点；3—读出换能器；4—驱动换能器

5—梁的振型；6—驱动平面；7—读出平面。

其输出的稳态解表达式为

$$Y=\frac{2Z_{0}\omega_{\mathrm{c}}\omega_{X_{0}}}{\omega_{\mathrm{n}}^{2}\sqrt{\left(1-\frac{\omega_{\mathrm{c}}^{2}}{\omega_{\mathrm{n}}^{2}}\right)^{2}+\left(2\zeta-\frac{\omega_{\mathrm{c}}}{\omega_{\mathrm{n}}}\right)^{2}}}\cos(\omega_{\mathrm{c}}t-\phi_{\mathrm{c}}),\phi_{\mathrm{c}}=\arctan\left[\frac{\omega_{\mathrm{c}}\omega_{\mathrm{n}}}{Q(\omega_{\mathrm{n}}^{2}-\omega_{\mathrm{c}}^{2})}\right] \tag{3-32}$$

式中：Z_0 为驱动振动的振幅；ω_{c} 为驱动振动的谐振角频率；$Q=\frac{1}{2\zeta}$ 为读出平面的品质因数；ω_{n} 为输出振动的谐振角频率。由式（3-32）可见，输出读数的幅值正比于输入角速度。该陀螺（包括电路）的原理框图如图 3-19 所示。

3.3.4　挠性片式速率陀螺仪

挠性片式速率陀螺仪利用挠性片恒速转动，在垂直于转动轴方向有输入角速度时，挠性片将承受哥氏惯性力，使挠性片变形。通过传感器将变形量转变成电量输出，该输出电量将正比于输入角速度。挠性片速率陀螺仪的原理结构如图 3-20 所示。这种陀螺仪有一个圆形挠性片，由驱动电机带动它绕 Z 轴作等速旋转。这个圆片相当于一个能变形

的陀螺转子，同时亦起到挠性支承的作用。当壳体绕 Y 轴以角速度 ω_y 转动时，挠性片上就会受到哥氏惯性力作用而产生变形，图 3-20 中 Y 轴上的 A 点向下变形量最大，B 点向上变形量最大，沿 X 轴上的 C 、D 两点变形为零。随着输入角速度的增大或减小，变形量亦会增大或减小。同理，若载体绕 X 轴以角速度 ω_x 转动时，则在 X 轴的 C 、D 两点有最大向下、向上变形、沿 Y 轴上的变形为零。对壳体绕垂直于驱动轴的任一方向（如与 X_0 轴夹角为 α ）以角速度 ω 转动时，可以分解成 ω_{X_0} 、 ω_{Y_0} 两分量，即

$$\begin{cases}\omega_{X_0} = \omega\cos\alpha \\ \omega_{Y_0} = \omega\sin\alpha\end{cases}$$

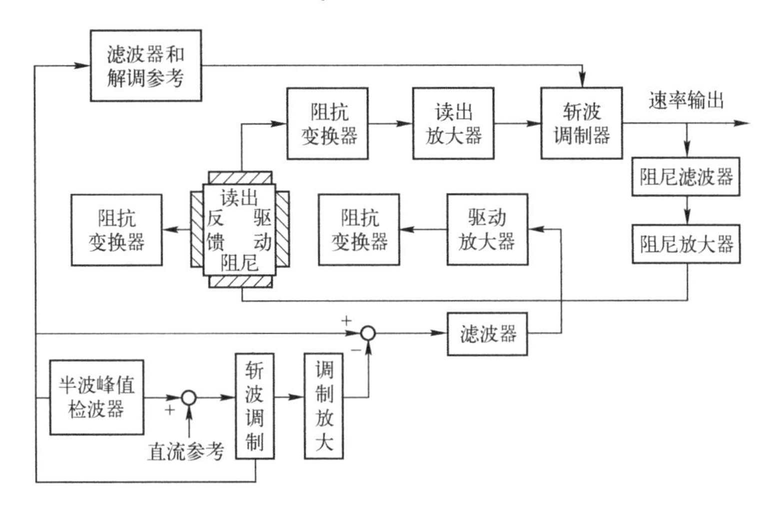

图 3-19　振梁式压电晶体速率陀螺的原理框图

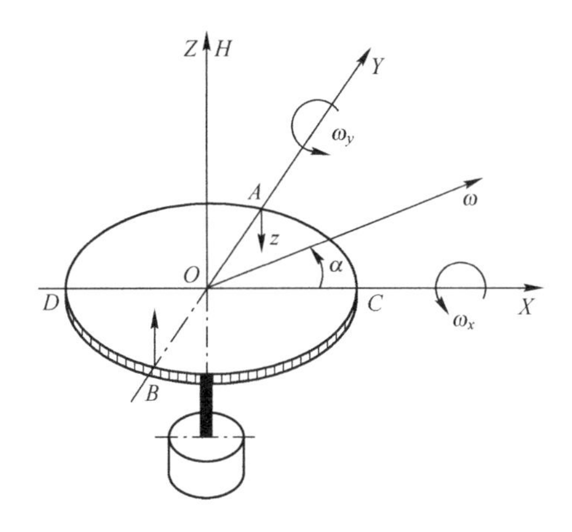

图 3-20　挠性片式速率陀螺仪原理结构图

挠性片的变形方程可表示为

$$\begin{bmatrix} Z_X \\ Z_Y \end{bmatrix} = -\frac{J_0\Omega}{K_0}\begin{bmatrix} \omega_{X_0} \\ \omega_{Y_0} \end{bmatrix} \tag{3-33}$$

式中：Z_X 为挠性片在 X_0 轴上某点（ C 或 D ）沿 Z 轴方向的位移；Z_Y 为挠性片在 Y_0 轴

方向上某点（A或B）沿 Z 轴方向的位移；K_0为挠性片的弹性系数；J为挠性片极转动惯量；Ω为挠性片转动角速度。只要在A、B和C、D位置上分别安装一对传感器，可以测出 A、B和C、D的变形量，然后加以适当处理，即可分别测出绕Y_0轴、X_0轴的角速度，所以这是一种双轴速率陀螺仪。

图 3-21 所示为变形量的测量线路。在壳体沿 X_0Y_0 轴与挠性片圆周相对应的位置上，安装 4 个传感器磁极，相互磁极距离 90° 角，构成变压器式传感器。传感器信号输出经选频、放大解调、滤波，输出一个与被测角速度相对应的电压信号，从而完成对角速度的测量。

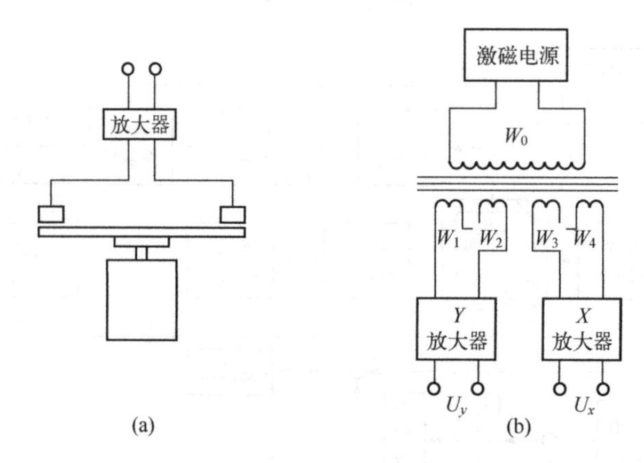

图 3-21　挠性片式速率陀螺测量线路图

3.4　本 章 小 结

本章根据弹道导弹的实际情况，介绍了平台式、捷联式两种惯性测量系统，给出了典型单轴、三轴、三框架四轴 3 种平台式惯性导航系统，以及位置捷联和速率捷联两种捷联式惯性导航系统的组成结构和工作原理。同时，介绍了作为控制传感器的速率陀螺系统，并给出了扭杆式、反馈式、振梁式、挠性片式等几种典型速率陀螺系统的组成、结构和工作原理。本章的内容将为后续制导系统、姿态控制系统等内容的学习奠定基础。

第 4 章　弹道导弹制导系统

所谓制导，是指引导和控制飞行器按照一定规律飞向目标或预定轨道的技术和方法。导弹制导系统通过测量和计算导弹与目标或空间基准线的相对位置，制定相应的飞行规律以确保弹头准确命中目标。所谓弹道导弹制导，是指利用导航参数按照给定的制导规律操纵导弹推力矢量控制其质心运动，在达到期望的终端条件时准确关机，以保证弹头落点偏差满足给定的精度指标要求。

根据弹道导弹的飞行特点，导弹在被动段按自由飞行弹道飞行，若弹头落地之前不再受控制，则弹头能否命中目标，主要取决于被动段导弹运动状态参数的初始条件。因此，通常所说的弹道导弹制导，是指弹道导弹主动段的制导。导弹在关机点的运动状态参数既是被动段的初始条件，又是主动段的末端条件。因此，弹道导弹主动段的制导精度对导弹的命中精度起着决定性作用。导弹要命中目标，主要靠主动段对它进行控制。控制的目的在于使导弹在关机点的运动状态参数——位置和速度矢量，满足命中目标的要求。但随着射程的增加以及命中精度和突防能力的提高，必须考虑敌方在导弹自由段和再入段飞行施加的干扰造成的命中精度影响，为此必须采用中制导、末制导甚至全程制导以实现导弹制导精度的提高，这也是弹道导弹精度提高的发展方向。

本章主要介绍弹道导弹制导相关的基本概念、主要制导方法及典型制导系统结构与原理。

4.1　基 本 概 念

4.1.1　弹道导弹制导机理

弹道导弹主动段制导的任务是保证弹头命中地面目标。这就要求把弹头送到一定的自由飞行弹道，这条弹道应以要求的精度命中目标。自由飞行弹道的特性取决于主动段关机时弹头的飞行速度和坐标，所以弹道导弹制导的任务归结为保证主动段结束时的速度和位置坐标值取一定的组合。这个任务只有在主动段期间对导弹的运动进行控制并适时控制发动机才能完成。

弹道导弹主动段飞行的特点是首先垂直起飞，然后按照事先计算好的飞行程序转弯飞行。根据弹道学原理，一枚确定型号的导弹，在给定发射点和目标地理位置之后，必有一条标准弹道相对应，也就是说，在标称条件下飞行的导弹，可以准确无误地落向目标。如果大气状态、发动机特性、弹体结构等飞行条件都符合理想情况，则导弹在程序控制信号的作用下，将完全按理论计算的主动段标准弹道飞行，在预先计算出的标准关机时刻，得到预定的关机速度和位置。这样，只要由时间机构按时发出发动机关机指令，就可以使弹头命中目标。实际上，有许多干扰因素使飞行条件显著偏离理想情况，如发动机的秒耗量偏差、比冲偏差、起飞质量偏差、推力偏斜和横移、弹道风等。从动力学角度看，这些干扰因素相当于作用在导弹的干扰力和力矩，使主动段实际弹道偏离标准弹道，从而造成落点偏离目标。

由弹道学可知，导弹的射程是飞行弹道关机点的绝对飞行参数的函数。显然，射程控制问题可以归结为弹道关机点飞行参数的控制问题；射程偏差的控制问题可归结为关机点飞行参数如何逼近标准弹道关机点飞行参数（终端指标）的问题。当实际弹道关机点飞行参数逼近到标准弹道关机点飞行参数致使射程偏差满足允许误差时，关闭发动机，弹头和弹体分离，就可以得到预期的落点精度。

落点精度的控制由导弹制导系统完成，该系统的任务实际上就是寻找一个最佳的关机时刻，使战斗部准确命中目标。

完成导弹落点精度控制的充分必要条件是制导系统具有导航、制导和控制三大功能，且需要三者密切配合。从系统划分的角度，对于弹道导弹而言，导航系统实际上就是制导系统的测量装置，其主要作用就是先实时提供导弹的飞行加速度等状态参数，再通过计算得到速度和位置量等状态参数，这些参数是导弹相对某种基准坐标系（如发射惯性坐标系）运动定义的，是飞行时间 t 的函数，故称为状态参数 $\boldsymbol{v}(t)$、$\boldsymbol{r}(t)$、t。

制导系统利用导弹状态参数 $\boldsymbol{v}(t)$、$\boldsymbol{r}(t)$、t，根据制导理论方法，确定为实现飞行任务的终端指标所需的制导控制指令，如关机指令、导引指令等。具体而言，制导系统的基本职能包括：

（1）导航方程计算。

导航是指连续测量和求解导弹的实时速度和位置。对于导弹制导而言，只要能按照关机特征量关机即能命中目标，不必算出导弹的实时速度和位置。对于雷达中制导和多头分导而言，一般需要知道导弹在关机点的速度和位置，那么就需要进行导航计算。对于显式制导，需要知道导弹的状态参数来进行关机和导引计算，则需要求解导弹的导航方程。

（2）关机方程计算。

根据不同的射程、弹道和发射点、目标点的纬度和方位角，预先计算出来控制泛函或关机特征量，并装定在弹载计算机中。飞行中将导航方程计算出的导弹实时速度和位置或其他的测量参数（如加速度表和陀螺的输出）送入关机方程中计算关机控制泛函。当满足关机条件时，适时发出关机指令。

（3）导引方程计算。

在弹上由计算机实时进行法向导引和横向导引计算，并将导引量分别送入控制回路中，通过转动燃气舵或摆动发动机，控制导弹的姿态来实施导引。

（4）发出关机指令。

当导弹满足关机条件时，制导系统将发出关机指令，控制导弹关闭发动机或者进行能量管理，从而使导弹能够以期望的精度命中目标。

制导系统的作用是保证制导律的实现，即通过改变发动机推力矢量方向控制导弹飞行弹道，实现导弹的质心控制和姿态控制，以保证关机时刻关机点飞行参数达到终端指标所需的 $\boldsymbol{v}(t_k)$、$\boldsymbol{r}(t_k)$、t_k，即逼近标准弹道关机点飞行参数，使战斗部准确命中目标。

4.1.2　弹道导弹制导系统组成

弹道导弹制导系统通常由测量装置和弹载计算机等组成，如图 4-1 所示。测量装置可以是惯性测量平台、捷联式惯性测量装置，也可是惯性器件与其他测量装置组成的复合测量装置。

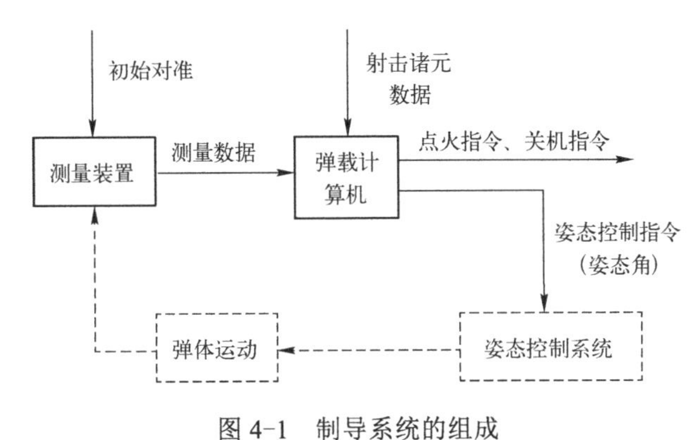

图 4-1　制导系统的组成

弹载计算机执行下述任务：

（1）对测量装置的测量数据进行采集和处理。

（2）进行导航计算和弹体姿态角解算。

（3）进行导引计算，给出姿态控制指令。

（4）根据点火条件和关机条件进行计算，适时给出点火指令和关机指令。

需要指出的是，从制导大回路的角度来看，可将姿态控制系统看作制导指令执行的分系统，其任务是将导弹由当前姿态稳定控制到指令姿态。实际上，姿态控制系统在导弹控制系统设计中通常是作为一个独立系统进行研究设计的，这里将其作为独立的分系统进行考虑。

4.1.3　弹道导弹制导系统分类

1. 按制导信息获取方式分类

根据弹道导弹导航信息的获取方法的不同，制导系统可以分为以下几类。

（1）惯性制导系统。

惯性制导系统是利用弹上惯性元件，测量导弹相对于惯性空间的运动参数，并在给定初始条件下，由制导计算机计算出导弹的速度、位置及姿态等参数，按照一定的制导方法，形成制导指令并形成控制信号，控制导弹完成预定飞行任务的一种自主制导系统。依据惯性器件的安装方式，惯性制导系统可分为捷联式惯性制导系统和平台式惯性制导系统。

（2）无线电制导系统。

无线电制导系统是由地面或空间无线电测速定位系统测量导弹速度和位置，根据测得的原始数据由地面计算机算出控制量和关机时间，通过地面无线电指令发射系统发出指令，弹上接收机接收指令和执行关机的一种制导系统。无线电制导系统较惯性制导系统有制导精度高、弹上设备少、成本低的优点，但该系统机动性能差，易受敌方的干扰和破坏。

（3）天文制导系统。

天文制导系统是利用宇宙星体的观测，根据星体在空中的固定运动规律所提供的信息来确定导弹空间运动参数的一种制导技术。

（4）复合制导系统。

对导弹武器而言，惯性制导系统是一种比较理想的制导系统，然而单纯的惯性制导系统不能满足日益提高的制导精度要求，因此惯性制导与其他辅助制导相结合的复合制导系统应运而生。复合制导方式很多，典型的复合制导有惯性/星光制导、惯性/卫星制导、惯性/地形匹配制导等。

2. 按飞行阶段分类

（1）初制导，又称为发射制导或主动段制导，从导弹发动机点火到燃料耗尽或按程序发动机关机为止，即由导弹发射到进入正常轨道（主动段结束）这一阶段进行的制导。

（2）中制导，又称为中途制导，即导弹由主动段终点到弹道末段前进行的制导。

（3）末制导，又称为再入制导，即导弹在飞行末段进行的制导。

（4）全程制导，即在导弹飞行的全过程实施的制导。

另外，制导系统还有其他分类方法，例如：根据导航设备分类，可分为平台式惯性制导和捷联式惯性制导；根据制导计算方法分类，可分为摄动制导、显式制导等。

4.2 弹道导弹制导原理

4.2.1 弹道导弹的落点偏差

一般对于弹道导弹，制导精度常用满足一定条件的命中点位置误差来描述。由于导弹运动中受各种内外干扰作用，使得实际飞行弹道偏离标准弹道，偏离结果就是落点偏差。

如图 4-2 所示，M_t 为实际弹道落点，M_b 为标准弹道落点，由该两点经纬度便可确定导弹落点射程偏差 ΔL（实际落点与目标间圆弧在射面方向的分量）和横向偏差 ΔH（实际落点与目标间圆弧在垂直射面方向的分量）。

导弹的射程 L 可以仅表达为关机时导弹运动参数的函数，即

$$L = L[\boldsymbol{v}(t_k), \boldsymbol{r}(t_k), t_k] \tag{4-1}$$

式中：t_k 为关机时刻；$\boldsymbol{v}(t_k)$ 为导弹质心相对于惯性坐标系的速度矢量；$\boldsymbol{r}(t_k)$ 为导弹质心相对于地心的矢径。

如果用相对地面发射坐标系的运动参数表示，则有

$$L = L[\boldsymbol{v}_g(t_k), \boldsymbol{r}_g(t_k)] \tag{4-2}$$

式中：$\boldsymbol{r}_{\mathrm{g}}(t_k)$ 为导弹质心相对地心的矢径；$\boldsymbol{v}_{\mathrm{g}}(t_k)$ 为导弹质心相对于地面发射坐标系的速度矢量。

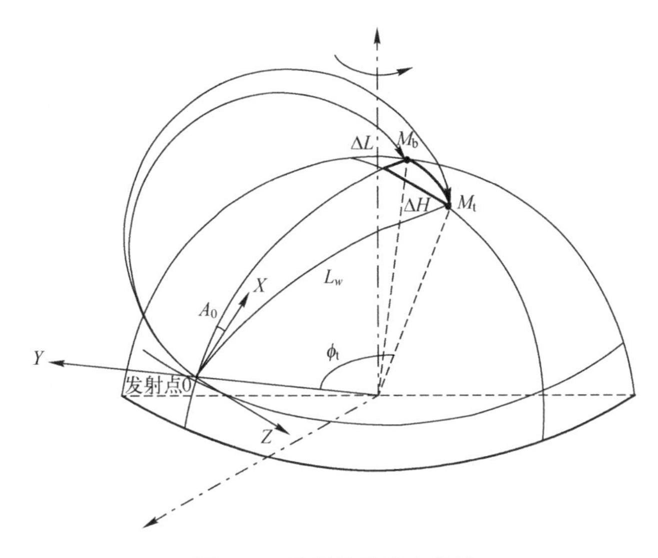

图 4-2　弹道导弹落点偏差

式（4-1）中射程 L 与 t_k 有显函数关系，而式（4-2）中则没有，这是因为在惯性坐标系内计算射程需要考虑主动段期间发射点随地球自转而做的运动。由于相对惯性坐标系的运动参数与加速度可测分量的关系比较简单，因此这里以式（4-1）作为讨论对象。

当运动参数用发射点惯性坐标系的分量 $x(t), y(t), z(t), V_x(t), V_y(t), V_z(t)$ 表示时，式（4-1）可写为

$$L = L[V_x(t_k), V_y(t_k), V_z(t_k), x(t_k), y(t_k), z(t_k), t_k] \tag{4-3}$$

为简化记号，用 $x_i(t)$，$i = 1, 2, \cdots, 7$ 依次表示 $V_x(t), V_y(t), \cdots, t$。式中，如果假设主动段终点参数等于标准计算值，即

$$x_i(t_k) = x_i^*(t_k^*) \tag{4-4}$$

则射程将等于标准值，即

$$L^* = L[x_i^*(t_k^*), t_k^*] \tag{4-5}$$

实际飞行中，由于干扰因素的影响，关机时间和关机运动参数都会和标准值有所不同，因而射程也可能偏离标准值，出现射程偏差，即

$$\Delta L(t_k) = L - L^* = L[x_i(t_k), t_k] - L[x_i^*(t_k^*), t_k^*] \tag{4-6}$$

将 ΔL 相对标准关机点运动参数对 $x_i^*(t_k^*)$ 进行泰勒级数展开，若实际值对标准值的偏差不大，则二阶以上高阶项可以略去，从而得到一阶近似射程偏差的线性展开式为

$$\Delta L \approx \Delta L^{(1)} = \sum_{i=1}^{6} \frac{\partial L}{\partial x_i} \Delta x_i(t_k) + \frac{\partial L}{\partial t_k} \Delta t_k \tag{4-7}$$

$$\Delta x_i(t_k) \triangleq x_i(t_k) - x_i^*(t_k^*), i = 1, 2, \cdots, 6 \tag{4-8}$$

$$\Delta t_k \triangleq t_k - t_k^*$$

式中：系数 $\dfrac{\partial L}{\partial x_i}$ 为射程偏导数或射程误差系数，由标准关机点运动参数算出，记 $\lambda_i = \dfrac{\partial L}{\partial x_i}$。

式（4-8）所定义的运动参数偏差表示实际弹道在实际关机时刻的参数值与标准弹道在标准关机时刻参数值之差，称为全偏差。以全偏差线性组合表示 $\Delta L^{(1)}$ 往往不便于分析，下面推导用等时偏差线性组合来表示的 $\Delta L^{(1)}$ 表达式。

在任意时刻 t，$x_i(t)$ 的等时偏差定义为

$$\delta x_i(t) \triangleq x_i(t) - x_i^*(t) \tag{4-9}$$

特别在关机时刻 t_k 时有

$$\delta x_i(t_k) \triangleq x_i(t_k) - x_i^*(t_k) \tag{4-10}$$

当 $t_k > t_k^*$ 时，$x_i^*(t_k)$ 假定为在 t_k^* 时发动机没有关机，需由 $x_i^*(t_k^*)$ 加外推得到。把式（4-10）代入式（4-8），得

$$\Delta x_i(t_k) = \delta x_i(t_k) + x_i^*(t_k) - x_i^*(t_k^*) \tag{4-11}$$

把 $x_i^*(t)$ 沿标准弹道相对 t_k^* 进行泰勒级数展开，并略去二阶以上小量，得

$$x_i^*(t_k) \approx x_i^*(t_k^*) + \left.\frac{\mathrm{d}x_i^*}{\mathrm{d}t}\right|_{t_k^*}(t_k - t_k^*) \tag{4-12}$$

将式（4-12）代入式（4-11），得

$$\Delta x_i(t_k) = \delta x_i(t_k) + \left.\frac{\mathrm{d}x_i^*}{\mathrm{d}t}\right|_{t_k^*}\Delta t_k \tag{4-13}$$

根据式（4-13）所给出的关系，得

$$\Delta L^{(1)}(t_k) = \sum_{i=1}^{6}\lambda_i\left[\delta x_i(t_k) + \frac{\mathrm{d}x_i^*}{\mathrm{d}t}(t_k^*)\Delta t_k\right] + \frac{\partial L}{\partial t_k}\Delta t_k \tag{4-14}$$

用 λ_7 表示 $\dfrac{\partial L}{\partial t_k}$，式（4-14）可表示为

$$\Delta L^{(1)}(t_k) = \sum_{i=1}^{6}\lambda_i\delta x_i(t_k) + \sum_{i=1}^{6}\lambda_i\frac{\mathrm{d}x_i^*}{\mathrm{d}t}(t_k^*)\Delta t_k + \lambda_7\Delta t_k \tag{4-15}$$

式中：第一项是在实际关机时刻导弹运动参数偏离该瞬时参数标准值而产生的射程等时偏差，用 $\delta L^{(1)}$ 表示；第二项和第三项则反映关机时间偏差引起的射程偏差。注意到

$$\begin{aligned}\sum_{i=1}^{6}\lambda_i\frac{\mathrm{d}x_i^*}{\mathrm{d}t}(t_k^*) + \lambda_7 &= \left.\left(\frac{\partial L}{\partial V_x}\frac{\mathrm{d}V_x}{\mathrm{d}t} + \frac{\partial L}{\partial V_y}\frac{\mathrm{d}V_y}{\mathrm{d}t} + \frac{\partial L}{\partial V_z}\frac{\mathrm{d}V_z}{\mathrm{d}t} + \frac{\partial L}{\partial x}\frac{\mathrm{d}x}{\mathrm{d}t} + \frac{\partial L}{\partial y}\frac{\mathrm{d}y}{\mathrm{d}t} + \frac{\partial L}{\partial z}\frac{\mathrm{d}z}{\mathrm{d}t} + \frac{\partial L}{\partial t}\right)\right|_{t_k^*}\\ &= \frac{\mathrm{d}L}{\mathrm{d}t}(t_k^*)\end{aligned}$$

所以有

$$\Delta L^{(1)}(t_k) = \delta L^{(1)}(t_k) + \frac{\mathrm{d}L}{\mathrm{d}t}(t_k^*)\Delta t_k \tag{4-16}$$

式（4-16）就是射程偏差一阶近似的又一个表达式。与射程偏差类似，一阶近似时

落点横向偏差的线性展开式为

$$\Delta H \approx \Delta H^{(1)}(t_k)=\sum_{i=1}^{7}\frac{\partial H}{\partial x_i}\Delta x_i(t_k)=\delta H^{(1)}(t_k)+\frac{\mathrm{d}H}{\mathrm{d}t}(t_k^*)\Delta t_k \tag{4-17}$$

式中：$\frac{\partial H}{\partial x_i}$为横向偏导数或横向误差系数，为书写方便，今后令$b_i=\frac{\partial H}{\partial x_i}$。

射程偏导数和横向偏导数统称为弹道偏导数，它们都是标准关机点运动参数的函数，对给定发射点纬度、发射方向和射程的飞行来说，其数值是一定的。

4.2.2　摄动制导原理

根据弹道学理论，通过弹道计算可以得到标准弹道和干扰弹道，但是由于干扰因素具有不确定的随机性，因此实际飞行弹道与干扰弹道之间也是有差别的。在地面进行弹道计算时，只能给出运动的某些平均规律，设法使实际运动规律对这些平均运动规律的偏差是微小量，那么就可以在平均运动规律的基础上，利用小偏差理论来研究这些偏差对弹的运动特性的影响，这种方法就是弹道修正理论，也称为弹道摄动理论。

为了能反映出导弹质心运动的“平均”运动情况，需要作出标准条件的假设。规定了标准条件之后，还需根据研究问题的内容和性质，选择某些方程组作为标准弹道方程。标准弹道反映导弹飞行的“平均运动规律”。标准条件和标准弹道方程是随着研究问题的内容和性质不同而有所不同。不同的研究内容，可以有不同的标准条件和标准弹道方程，目的在于能保证实际运动弹道对标准弹道保持小偏差。例如对近程导弹来说，标准弹道方程中可以不包括地球旋转项，而远程导弹则必须考虑地球旋转的影响。对有些问题，只要计算出标准弹道就行了，例如导弹初步设计时弹体结构参数和控制系统结构参数选择需要提供的运动参量。但对另一些问题，不仅要知道标准弹道，而且要比较准确地掌握导弹的实际运动规律。例如，对目标进行打击，导弹实际飞行条件与标准飞行条件之间总存在着偏差，在这些偏差中，有些在发射之前是已知的，如果标准条件和标准弹道方程选择得比较恰当，往往可以使这些偏差最小化，但即使偏差再小，实际弹道也将偏离标准弹道而引起落点偏差，如果落点偏差大于战斗部杀伤半径，则达不到摧毁目标的目的。为此需要研究由这些偏差所引起的射程偏差，并设法在发射之前加以修正或消除，这就是弹道摄动理论所需要研究的问题。

实际弹道飞行条件和标准弹道飞行条件的偏差称为“摄动”或称“扰动”。这里所谓的扰动，与导弹在实际飞行中作用在导弹上的干扰不同，这里既包含一些事先无法预知的量，也包含由于发射条件对所规定的标准条件的偏差。对某一发导弹来说，后者是已知的系统偏差。

“实际弹道”是指在实际的飞行条件下，利用所选择的标准弹道方程进行积分所确定的弹道。由于运动方程的建立不可避免地有所简化，因此所确定的弹道对导弹的实际飞行弹道还是有偏差的。可以用各种方法来研究“扰动”对弹道偏差的关系。一是“求差法”。建立两组微分方程，一组是在实际条件下建立的，另一组则是在标准条件下建立的，分别对两组方程求解，就可获得实际弹道参数和标准弹道参数，用前者减去后者就得到弹道偏差。这种方法的优点是不论干扰大小，都可以这样做，没有运动稳定性问题。缺点是计算工作量大；当扰动比较小时，用求差法计算，往往是两个相近的大数相减，因而会带来较大的计算误差，要求计算机有较长的字长；不便于分析干扰与弹道偏差之间的关系，不便于应用。二是“摄动法”，即微分法，因为在一般情况下，如果标准条件选择适当，扰动都比较小，可以将实际弹道在标准弹道附近展开，取到一阶项来进行研究，摄动法实际上也就是线性化法。

摄动制导又称为δ制导。采用摄动制导主要是实现射程控制和横、法向导引控制。

4.2.2.1 射程控制

摄动制导的基本特点在于将控制函数 ΔL 或 v_R 展开成自变量增量的泰勒级数。原则上，展开点应当选择沿标准弹道的所有点，这样展开式的系数必须是时变的。过多的展开点会提高弹上计算机的存储容量要求。但是，仔细分析后可以断定只有在关机点附近才需要非常精确地展开。因此，对于任意制导段，只需一个或几个展开点即可。由于标准关机点最可能出现，所以通常就选它为展开点。对于射程控制来说，可以把关机时间 t_k 时的预计射程偏差 ΔL 围绕标准关机点参数展开成泰勒级数，保留一阶项，即得到一阶近似下预计射程偏差的线性展开式为

$$\begin{aligned}\Delta L^{(1)} &= \frac{\partial L}{\partial V_x}[V_x(t_k)-V_x^*(t_k^*)]+\frac{\partial L}{\partial V_y}[V_y(t_k)-V_y^*(t_k^*)]+\frac{\partial L}{\partial V_z}[V_z(t_k)-V_z^*(t_k^*)]+\\&\quad\frac{\partial L}{\partial x}[x(t_k)-x(t_k^*)]+\frac{\partial L}{\partial y}[y(t_k)-y(t_k^*)]+\frac{\partial L}{\partial z}[z(t_k)-z(t_k^*)]+\frac{\partial L}{\partial t}(t_k-t_k^*)\\&=\lambda_1 V_x(t_k)+\lambda_2 V_y(t_k)+\lambda_3 V_z(t_k)+\lambda_4 x(t_k)+\lambda_5 y(t_k)+\lambda_6 z(t_k)+\lambda_7 t_k-\\&\quad[\lambda_1 V_x^*(t_k^*)+\lambda_2 V_y^*(t_k^*)+\lambda_3 V_z^*(t_k^*)+\lambda_4 x(t_k^*)+\lambda_5 y(t_k^*)+\lambda_6 z(t_k^*)+\lambda_7 t_k^*]\\&=J(t_k)-J^*(t_k^*)\end{aligned}\tag{4-18}$$

式（4-18）说明，即使关机点7个运动参数不同时满足和标准值相等的条件，只要

$$J(t_k)=J^*(t_k^*)\tag{4-19}$$

那么 $\Delta L^{(1)}$ 就可以为零。因此，可以定义一个新的关机控制函数（又称为关机特征量），即

$$J(t)=\sum_{i=1}^{7}\lambda_i x_i(t)\tag{4-20}$$

式中：$J(t)$ 为实际弹道参数的函数，对确定的弹道来说是时间函数，而且是单调递增的（图 4-3）。这样，射程控制问题可归结为关机时间的控制。在飞行中，不断根据测得的运动参数计算关机控制函数并与 $J^*(t_k^*)$ 比较，当 $J(t)$ 递增到和 $J^*(t_k^*)$ 相等时，这个时刻就是所要求的关机时刻。

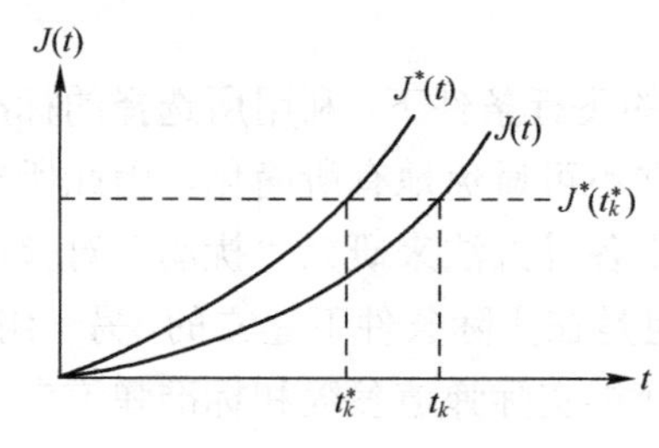

图 4-3　关机控制函数

事实上，射程对主动段持续时间的全微分为

$$\frac{\mathrm{d}L}{\mathrm{d}t}=\frac{\partial L}{\partial V_x}\dot{V}_x+\frac{\partial L}{\partial V_y}\dot{V}_y+\frac{\partial L}{\partial V_z}\dot{V}_z+\frac{\partial L}{\partial x}V_x+\frac{\partial L}{\partial y}V_y+\frac{\partial L}{\partial z}V_z+\frac{\partial L}{\partial t}$$

自由飞行段（包括关机时）的速度分量和引力加速度分量间关系可表示为

$$\frac{\partial L}{\partial V_x}g_x+\frac{\partial L}{\partial V_y}g_y+\frac{\partial L}{\partial V_z}g_z+\frac{\partial L}{\partial x}V_x+\frac{\partial L}{\partial y}V_y+\frac{\partial L}{\partial z}V_z+\frac{\partial L}{\partial t}=0 \tag{4-21}$$

由于

$$\dot{W}_i=a_i-g_i=\dot{V}_i-g_i, i=x,y,z$$

因而有

$$\frac{\mathrm{d}L}{\mathrm{d}t}=\frac{\partial L}{\partial V_x}\dot{W}_x+\frac{\partial L}{\partial V_y}\dot{W}_y+\frac{\partial L}{\partial V_z}\dot{W}_z \tag{4-22}$$

这个结果说明只要找到关机时间 t_k，使

$$\int_{t_k^*}^{t_k}\left(\frac{\partial L}{\partial V_x}\dot{W}_x+\frac{\partial L}{\partial V_y}\dot{W}_y+\frac{\partial L}{\partial V_z}\dot{W}_z\right)\mathrm{d}t=\int_{t_k^*}^{t_k}\mathrm{d}L=0$$

就可以保证射程误差为零。

对于需要速度的三个分量 V_{Rx}、V_{Ry}、V_{Rz}，同样可以相对标准关机点坐标展开成泰勒级数，例如

$$\begin{aligned}V_{Rx}[x(t_k),y(t_k),z(t_k)]=&V_{Rx}^*(t_k^*)+k_{xx}\Delta x(t_k)+k_{xy}\Delta y(t_k)+k_{xz}\Delta z(t_k)+\\&k_{xt}\Delta t_k+k_{xxx}\Delta x^2(t_k)+k_{xxy}\Delta x(t_k)\Delta y(t_k)+k_{xyy}\Delta y^2(t_k)+\cdots\end{aligned} \tag{4-23}$$

式中：$\Delta x(t_k)$、$\Delta y(t_k)$、$\Delta z(t_k)$ 为位置坐标的全偏差；系数 k_{xx}、$k_{xy}\cdots$ 为相应的偏导数。通常展开式包括线性项及某些二次项，具体视关机参数偏差的可能大小及要求的精度而定。

弹道导弹的射程控制，就是控制系统通过控制主发动机的关机，以控制主动段终点质心运动和绕质心运动参数，进而将导弹落点的射程偏差 ΔL 控制在允许范围内。射程控制是导弹制导控制的重要内容之一，也是导弹质心运动最终控制效果的重要体现。完成射程控制的系统应具备以下功能。

（1）测速定位。

连续测量并确定导弹在所选坐标系中的位置和速度分量，通常这个功能称为导航。

（2）计算功能。

按存储于弹上计算机的目标或标准弹道数据和实时输入的导弹运动参数计算关机控制函数，适时发出关机指令。在显式制导下，关机控制函数依照运动参数全量的显函数表达式计算；在摄动制导下，关机控制函数是运动参数增量的泰勒级数展开式。摄动制导方程的弹上数字计算编排比较简单，但要求较多的预先计算，在大干扰下精度较低。

（3）执行关机指令。

液体火箭发动机的关机一般靠关闭推进剂供应活门来实现。由于管道和燃烧室在活门关闭后还有一些剩余燃料，推力在关机指令发出后，并不会立即下降为零，而是继续存在一段时间，逐渐下降为零。这种现象用发动机的后效冲量来描述。后效冲量是一个

不确定量，使被动段初始速度出现随机误差，引起射程散布。例如关机时加速度为10g，关机指令发出后，推力在 0.2s 内按直线下降为零，则将产生 10m/s 的速度增量，对射程为 8000km 的导弹将产生 51km 的射程误差。自然，已知的后效冲量可以通过计算加以补偿，但实际上总存在不确定性，无法完全补偿。即使剩余后效冲量降为总后效冲量的15%，也将造成 1.5m/s 的速度误差。

为了减小后效冲量不确定性所造成的落点散布，发动机可采用两次关机。首先控制系统发出“预令”，使推力减小。例如，减小推进剂供应量或关闭主发动机，只剩下小推力的游动发动机工作；游动发动机只能提供 0.1g～0.5g 的小加速度，除了用作姿态控制，还可用来精确控制导弹在主动段末端的质心运动。其次当达到关机条件时，控制系统发出关机“主令”，完全切断主发动机燃料供应，或关闭游动发动机。两次关机使后效冲量显著减小，因而也减小了不确定的剩余后效冲量。例如，通过 0.1g 的游动发动机可把后效冲量不确定造成的关机速度误差减少到 1%，即只产生 0.015m/s 的误差。同时，“预令”下达后，导弹加速度大大减小，控制系统时间延迟所产生的误差也显著减小。

与液体火箭发动机不同，固体火箭发动机的关机方法主要是通过点燃反向喷管建立反向推力，或在发动机前后基底开洞，迅速减小燃烧室压力，所以推力可在很短时间内下降为零。即使是大推力发动机，剩余后效冲量也可以减小到不需要使用游动发动机的程度。然而由于关机前，导弹的加速度很大，对关机时间准确性提出的要求很苛刻，因此往往也采用两级关机。此外，还可采用外推补偿方法来减小关机时间延迟造成的误差。

4.2.2.2 横向导引控制

横向导引控制的目的是将导弹控制在射面内，即落点的横向偏差 ΔH 小于容许值。由前述推导可知，横向偏差可表示为

$$\begin{aligned}\Delta H \approx \Delta H^{(1)}(t_k) = \sum_{j=1}^{7} b_j \Delta x_j(t_k) = \frac{\partial H}{\partial V_x}\Delta V_x(t_k) + \frac{\partial H}{\partial V_y}\Delta V_y(t_k) + \frac{\partial H}{\partial V_z}\Delta V_z(t_k) + \\ \frac{\partial H}{\partial x}\Delta x(t_k) + \frac{\partial H}{\partial y}\Delta y(t_k) + \frac{\partial H}{\partial z}\Delta z(t_k) + \frac{\partial H}{\partial t}\Delta t_k\end{aligned} \tag{4-24}$$

式中：$\Delta V_x(t_k),\Delta V_y(t_k),\Delta x(t_k),\Delta y(t_k)$ 为关机时刻瞄准平面内的运动参数全偏差（纵向运动参数偏差）；$\Delta V_z(t_k),\Delta z(t_k)$ 为垂直于瞄准平面的运动参数全偏差。这里瞄准平面是指包括起飞点和标准关机点而且垂直于地面的平面，即发射惯性坐标系的 XOY 坐标平面。

对远程弹道导弹，横向偏导数可有如下的典型数据：$b_1 = 400\text{m}/(\text{m}/\text{s}), b_2 = 200\text{m}/(\text{m}/\text{s}), b_3 = 1000\text{m}/(\text{m}/\text{s}), b_4 = 0.3\text{m}/\text{m}, b_5 = 0.5\text{m}/\text{m}, b_6 = 0.2\text{m}/\text{m}, b_7 = 90\text{m}/\text{s}$。式（4-24）说明，落点横向偏差不仅与横向运动参数偏差 $\Delta V_z(t_k),\Delta z(t_k)$ 有关，而且还受纵向运动参数偏差的影响。这主要是由于纵向运动参数偏差改变了被动段飞行时间，因此目标将不再像在标准情况下那样，恰好位于弹头落地点和主动段关机点所决定的被动段弹道平面内，而是相对于这平面偏左或偏右，这就导致横向偏差。另外，地球扁率的影响随纵向运动参数偏差的改变也会导致附加的横向偏差。

由式（4-24）可知，横向运动控制的根本要求应当是使关机时刻 t_k 的运动参数偏差满足

$$\Delta H(t_k) \approx \Delta H^{(1)}(t_k) = 0 \tag{4-25}$$

关机时间 t_k 是根据射程控制要求确定的。由于 t_k 不能事先确定，实时计算 t_k 也很不容易。因此，实际的要求往往是从标准关机时间 t_k^* 前的某一时间 $t_k^* - T$ 开始，直到关机时间 t_k，一直保持

$$\Delta H(t) = 0; \quad t_k^* - T \leqslant t < t_k \tag{4-26}$$

这就是说，先满足横向运动控制要求，再按射程要求控制关机时间。这样处理在燃料消耗上不是最优的，但实现起来比较简单。

对横向控制来说，只有垂直于瞄准平面的运动（$\Delta V_z(t_k), \Delta z(t_k)$）是可控制的，所以要达到式（4-26）的要求，必须在 $t_k^* - T$ 以前足够长的主动段飞行时间，对导弹的横向质心运动进行控制。由于这个原因，横向控制又称为横向导引。

横程偏差的等时变分可表示为

$$\Delta H(t_k) = \delta H(t_k) + \dot{H}(t_k^*) \Delta t_k \tag{4-27}$$

由于 t_k 是按射程关机的时间，故有

$$\Delta L(t_k) = \delta L(t_k) + \dot{L}(t_k^*) \Delta t_k = 0$$

$$\Delta t_k = -\frac{\delta L(t_k)}{\dot{L}(t_k^*)} \tag{4-28}$$

代入式（4-27），则得

$$\Delta H(t_k) = \delta H(t_k) - \frac{\dot{H}(t_k^*)}{\dot{L}(t_k^*)} \delta L(t_k) \tag{4-29}$$

故有

$$\Delta H(t_k) = \left(\frac{\partial H}{\partial \dot{\boldsymbol{r}}_k} - \frac{\dot{H}}{\dot{L}} \frac{\partial L}{\partial \dot{\boldsymbol{r}}_k} \right)_{t_k^*} \delta \dot{\boldsymbol{r}}_k + \left(\frac{\partial H}{\partial \boldsymbol{r}_k} - \frac{\dot{H}}{\dot{L}} \frac{\partial L}{\partial \boldsymbol{r}_k} \right)_{t_k^*} \delta \boldsymbol{r}_k = k_1(t_k^*) \delta \dot{\boldsymbol{r}}_k + k_2(t_k^*) \delta \boldsymbol{r}_k \tag{4-30}$$

如果令

$$W_H(t) = k_1(t_k^*) \delta \dot{\boldsymbol{r}}(t) + k_2(t_k^*) \delta \boldsymbol{r}(t) \tag{4-31}$$

称为横向控制函数，则当 $t \to t_k$ 时，有 $W_H(t) \to \Delta H(t_k)$。因此，按 $W_H(t) = 0$ 控制横向质心运动，与按 $\Delta H(t) \to 0$ 控制是等价的。

利用和射程控制所用相同的导弹位置、速度信息，经过横向导引计算，计算出控制函数 $W_H(t)$，并产生信号送入偏航姿态控制系统，实现对横向质心运动的控制，其控制结构方框图如图 4-4 所示。

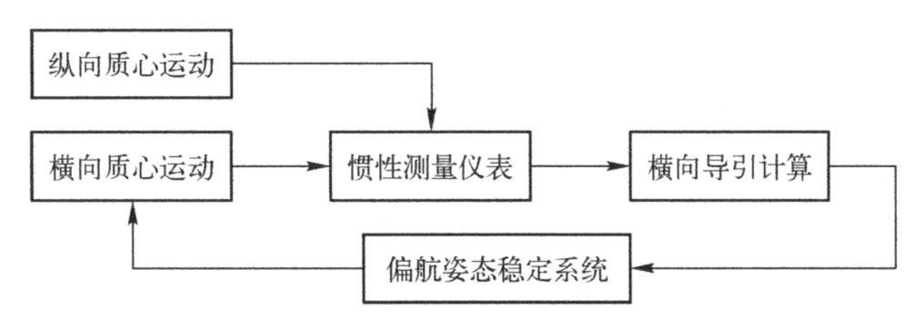

图 4-4　横向导引结构方框图

4.2.2.3 法向导引控制

采用摄动制导时，必须进行法向导引。法向导引的目的在于使关机时弹道倾角的偏差$\Delta\theta_H(t_k)$小于容许值。弹道倾角是导弹惯性速度矢量对当地水平面的夹角。计算和分析表明，在二阶以上的射程偏导数中，$\dfrac{\partial^2 L}{\partial\theta^2}$、$\dfrac{\partial^2 L}{\partial\theta\partial V}$最大，因此，控制$\Delta\theta_H(t_k)$小于容许值是保证一阶摄动制导准确性的前提。另外，减小$\Delta\theta_H(t_k)$还可以减小纵向运动参数偏差对落点横向散布的影响，因为这一影响主要是由于地球旋转导致的被动段飞行时间变化所产生的，而$\Delta\theta_H(t_k)$是引起被动段飞行时间变化的主要原因。

实现法向导引与实现横向导引是类似的，区别仅在于法向导引信号要送到俯仰姿态控制系统，通过对质心纵向运动参数的控制，达到法向导引的要求。法向导引信号与法向控制函数成比例。在显式制导已可以取增益速度v_g的法向分量（在瞄准平面内与速度矢量垂直的方向）作为法向控制函数，即

$$\Delta\theta(t_k)=\left(\frac{\partial\theta}{\partial\dot{\boldsymbol{r}}_k}-\frac{\dot{\theta}}{\dot{L}}\frac{\partial L}{\partial\dot{\boldsymbol{r}}_k}\right)_{t_k^*}\delta\dot{\boldsymbol{r}}_k+\left(\frac{\partial\theta}{\partial\boldsymbol{r}_k}-\frac{\dot{\theta}}{\dot{L}}\frac{\partial L}{\partial\boldsymbol{r}_k}\right)_{t_k^*}\delta\boldsymbol{r}_k \tag{4-32}$$

如果选择

$$W_\theta(t)=\left(\frac{\partial\theta}{\partial\dot{\boldsymbol{r}}_k}-\frac{\dot{\theta}}{\dot{L}}\frac{\partial L}{\partial\boldsymbol{r}_k}\right)_{t_k^*}\delta\dot{\boldsymbol{r}}+\left(\frac{\partial\theta}{\partial\boldsymbol{r}_k}-\frac{\dot{\theta}}{\dot{L}}\frac{\partial L}{\partial\boldsymbol{r}_k}\right)_{t_k^*}\delta\boldsymbol{r} \tag{4-33}$$

在远离t_k^*的时间t_θ开始控制使$W_\theta(t)\to 0$，则当时间$t\to t_k$时，有$W_\theta(t)\to\Delta\theta(t_k)\to 0$，即满足了导引的要求。法向导引信号加在俯仰姿态控制系统上，是通过对弹的质心的纵向运动参数的控制，达到法向导引的要求。

根据弹上传感器能够提供的速度信息不同，摄动制导有不同的实现形式，一般可分为捷联式惯性制导和平台式惯性制导，其中捷联式又分为位置和速率捷联式两种。后面的章节将对其进行简要介绍。

4.2.3 显式制导原理

摄动制导依赖于标准弹道，其基本思想是把实际弹道对标准弹道落点的射程偏差展开为关机点运动参量的偏差的线性函数，即略去射程偏差的高阶项$\Delta L^{(R)}$，并将大量的计算工作放在设计阶段和发射之前进行。在小偏差情况下，这种近似是可以的，但是在考虑地球扁率和地球自转等因素的影响下，射程增大，会产生较大的制导误差。具体而言，摄动制导存在以下几个方面的问题：

（1）关机方程没有考虑射程展开二阶以上各项，只有当实际弹道比较接近于标准弹道时，才能有比较小的方法误差。

（2）摄动制导方法依赖于所选择的标准弹道，对于完成多种任务的导弹来说，是不方便的。

（3）发射之前要进行大量的参数装定计算，限制了武器系统的机动性能和战斗性能。

为了克服摄动制导的缺点，提高制导精度，提出了显式制导的设想，即：利用弹上实时测量的运动信息，解算出位置和速度矢量$\boldsymbol{r}(t)$、$\boldsymbol{v}(t)$，以之作为起始条件，实时

算出对所要求的终端条件 $\boldsymbol{r}(t_s)$、$\boldsymbol{v}(t_s)$ 的偏差，并以此来组成制导指令，对导弹进行实时控制，消除对终端条件的偏差；当终端偏差满足制导任务要求时，发出指令关闭发动机。

从一般的意义上来讲，显式制导可以看成是多维的、非线性的两点边值问题。如果不作某些简化和近似，求解该问题是非常复杂的，这样对弹上计算机的速度和存储容量的要求都非常高，实现起来很困难，为此必须根据任务的性质和精度要求作某些简化。

鉴于显式制导在方法上的优越性，许多研究人员在各种文献和资料中提出了多种显式制导的实现方法，如基于需要速度的闭路显式制导方法、基于中间轨道法的显式制导方法、基于标准弹道关机点参量的迭代制导方法。

这里以基于需要速度的闭路制导方法为例，讨论显式制导思想及其方法。一般来说，显式制导应解决如下两个方面的问题。

一是导航解算问题，即实时给出导弹飞行中的位置和速度值。有些导航系统可以直接测量给出导弹实时飞行位置和速度，如卫星导航系统。对于惯性制导系统而言，由于无法实时测量给出导弹飞行速度，因此须进行必要的导航计算。导航计算是指根据惯导测量装置测量值（视加速度）求得导弹速度和位置等运动参数。

二是设计制导方案，即根据实时位置和速度值，结合终端条件和其他约束，给出控制命令，通过相应的控制装置按制导要求控制导弹飞行，确保导弹命中目标。

值得指出的是，若通过导航解算得到实时导弹的速度和位置，便可利用摄动理论给出的射程和横程控制方案，对导弹进行制导，此时也可称为显式制导，因为此时制导利用的是导航参数的“显函数”。实际上，更恰当的分类是将摄动制导分为“隐式”摄动制导和“显式”摄动制导，其中：利用导弹实时速度、位置导航参数组合进行的摄动制导称为“显式”摄动制导；而直接利用测量装置得到的视加速度、视速度、视位置组合进行的摄动制导称为“隐式”摄动制导。

本节以基于需要速度的闭路显式制导方法为例，简要介绍其基本过程和方法。

4.2.3.1 导航状态的计算

当采用平台计算机系统时，三个加速度表分别测出惯性坐标系 $Ox^a y^a z^a$ 三个轴向的视加速度 $\dot{W}_{xa}$，$\dot{W}_{ya}$，$\dot{W}_{za}$，并通过引力计算得到惯性坐标系三个轴上的引力加速度分量 g_{xa}、g_{ya}、g_{za}。弹道导弹的运动微分方程为

$$\begin{cases}\dot{x}(t)=v_x(t)\\ \dot{y}(t)=v_y(t)\\ \dot{z}(t)=v_z(t)\\ \dot{v}_x(t)=g_x(t)+\dot{W}_x(t)\\ \dot{v}_y(t)=g_y(t)+\dot{W}_y(t)\\ \dot{v}_z(t)=g_z(t)+\dot{W}_z(t)\end{cases} \tag{4-34}$$

对于式（4-34），在给定引力分量后，根据惯性测量装置测出的视加速度，可以利用积分法或级数展开法对其进行实时计算，从而得到导弹的位置、速度等导航信息，具体方法可以参考相关文献，这里不再详细介绍。

4.2.3.2 需要速度的确定

根据需要速度的定义，求解某一点的需要速度，需要求解自由飞行段弹道和再入段弹道，并且要通过迭代计算才能确定，但这样在弹上实时解算需要速度比较复杂。为了简化弹上计算，提出了虚拟目标的概念，所谓虚拟目标就是以需要速度为初值的开普勒椭圆轨道与地球表面的交点。以虚拟目标代替实际目标，可以利用椭圆轨道求解需要速度，而这个需要速度的实际落点便应是真实目标，从而大大简化了弹上计算。关于虚拟目标的确定方法将可参考相关文献，本章中所涉及到的目标均指虚拟目标。

1. 地球不旋转前提下需要速度的确定

（1）已知椭圆轨道上一点的参数，求轨道上任一点的参数。

为了适应讨论需要速度的需要，这里列出关于椭圆轨道的有关公式。椭圆轨道方程为

$$r=\frac{p}{1-e\cos\xi} \tag{4-35}$$

该方程是导弹在以地心为原点，以椭圆弹道长半轴为极轴的极坐标中对椭圆轨道的描述。其中：r 为地心至导弹构成的矢量 $\boldsymbol{r}$ 的模值；ξ 为远地点至位置矢量 $\boldsymbol{r}$ 的地心角，顺时针为正；p 为椭圆轨道的半通径；e 为椭圆轨道的离心率。

若已知椭圆轨道上一点 K 处的地心矢径 $\boldsymbol{r}_K$，速度 v_K，速度倾角 θ_{HK}，如图 4-5 所示，则椭圆轨道参数为

$$p=K^2/fM \tag{4-36}$$

$$K=r_K v_K\cos\theta_{HK} \tag{4-37}$$

$$\xi_K=\operatorname{atan}\left(\frac{pv_K\sin\theta_{HK}}{\left(\frac{p}{r_K}-1\right)K}\right) \tag{4-38}$$

$$e=\frac{(1-p/r_K)}{\cos\xi_K} \tag{4-39}$$

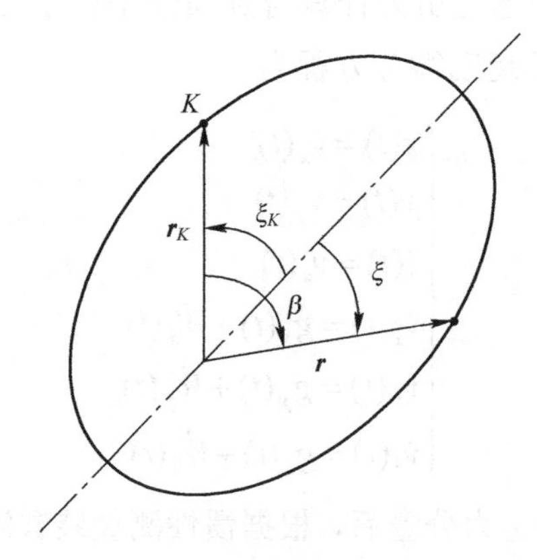

图 4-5　椭圆轨道示意图

质点沿椭圆运动，转过地心角 β 时对应的矢径 $\boldsymbol{r}$ 和飞行时间 t_f 分别为

$$r=\frac{p}{1-e\cos\left(\xi_0+\beta\right)} \tag{4-40}$$

$$\xi=\xi_0+\beta$$

$$t_f=\frac{1}{fM}\left(\frac{p}{1-e^2}\right)^{\frac{3}{2}}[\gamma-\gamma_K+e(\sin\gamma-\sin\gamma_K)] \tag{4-41}$$

$$\begin{cases}\gamma=2a\cdot\tan\left(\sqrt{\dfrac{1+e}{1-e}}\tan\dfrac{\xi}{2}\right)\\ \gamma_K=2a\cdot\tan\left(\sqrt{\dfrac{1+e}{1-e}}\tan\dfrac{\xi_K}{2}\right)\end{cases} \tag{4-42}$$

（2）通过地球外两点 K，T 的椭圆轨道。

已知 K, T 两点的地心矢径分别为 $\boldsymbol{r}_K$，$\boldsymbol{r}_T$，矢径间地心角为 β，则由方程式（4-35）有

$$r_K=\frac{p}{1-e\cos\xi_K} \tag{4-43}$$

$$r_T=\frac{p}{1-e\cos(\beta+\xi_K)} \tag{4-44}$$

上述两个方程式有三个待定常数：p，e 和 ξ_K，所以有无穷多组解。也就是说，经过 K，T 两点的椭圆轨道有无穷多个。因此还需要根据具体要求规定限定条件。

① 给定 K 点倾角 θ_{HK}。

若给定 θ_{HK}，则由式（4-43）可得

$$e=\left(1-\frac{p}{r_K}\right)\Big/\cos\xi_K \tag{4-45}$$

再将式（4-45）代入式（4-44），可得

$$r_T=\frac{p}{1-\left(1-\dfrac{p}{r_K}\right)\left(\cos\beta-\sin\beta\tan\xi_K\right)} \tag{4-46}$$

而由式（4-38）可得

$$\tan\xi_K=\frac{pv_K\sin\theta_{HK}}{\left(\dfrac{p}{r_K}-1\right)K} \tag{4-47}$$

将式（4-47）代入式（4-46），并考虑到 $K=r_Kv_K\cos\theta_{HK}$，整理可得

$$p=\frac{r_T(1-\cos\beta)}{1-\dfrac{r_T}{r_K}(\cos\beta-\sin\beta\tan\theta_{HK})} \tag{4-48}$$

于是，给定 θ_{HK} 后便可由式（4-48）、式（4-47）、式（4-45）求出唯一的一组椭圆轨道参数 p ，ξ_K 和 e 。

由式（4-36）、式（4-37）导出 K 点的速度为

$$v_K = \frac{\sqrt{pfM}}{r_K \cos\theta_{HK}} \tag{4-49}$$

由 K 点至 T 点的飞行时间 t_f 可将

$$\xi_K = a\tan\left(\frac{\tan\theta_{HK}}{(1 - r_K / p)}\right) \tag{4-50}$$

$$\xi = \xi_T = \xi_K + \beta \tag{4-51}$$

代入式（4-42），式（4-41）求得。

② 给定 K 点速度的大小。

将式（4-48）代入式（4-49），经整理可得到关于 $\tan\theta_{HK}$ 的二次代数方程，即

$$fM(1-\cos\beta)\tan^2\theta_{HK} - r_K v_K^2 \sin\beta \tan\theta_{HK} + \left[fM(1-\cos\beta) - r_K v_K^2\left(\frac{r_K}{r_T} - \cos\beta\right)\right] = 0 \tag{4-52}$$

该方程的两个根为

$$\tan\theta_{HK} = \left\{r_K v_K^2 \sin\beta \pm \sqrt{r_K^2 v_K^4 \sin^2\beta - 4fM(1-\cos\beta)\left[fM(1-\cos\beta) - r_K v_K^2\left(\frac{r_K}{r_T} - \cos\beta\right)\right]}\right\} \Big/ 2fM(1-\cos\beta) \tag{4-53}$$

在式（4-53）中，根号内的式子大于或等于零时，$\tan\theta_{HK}$ 才有实根，即

$$r_K^2 v_K^4 \sin^2\beta + 4fM(1-\cos\beta) r_K\left(\frac{r_K}{r_T} - \cos\beta\right) v_K^2 - 4[fM(1-\cos\beta)]^2 \geqslant 0 \tag{4-54}$$

或

$$v_K^2 \geqslant v_K^{*2} \tag{4-55}$$

$$v_K^{*2} = \frac{2fM(1-\cos\beta)\left[\cos\beta - \frac{r_K}{r_T} + \sqrt{\left(\frac{r_K}{r_T} - \cos\beta\right)^2 + \sin^2\beta}\right]}{r_K \sin^2\beta} \tag{4-56}$$

式（4-56）表明，v_K^{*2} 是由 r_K，r_T 和 β 唯一确定的；而不等式（4-55）表明，只有 K 点的质点速度 v_K 大于或等于 v_K^*，质点才有可能达到 T 点。所以称 $v_K = v_K^*$ 所对应的椭圆轨道为最小能量轨道，此时 θ_{HK} 有唯一解 θ_{HK}^*，有

$$\tan\theta_{HK}^* = \frac{r_K v_K^{*2} \sin\beta}{2fM(1-\cos\beta)} \tag{4-57}$$

即，最小能量的椭圆轨道只有一条。还可以导出

$$\theta_H^* = \frac{1}{2} a \cdot \tan\left(\frac{\sin\beta}{r_K/r_T - \cos\beta}\right) \tag{4-58}$$

$$v_M^* = \left(\frac{2fM(1-\cos\beta)}{r_K \sin\beta} \tan\theta_H^*\right)^{\frac{1}{2}} \tag{4-59}$$

若给定 K 点的速度大于 v_K^*，则由式（4-53）可解出两个 θ_{HK}，其中一个大于 θ_{HK}^*，另一个小于 θ_{HK}^*。根据式（4-53），给定不同的大于 v_K^* 的 v_K，可画出图 4-6 所示的双曲线 AB。图中，O_E 为地心，可以证明：OK 的延长线 KD 及 KT 两直线是此双曲线的渐近线，最小能量速度 v_K^* 所在方向 KM 是 $\angle DKT$ 的角平分线。双曲线相对于角平分线 KM 是对称的，例如，K 点的速度 v_1 和 v_3 的模相同，它们与直线 KM 之间的夹角相等，若记 v_1 的倾角为 θ_{H1}，v_3 的倾角为 θ_{H3}，则有 $\theta_{H1} - \theta_{HK}^* = \theta_{HK}^* - \theta_{H3}$。记 v_1、v_K^*、v_3 对应的椭圆轨道分别为 1、2、3，它们是以地心为一个焦点的通过 K、T 两点的三个椭圆轨道，它们的另一个焦点有如下特点：最小能量轨道的另一个焦点在 KT 直线上；轨道 1 的另一焦点在直线 KT 之上；而轨道 3 的另一焦点在直线 KT 之下。因为 $|v_1| = |v_3|$，所以轨道 1 和轨道 3 的长轴相等。另外，若轨道 1、2、3 自 K 点到 T 点的飞行时间分别为 t_{f1}、t_f^*、t_{f3}，则有 $t_{f1} > t_f^* > t_{f3}$。

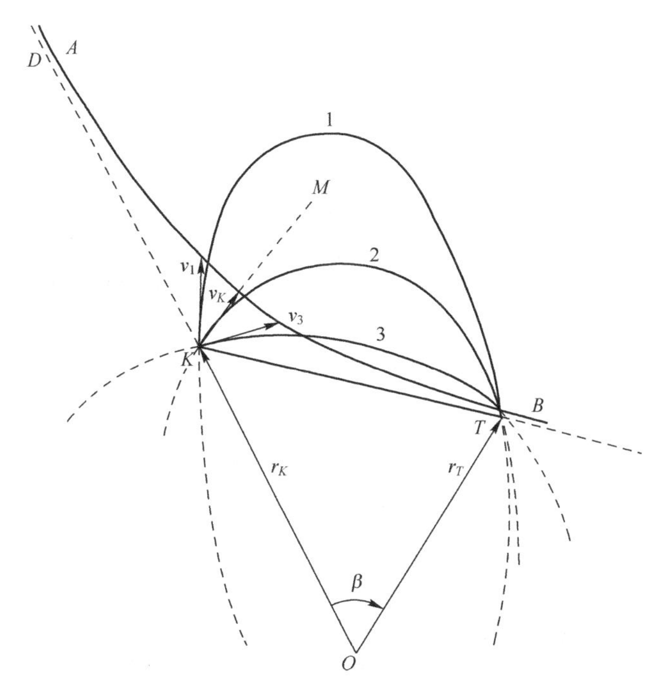

图 4-6　需要速度随倾角变化曲线

③ 给定飞行时间 t_f。

若给定自 K 点到 T 点的飞行时间 $t_f = T_a$，求对应的椭圆轨道。迭代计算

$$\left\{\begin{aligned}
&p_i=\frac{r_T(1-\cos\beta)}{1-\dfrac{r_T}{r_K}(\cos\beta-\sin\beta\tan\theta_{HKi})}\\
&\xi_{Ki}=a\tan\left(\frac{\tan\theta_{HKi}}{(1-r_K/p_i)}\right)\\
&\xi_{Ti}=\xi_{Ki}+\beta\\
&e_i=\left(1-\frac{p_i}{r_K}\right)\Big/\cos\xi_{Ki}\\
&\gamma_{Ti}=2a\tan\left[\sqrt{\frac{1+e_i}{1-e_i}}\tan\frac{\xi_{Ti}}{2}\right]\\
&\gamma_{Ki}=2a\tan\left[\sqrt{\frac{1+e_i}{1-e_i}}\tan\frac{\xi_{Ki}}{2}\right]\\
&t_{fi}=\frac{1}{\sqrt{fM}}\left(\frac{p_i}{1-e_i^2}\right)^{\frac{3}{2}}[\gamma_{Ti}-\gamma_{Ki}+e_i(\sin\gamma_{Ti}-\sin\gamma_{Ki})]\\
&\Delta\theta_i=D(T_a-t_{fi}),D=\frac{\partial\theta_H}{\partial t_f}\\
&\theta_{HK,i+1}=\theta_{HKi}+\Delta\theta_i
\end{aligned}\right.\tag{4-60}$$

当$|T_a-t_{fi}|$小于允许值时，结束迭代，取$\theta_{HK}=\theta_{HKi}$，$p=p_i$，并由式（4-49）求出v_K。

上面讨论了通过给定的K，T两点的椭圆轨道，说明通过这两点的椭圆轨道有无穷多个，是一个椭圆轨道族。它们对应的K点速度曲线为图4-6所示的双曲线AB。式(4-58)给出的角θ_H^*所对应的轨道为最小能量轨道。当给定K点速度倾角时，可确定唯一的一条椭圆轨道；当给定K点的速度的大小（其模大于最小能量轨道所对应的速度的模），可得到两个椭圆轨道，其中一个高弹道、一个低弹道，高弹道的自由飞行时间长于低弹道；当给定自由飞行时间时，可以确定唯一的一条椭圆轨道。显然，按照需要速度的定义，每条椭圆轨道上K点的速度v_K就是该点的需要速度v_R。

2. 目标随地球旋转时需要速度的确定

因为导航计算通常是在发射惯性坐标系内进行的，其飞行过程中任一点K（飞行时间t_k）的速度、位置是相对于发射惯性坐标系的，而目标点T是与地球固连的、随地球旋转的，因此，若按照地球不旋转条件下所确定的需要速度，则当具有此速度的导弹落地时，目标点T已随地球转过了角$(t_k+t_f)\Omega$。于是，考虑地球旋转时的需要速度，必须采用迭代算法来确定。

（1）规定速度倾角时需要速度的确定。

当需要速度倾角给定时，计算需要速度的迭代公式为

$$\begin{cases}
\lambda_{KT,j}^{A} = \lambda_{oT} - \lambda_{oK,j}^{A} + (t_K + t_{f,j})\Omega \\
\beta_j = a\cos(\sin\phi_K \sin\phi_T + \cos\phi_K \cos\phi_T \cos\lambda_{KT,j}^{A}) \\
\theta_{H,j} = \begin{cases} \dfrac{1}{2} a\tan\left(\dfrac{\sin\beta_j}{r_K/r_T - \cos\beta_j}\right) & \text{（最小能量轨道）} \\ \theta_H & \text{（根据需要给定）} \end{cases} \\
p_j = \dfrac{r_T(1-\cos\beta_j)}{1-\dfrac{r_T}{r_K}(\cos\beta_j - \sin\beta_j \tan\theta_{H,j})} \\
\xi_{K,j} = a\tan\left(\dfrac{\tan\theta_{H,j}}{(1-r_K/p_j)}\right) \\
\xi_{T,j} = \beta_j + \xi_{K,j} \\
e_j = \dfrac{(1-p_j/r_K)}{\cos\xi_{K,j}} \\
\gamma_{T,j} = 2a\tan\left[\sqrt{\dfrac{1+e_j}{1-e_j}}\tan\dfrac{\xi_{T,j}}{2}\right] \\
\gamma_{K,j} = 2a\tan\left[\sqrt{\dfrac{1+e_j}{1-e_j}}\tan\dfrac{\xi_{K,j}}{2}\right] \\
t_{f,j+1} = \dfrac{1}{\sqrt{fM}}\left(\dfrac{p_j}{1-e_j^2}\right)^{\frac{3}{2}}[\gamma_{T,j} - \gamma_{K,j} + e_j(\sin\gamma_{T,j} - \sin\gamma_{K,j})]
\end{cases} \tag{4-61}$$

当$\left|p_{j+1}-p_j\right|<\varepsilon$时，结束迭代，取$\beta=\beta_{j+1}$，$p=p_{j+1}$，$\theta_H=\theta_{H,j+1}$，然后求出$v_R$为

$$v_R = \frac{\sqrt{fM}}{r_K\cos\theta_H}\sqrt{p} \tag{4-62}$$

令v_R与$\boldsymbol{r}_k$所在平面与当地子午面夹角$\widehat{\alpha}$，有

$$\begin{cases}
\sin\widehat{\alpha} = \cos\phi_T \dfrac{\sin\lambda_{KT}^{A}}{\sin\beta} \\
\cos\widehat{\alpha} = (\sin\phi_T - \cos\beta\sin\phi_k)/(\sin\beta\cos\phi_k)
\end{cases} \tag{4-63}$$

前几个式中：ϕ_T为目标点T的地心纬度；λ_{oT}为在地球上目标点T与发射点o之间的经差。角$\widehat{\alpha}$，θ_H给定了v_R的方向，式（4-62）给出它的大小，所以需要速度v_R便完全确定了。在射击诸元计算时，可以按照工具误差最小、满足弹头再入要求等为指标预先求出对应的角θ_H作为制导参数存入弹上计算机中，便可按式（4-61）求需要速度。

（2）导弹总飞行时间为给定值时需要速度的确定。

当要求导弹的总飞行时间为给定值T_s（$t_k+t_f=T_s$）时，其需要速度可通过迭代公式计算，即

$$\lambda_{KT}^{A} = \lambda_{oT} - \lambda_{oK}^{A} + T_s\Omega \tag{4-64}$$

$$\beta = a\cos(\sin\phi_K\sin\phi_T + \cos\phi_K\cos\phi_T\cos\lambda_{KT}^{A}) \tag{4-65}$$

$$
\begin{cases}
p_j = \dfrac{r_T(1-\cos\beta_j)}{1-\dfrac{r_T}{r_K}(\cos\beta_j - \sin\beta_j \tan\theta_{H,j})} \\
\xi_{K,j} = a\tan\left(\dfrac{\tan\theta_{H,j}}{(1-r_K/p_j)}\right) \\
\xi_{T,j} = \xi_{K,j} + \beta \\
e_j = \dfrac{(1-p_j/r_K)}{\cos\xi_{K,j}} \\
\gamma_{T,j} = 2a\tan\left[\sqrt{\dfrac{1+e_j}{1-e_j}}\tan\dfrac{\xi_{T,j}}{2}\right] \\
\gamma_{K,j} = 2a\tan\left[\sqrt{\dfrac{1+e_j}{1-e_j}}\tan\dfrac{\xi_{K,j}}{2}\right] \\
t_{f,j} = \dfrac{1}{\sqrt{fM}}\left(\dfrac{p_j}{1-e_j^2}\right)^{\frac{3}{2}}[\gamma_{T,j}-\gamma_{K,j}+e_j(\sin\gamma_{T,j}-\sin\gamma_{K,j})] \\
\theta_{H,i+1} = \theta_{H,j} + D(T_s - t_j - t_{fj}), D = 1\Big/\left(\dfrac{\partial\theta_H}{\partial t_f}\right)
\end{cases}
\tag{4-66}
$$

当$\left|T_s - t_j - t_{fj}\right| < \varepsilon_t$值时，迭代结束，取$p = p_j$，$\theta_H = \theta_{Hj}$。然后，可由式（4-62）、式（4-63）求出$v_R$、$\hat{\alpha}$等。

3. 将v_R投影到发射惯性坐标系

因为制导计算是在发射惯性坐标系内进行的，所以需将它们转换为$\boldsymbol{v}_R$在发射惯性坐标系各轴上的投影v_{Rx}、v_{Ry}、v_{Rz}。

首先，$\boldsymbol{v}_R$在当地北天东坐标系内可写为

$$
\boldsymbol{v}_R = v_R\left(\cos\theta_H\cos\hat{\alpha} \quad \sin\theta_H \quad \cos\theta_H\sin\hat{\alpha}\right)\begin{bmatrix}\boldsymbol{e}_{xn}\\ \boldsymbol{e}_{yn}\\ \boldsymbol{e}_{zn}\end{bmatrix} \tag{4-67}
$$

而根据方向余弦阵定义有

$$
\begin{bmatrix}\boldsymbol{e}_{xn}\\ \boldsymbol{e}_{yn}\\ \boldsymbol{e}_{zn}\end{bmatrix} = \boldsymbol{C}_{\mathrm{I}}^{\mathrm{n}}\begin{bmatrix}\boldsymbol{e}_x\\ \boldsymbol{e}_y\\ \boldsymbol{e}_z\end{bmatrix} \tag{4-68}
$$

所以有

$$
\begin{aligned}
\boldsymbol{v}_R &= v_R(\cos\theta_H\cos\hat{\alpha} \quad \sin\theta_H \quad \cos\theta_H\sin\hat{\alpha})\boldsymbol{C}_{\mathrm{I}}^{\mathrm{n}}\begin{bmatrix}\boldsymbol{e}_x\\ \boldsymbol{e}_y\\ \boldsymbol{e}_z\end{bmatrix} \\
&= (v_{Rx} \quad v_{Ry} \quad v_{Rz})\begin{bmatrix}\boldsymbol{e}_x\\ \boldsymbol{e}_y\\ \boldsymbol{e}_z\end{bmatrix}
\end{aligned}
$$

可导得

$$\begin{cases} v_{Rx} = (pF_{11}^{c} + qr_x^0 + lF_{31}^{c})v_R \\ v_{Ry} = (pF_{12}^{c} + qr_y^0 + lF_{32}^{c})v_R \\ v_{Rz} = (pF_{13}^{c} + qr_z^0 + lF_{33}^{c})v_R \end{cases} \tag{4-69}$$

$$\begin{cases} p = \dfrac{\cos\theta_H \cos\hat{\alpha}}{\cos\phi_k} \\ q = \sin\theta_H \\ l = \dfrac{\cos\theta_H \sin\hat{\alpha}}{\cos\phi_k} \end{cases} \tag{4-70}$$

$$\begin{bmatrix} F_{11}^{c} \\ F_{12}^{c} \\ F_{13}^{c} \end{bmatrix} = \begin{bmatrix} \Omega_x^0 \\ \Omega_y^0 \\ \Omega_z^0 \end{bmatrix} - \sin\phi \begin{bmatrix} r_x^0 \\ r_y^0 \\ r_z^0 \end{bmatrix} \tag{4-71}$$

$$\begin{bmatrix} F_{31}^{c} \\ F_{32}^{c} \\ F_{33}^{c} \end{bmatrix} = \begin{bmatrix} 0 & -\Omega_z^0 & \Omega_y^0 \\ \Omega_z^0 & 0 & -\Omega_x^0 \\ -\Omega_y^0 & \Omega_x^0 & 0 \end{bmatrix} \begin{bmatrix} r_x^0 \\ r_y^0 \\ r_z^0 \end{bmatrix} \tag{4-72}$$

4.2.3.3　闭路制导的导引

将导弹在主动段中飞行的控制分为两个阶段：固定程序飞行段和闭路导引段。

在导弹飞出大气层前，导弹按照固定的俯仰程序飞行，设计飞行程序时力求使导弹的冲角保持最小，使导弹的法向过荷小，以满足结构设计上的要求。在导弹飞出大气层后，转入闭路导引段，此时导弹的机动不再受结构强度的限制，可以控制导弹进行较大的机动。闭路导引段，没有固定的飞行程序，按照实时算出的俯仰、偏航信号来控制，其滚动控制仍与固定程序飞行段一样，保持其滚动角为零。下面着重介绍闭路导引方法。

1. 对关机点 $\boldsymbol{v}_R$ 进行预估

闭路制导按照“使 $\boldsymbol{a}$ 与 $\boldsymbol{v}_R$ 一致”的原则进行导引，当 $\boldsymbol{v}_R$ 不变时，是“燃料消耗最少”意义下的最优导引。实际上，在闭路导引段中，由于导弹位置的不断变化，其对应的 $\boldsymbol{v}_R$ 也在不断地变化，故按照“使 $\boldsymbol{a}$ 与 $\boldsymbol{v}_R$ 一致”的原则的导引便不是最优的了。但因 $\boldsymbol{v}_R$ 的变化比较缓慢，可以对关机点的 $\boldsymbol{v}_R$ 进行预估得 $\boldsymbol{v}_{R,k}$，而取

$$\boldsymbol{v}_g = \boldsymbol{v}_{R,k} - \boldsymbol{v} \tag{4-73}$$

这样，仍按照上述原则导引，可达到燃料消耗的准最佳，同时保证了关机点附近导弹的姿态变化比较平稳。

将 $\boldsymbol{v}_R$ 在 t_i 点展开，近似取

$$\boldsymbol{v}_{R,k} = \boldsymbol{v}_R(t_i) + \dot{\boldsymbol{v}}_R(t_i)(t_k - t_i) \tag{4-74}$$

$$\dot{\boldsymbol{v}}_R(t_i) \approx \frac{v_r(t_i) - v_r(t_{i-1})}{\tau}, \quad \tau = t_i - t_{i-1}$$

另外，根据

$$v_{gx}(t_k)=v_{gx}(t_i)+\dot{v}_{gx}(t_i)(t_k-t_i)=0 \tag{4-75}$$

可得

$$(t_k-t_i)=-v_{gx}(t_i)/\dot{v}_{gx}(t_i) \tag{4-76}$$

$$\dot{v}_{gx}=\dot{v}_{gx,k}-\dot{v}_x\approx-\dot{v}_x=\frac{\Delta v_{xi}}{\tau} \tag{4-77}$$

将式（4-75）至式（4-77）代入式（4-74）得

$$v_{R,k,i}=v_{R,i}+\frac{v_{R,i}-v_{R,i-1}}{\Delta v_{xi}}v_{gx,i} \tag{4-78}$$

$$v_{gx,i}=v_{Rx,k,i-1}-v_{x,i} \tag{4-79}$$

式(4-78)是对 $\boldsymbol{v}_R$ 进行预估的矢量方程，越接近关机点，预估越准确，在关机点有 $\boldsymbol{v}_{R,k}=\boldsymbol{v}_R$。

2. 导引信号的确定

闭路制导导引的准则是“使 $\boldsymbol{a}$ 与 $\boldsymbol{v}_R$ 一致”。欲使 $\boldsymbol{a}$ 与 $\boldsymbol{v}_R$ 一致，必须知道这两个矢量间的夹角。首先，对 $\boldsymbol{v}_R$ 定义两个欧拉角 φ_R 和 ψ_R（图 4-7），即

$$\begin{cases}\tan\varphi_R=\dfrac{v_{Ry}}{v_{Rx}}\\ \tan\psi_R=\dfrac{v_{Rx}}{v_{Rz}}\end{cases} \tag{4-80}$$

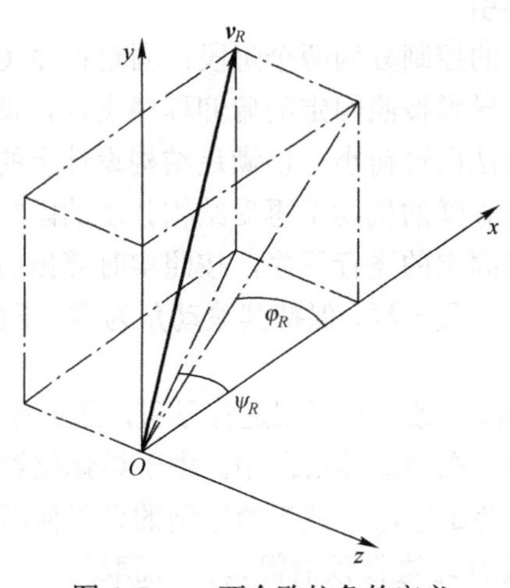

图 4-7　$\boldsymbol{v}_R$ 两个欧拉角的定义

同样，对 $\boldsymbol{a}$ 定义两个欧拉角 φ_a 和 ψ_a，有

$$\begin{cases}\tan\varphi_R=\dfrac{a_y}{a_x}\approx\dfrac{\Delta v_y}{\Delta v_x}\\ \tan\psi_R=\dfrac{a_z}{a_x}\approx-\dfrac{\Delta v_z}{\Delta v_x}\end{cases} \tag{4-81}$$

根据三角公式

$$\tan(\varphi_R-\varphi_a)=\frac{\tan\varphi_R-\tan\varphi_a}{1+\tan\varphi_R\tan\varphi_a} \tag{4-82}$$

并考虑到$\varphi_R - \varphi_a$，$\psi_R - \psi_a$都比较小，可得

$$\varphi_R - \varphi_a = \frac{v_{Ry}\Delta v_x - v_{Rx}\Delta v_y}{v_{Rx}\Delta v_x - v_{Ry}\Delta v_y} \tag{4-83}$$

$$\psi_R - \psi_a = \frac{v_{Rx}\Delta v_z - v_{Rz}\Delta v_x}{v_{Rx}\Delta v_x - v_{Rz}\Delta v_z} \tag{4-84}$$

可以证明：当$g/\dot{\omega}$比较小时，弹轴俯仰$(\varphi_R - \varphi_a)\left(1+\frac{g}{\dot{\omega}}\sin\varphi\right)$、偏航$(\psi_R - \psi_a)\cos\varphi$，能消除$\boldsymbol{a}$与$\boldsymbol{v}_R$两矢量的差角，近似取俯仰、偏航控制信号分别为

$$\begin{cases}\Delta\varphi = \varphi_R - \varphi_a \\ \Delta\psi = \psi_R - \psi_a\end{cases} \tag{4-85}$$

显然，当$\Delta\varphi = \Delta\psi = 0$时，$\boldsymbol{a}$与$\boldsymbol{v}_R$方向一致。

4.2.3.4　闭路制导的关机控制

按照$\boldsymbol{v}_R$的定义，关机条件应为

$$\boldsymbol{v}_{\mathrm{g}} = \boldsymbol{v}_R - \boldsymbol{v} = 0 \tag{4-86}$$

一个矢量等于零，则各分量必为零。故可取

$$v_{gx} = 0$$

作为关机条件。

值得指出的是，对于通过关闭管道无法关闭的固体发动机，若非最大射程弹道，则应按照一条特定的弹道飞行，通过闭路导引律，交变控制导弹姿态，以推力的正方向和负方向交替消耗掉满足待增速度外的多余能量，准确保证需要速度。

由上面闭路制导的关机控制可以看出，不同于摄动制导中的开路关机方案，闭路制导的关机是与闭路导引同时进行的，这也是该显式制导方法称为闭路制导的主要原因。

计算表明，按上述制导方程，其落点偏差（纵向、横向）只有几十米。显式制导相对摄动制导具有更大的灵活性，容许实际飞行弹道对预定飞行轨道有较大的偏离，因此在大干扰飞行情况下有较高的制导精度。由于显式制导方法设计一般是基于最优控制理论，在一定的约束条件下寻求满足特定性能指标最优的解，因此在工程实现中，对弹上计算机性能以及伺服执行机构的要求比较苛刻。如何在设计最优性和工程可行性之间平衡，求得易于工程应用的方案，是显式制导从理论走向实际应用的关键。

4.3　弹道导弹典型制导系统

随着航空航天技术的飞速发展，用于制导的信息源越来越多，相应的制导系统的种类也在不断增加。对于弹道导弹而言，惯性制导仍然是基本的制导方式，而天文制导、卫星导航以及它们与惯性制导的组合已经得到了广泛应用。

4.3.1　惯性制导系统

惯性制导技术是利用惯性导航系统生成的导航参数，产生控制载体沿预定轨迹运动

的指令，进而控制弹道的一种制导技术。惯性导航系统先利用惯性敏感元件（陀螺仪和加速度计）测量载体相对惯性空间的线运动和角运动参数，再利用牛顿力学原理，通过数学模型解算出载体的速度、位置和姿态角，最终实现导航定位的目的。惯性制导技术的使用可以追溯到第二次世界大战时的 V-2 火箭，使用陀螺姿态仪和加速度控制器进行导弹飞行姿态以及高度的控制，是弹道导弹最早应用的制导技术。经过数十年的发展，惯性制导技术已经十分成熟，并且广泛应用于各种型号的弹道导弹。例如，法国的 M-45 潜地弹道导弹在射程达到 6000km 时，命中精度为 185～300m；美国“三叉戟 II”弹道导弹的惯导系统精度在射程达到 8000～10000km 的基础上，命中精度为达 90m。惯性制导的误差会随着飞行时间而累积，因此短程弹道导弹的精度相对于洲际弹道导弹更高，例如俄罗斯的 SS-X-26 型弹道导弹射程为 480km，采用纯惯性制导时精度达 30m，采用复合制导时精度达到 10m 以内。

惯性制导系统利用载体本身信息以及牛顿运动定律进行工作，它具有自己独特的优势：

（1）工作自主性强。它不依赖于任何外部信息，在不与外界发生联系的条件下独立完成导航或制导任务，因此惯性制导可以使载体扩大活动范围。同时，它与外界无任何信息交换，隐蔽性好，可以避免被敌方发现而受攻击或干扰，这在当前信息化战争条件下尤为重要。

（2）提供制导参数多。惯性制导可以实时提供加速度、速度、位置、姿态和航向等最全面的制导信息，所产生的制导信息连续性好、噪声低、数据更新率高、短期精度和稳定性较好。

（3）抗干扰能力强，适用条件宽。惯性制导对磁、电、光、热及核辐射等形成的波、场、线的影响不敏感，具有极强的抗干扰性能，既不易被敌方发现，也不易被敌方干扰。

（4）可全天候工作，环境适应性强。惯性制导不受气象条件限制，能满足全天候制导的要求；也不受地面地形、沙漠或海面影响，可在空中、地面甚至水下环境使用，能满足全球范围制导的要求。

惯性制导系统的主要缺点是导航精度随时间增长而降低。由于惯性制导的核心部件陀螺存在漂移误差，致使稳定平台随飞行时间的增长而偏离基准位置的角度不断增大，使加速度的测量和即时位置的计算误差不断增加，制导精度不断降低。所以，惯性制导在短程飞行中具有较高的精度，而长时间的远程飞行则制导精度不甚理想。

另外，惯性制导系统设备的价格较昂贵，每次使用之前需要较长的初始对准时间以及加温，不能给出时间信息等缺点也限制了它可以应用的场合。在长时间连续制导时，惯性制导需要其他导航方式辅助使用。

4.3.1.1 捷联式惯性制导系统

捷联式惯性制导系统是将加速度计和陀螺仪直接固连在弹体上。加速度计测量轴由它在弹体上安装方向确定。在惯性空间，加速度计敏感加速度的方向，取决于导弹在空间运动的姿态。导弹在空间运动的姿态由固定在弹体上的陀螺仪测量。按照测量导弹姿态的陀螺仪的不同类别，又可将捷联式惯性制导分为位置捷联式与速率捷联式。前者利用位置陀螺仪测量导弹姿态角，后者利用速率陀螺仪测量导弹姿态角速率。在应用上，位置陀螺仪经常采用二自由度陀螺仪，两个位置陀螺仪就可以测量导弹俯仰、偏航和滚动姿态角。两个位置陀螺仪按照在弹上不同安装方向而分为垂直陀螺仪和水平陀螺仪。速率陀螺仪通常采用单自由度陀螺仪，因此需要 3 个陀螺仪才能分别测量导弹俯仰、偏航和滚动的姿态角速率。下面介绍速率捷联制导的原理。

速率捷联制导的惯性器件直接固连在导弹弹体上。3 个加速度计沿弹体坐标系各轴向安装，只能测量沿弹体坐标系各轴的视加速度，因而需要将弹体坐标系内的加速度转换到惯性坐标系去。由弹体坐标系到惯性坐标系的坐标转换矩阵称为捷联矩阵。根据捷联矩阵的元素可以单值地确定导弹的姿态角，因而该矩阵又称姿态矩阵。速率捷联制导是利用固连在弹上的 3 个速率陀螺仪测量导弹瞬时角速度在弹体坐标系各轴上的分量，并经过复杂的计算而求得导弹姿态角。捷联矩阵有两个作用：①用于实现坐标转换，将沿弹体坐标系安装的加速度计测量的视加速度转换到惯性坐标系上；②根据捷联矩阵的元素确定导弹的姿态角。速率捷联惯性制导原理如图 4-8 所示。

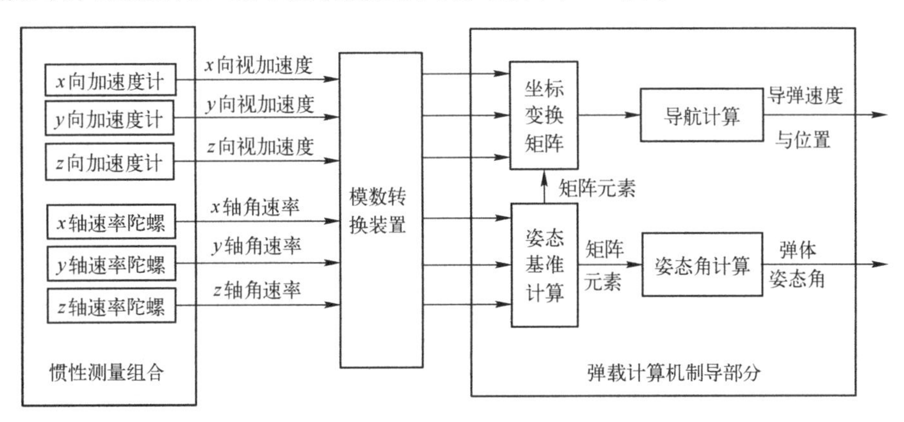

图 4-8　速率捷联惯性制导原理图

速率捷联制导最复杂的任务是要在飞行中实时解算捷联矩阵。解算捷联矩阵的算法很多，常用的有三种算法：欧拉角法（三参数）、四元数法（四参数）和方向余弦法（九参数）。使用欧拉角法求解的微分方程最少，但是在数值积分时要进行超越函数运算，计算量较大，还有当姿态角接近 90° 时会出现奇点，所以该方法使用有一定局限性。四元数法和方向余弦法要解的方程数多，方向余弦法可以直接求出捷联矩阵。三种捷联矩阵常用算法的算法误差大小不同，四元数法效果最佳，方法简单、计算工作量小，而且可消除解算时算法误差的影响。

4.3.1.2　平台式惯性制导系统

与捷联惯性制导系统不同，平台式惯性制导系统的惯性器件不是直接固连在弹体上，而是集中组装在一个稳定平台上，由台体上所装的 3 个单自由度陀螺仪或两个二自由度陀螺仪将台体稳定在惯性空间。3 个加速度计通常正交安装在台体上。台体通过平台框架与导弹姿态运动隔离。平台式惯性制导工作原理如图 4-9 所示。

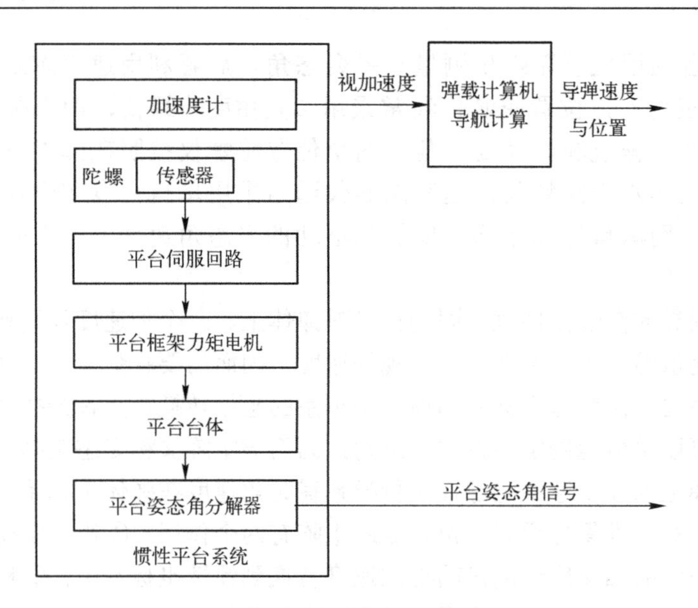

图 4-9　平台式惯性制导原理

发射前，平台式惯性制导系统上加速度计测量轴方向要与发射点惯性坐标系 3 个轴的方向初始对准。在飞行过程中，加速度计便测出沿惯性坐标系 3 个轴向的视加速度。平台式惯性制导系统设计要求关机方程、导引方程都能以平台上加速度计输出的视速度及其积分来表示。平台式惯性制导系统同样可以采用摄动制导方法与显式制导方法。

平台式惯性制导与捷联惯性制导相比，由于平台框架隔离了弹上恶劣的环境，惯性器件的精度一般比较高。而捷联惯性制导的惯性器件直接固连在弹体上，直接承受恶劣的弹上振动、冲击环境条件，惯性器件的精度不够高。从系统角度讲，捷联惯性制导要靠计算机来解算捷联矩阵实现数字平台的作用，制导方法误差也较平台惯性制导大。从机械结构讲，捷联系统结构简单，体积小，质量小，功耗小，易于维护；平台系统结构复杂，体积大，质量大，不便维护。从计算量讲，捷联系统软件复杂，计算量大；而平台系统软件较为简单，计算量小。一般来说，捷联系统成本大大低于平台系统，这有利于捷联系统采用冗余技术，从而提高系统的可靠性和精度。

由此可见，弹道导弹多采用平台式惯性制导系统，而要求具有中等精度和低成本的近程导弹则多采用捷联惯性制导。

4.3.2　卫星导航定位系统

由于惯性制导存在误差随时间累积的局限性，现有技术无法完全消除这种误差，而卫星导航定位系统的引入则克服了这一局限性。随着导航卫星系统的发展和精度提高，卫星辅助制导已成为多种弹道导弹采用的制导方式。现有的卫星导航系统繁多，如美国的全球定位系统（GPS）、俄罗斯的全球导航卫星系统（GLONASS）和中国的“北斗”卫星导航系统，这些又统称为全球导航卫星系统（Global Navigation Satellite System，GNSS）。由于 GNSS 具有全天时、全天候、高精度定位和测速等优点，目前已在海、陆、空、天运动载体的高精度导航领域得到了广泛的应用。

卫星辅助制导是在准确已知卫星运行轨道（每一时刻卫星的位置和速度）基础上，以卫星为空间基准点，利用弹载接收机测定导弹的伪距、伪距变化率等参数，从而确定导弹的位置与速度，生成制导信息。卫星辅助制导技术的本质是将传统的无线电导航台置于人造卫星上，采用多星、中高轨、测距体制，通过多颗卫星同时测距，实现对载体位置和速度的高精度确定，从而用于修正制导偏差。美国作为全球最先发展卫星导航的国家，在 20 世纪末期便已经能够实现陆海空全天候、实时性的 GPS 导航定位，目前美国仍在不断用新型导航卫星更换老旧型号卫星，使 GPS 导航精度不断提高。为了打破西方国家对卫星导航的垄断，21 世纪初，我国决定发展自己的“北斗”卫星导航系统，经过十几年的组网发展，目前“北斗”系统已经能够提供全球定位服务。

4.3.2.1　GPS 定位原理

1. GPS 导航系统

GPS 是英文 Global Positioning System 的字头缩写词，含义是利用导航卫星进行测时和测距，以构成全球定位系统（图 4-10）。它是以美国军方为主导发展的卫星导航定位系统，在地球上的任何地方和任何时刻均可同时观测到 4 颗以上的卫星，已形成全球、全天候、连续三维定位和导航的能力。

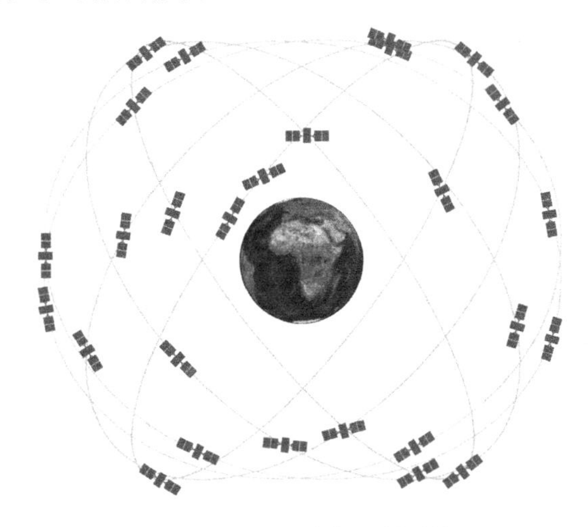

图 4-10　GPS 空间卫星系统

根据 GPS 的设计要求，它能提供两种服务：一种为精密定位服务（PPS），使用 P 码，定位精度约为 10m 左右，只供美国及盟国的军事部门和特许的民用部门使用；另一种为标准定位服务（SPS），使用 C/A 码，定位精度为 100m 左右，向全世界开放。

GPS 系统由空间部分（导航卫星）、地面控制部分、用户设备部分组成。

空间部分具有 21 颗工作卫星和 3 颗备用卫星，分布在 6 个轨道面上，轨道倾角 55°，两个轨道面之间在经度上相隔 60°，每个轨道面上布放 4 颗卫星。这样的卫星分配模式是为了保证全球任意地方、任意时间都至少有 4 颗卫星可对其进行导航定位服务，并且能够实现同一位置最多有 11 颗卫星提供导航信息，实现全球无死角的信号覆盖。

地面控制部分包括监测站、主控站和注入站。监测站负责在卫星过顶时收集卫星播发的导航信息，对卫星进行连续监控，收集当地的气象数据等；主控站负责根据各监测站送来的信息计算各卫星的星历以及卫星钟修正量，以规定的格式编制成导航电文，以便通过注入站注入卫星；注入站负责在卫星通过其上空时，把上述导航信息注入给卫星，并负责监测注入的导航信息是否正确。

用户设备部分包括天线、接收机、微处理机、控制显示设备等，有时也通称为 GPS 接收机。主要功能包括：对接收机的控制；选择卫星；校正大气层传播误差；估计多普勒频率；接收测量值；定时收集卫星数据；计算位置、速度；控制与其他设备的联系等。

2. 定位原理

GPS 定位的最基本原理是三球定位。GPS 接收机接收信号后，首先进行解算，得到卫星位置和自身到卫星的距离；然后以该卫星为球心，解算距离为半径画球面。理论上讲，接收机同一时刻接收 3 组卫星数据便可确定 3 个球面，3 个球面交于一点，该点就是接收机位置。而实际中，为了修正误差，需要用 4 组卫星数据进行定位。

GPS 定位的具体实现过程如下：卫星向全球持续不断地发送卫星的时间以及星历信息，以保证接收机能够全天候地接收到该信号；接收机通过时间差与光速乘积求出两者之间的距离。上述方法通过公式表示为

$$d = c \cdot \tau = c(t - t_0) \tag{4-87}$$

式中：d 为卫星到信号接收机的距离；c 为光速；t 为接收机接收到信号的时间；t_0 为卫星发送信号的时间。

因为卫星时钟和信号接收机时钟无法完全同步，即使存在很小时间差，乘上光速，整个距离误差便会增大到无法忽略的地步，必须对这个误差进行修正。于是将式（4-87）表示为

$$d' = c \cdot \tau' = c \cdot (t - t_0) + c \cdot \Delta t = d + c \cdot \Delta t \tag{4-88}$$

式中：d' 为考虑时差后的测量距离，不是实际距离，因此将 d' 作为距离的观测值；Δt 为卫星时钟、用户时钟和 GPS 原子钟之间的时差。

将式（4-88）在 WGS-84 坐标系中进行展开，可得

$$d_i' = \sqrt{(x_i - x)^2 + (y_i - y)^2 + (z_i - z)^2} + c \cdot \Delta t \tag{4-89}$$

式中：d_i' 为距离的观测值；x_i, y_i, z_i 为卫星的坐标，经过 GPS 接收机的解算便可得到；c 为光速。

这样，式（4-89）含有 4 个未知量 $x, y, z, \Delta t$，需要联立 4 个方程进行求解，也就是通过 4 组卫星数据进行方程求解。如图 4-11 所示，便可得到接收机位置坐标 (x, y, z)。前面讲到，不管用户处于何种位置，都至少有 4 颗卫星向其发送导航信息，这样的设置就是为了进行误差修正的。

4.3.2.2 GPS 导航的特点

在军事领域，卫星导航得到了重要的应用。首先，卫星导航可以为各种军事运载体导航，例如为各类导弹、制导炸弹等各种精确打击武器制导，可使武器的命中精度大为提高，武器威力显著增强。其次，卫星导航可与通信、计算机和情报监视系统一同构成多军种协同指挥系统。再次，卫星导航还可用于靶场高动态武器的跟踪和精确弹道测量，以及时间统一勤务的建立和保持。

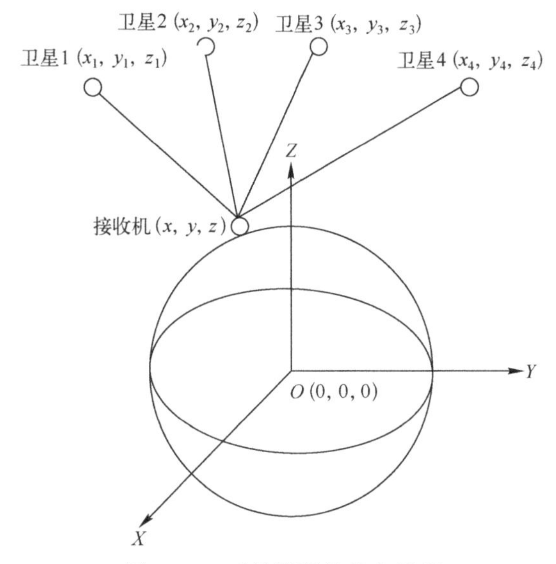

图 4-11　卫星测距的基本原理

1. GPS 导航的优点

（1）GPS 导航能在全球任意范围提供不间断的导航与定位能力，系统一次定位时间一般只要几秒，近乎实时导航；导航误差不会随着导弹飞行时间而累积，适合于导弹的长时间飞行制导。

（2）GPS 导航系统精度高，能连续地为各类载体提供三维位置、三维速度和精确的时间信息。定位精度优于 10m，测速精度优于 0.1m/s，相对于全球定位系统的时间标准计时精度优于 10ns，而相对于协调世界时的授时精度优于 1μs。

（3）GPS 导航不受云、雨、雾、能见度等气象条件的影响，几乎适用于各种复杂气象条件下使用。

（4）GPS 导航方式设计简单，设备性价比高。相比于惯性平台等高精度、高价格的设备来讲，GPS 导航设备价格低廉，维护使用方便，适合大批量生产使用。

2. GPS 导航的缺点

（1）对动态目标捕捉打击能力有限。对于已知位置的目标，GPS 导航只需在计算机内将位置坐标输入锁定，就能够完成制导律的确定。但对于动态目标的位置获取以及制导律的计算，GPS 导航就显得能力不足。

（2）GPS 导航信号容易受到遮挡与干扰。首先，GPS 导航在低空时可能受到高山、高大建筑物的信号遮挡；其次，制导过程中导弹内部接收机需要不断接收来自 GPS 卫星发送的信号波，卫星信号传播功率与传播距离的平方成反比衰减，到达地球大气层内时，信号已变得很微弱，极易受到电子干扰。

（3）在导弹高速运动的状态下，接收机工作状态不稳定。如果导弹速度达到某一个临界值，可能使接收机定位误差太大，甚至无法完成定位工作。

4.3.3 天文制导系统

天文制导系统是根据导弹、地球、星体三者之间的运动关系，来确定导弹的运动参量，将导弹引向目标。具体地说，天文制导是指利用天空中的星体，在一定时刻与地球的地理位置具有相对固定关系这一特点，通过观察星体，以确定载体位置的一种制导方法。本质上讲，天文制导技术通过测量角度实现定位定姿，它利用天体敏感器（如姿态测量精度可达角秒级的恒星敏感器）测得载体相对于地心惯性坐标系的姿态，为导弹、飞机和卫星的导航提供高精度的姿态信息。

天文制导系统的定向和定位精度不随工作时间增长而降低、隐蔽性好、姿态测量精度高、自主性强，所以天文制导尤其是天文与其他制导的组合具有广泛的应用，但在云雾天气飞行或在中低空飞行即使天气很好但只能看到太阳而看不到其他星体时，难以完成定位的任务，这使天文制导在航空上的应用受到一定限制。

天文制导主要借助天体敏感器自动跟踪星体，以便随时测出星体相对载体基准参考面的高度角和方位角，并经计算得到载体的位置和航向。通常载体基准面的确定由陀螺稳定平台来实现。根据不同的任务和飞行区域，天文导航系统中常用的天体敏感器主要有恒星敏感器、太阳敏感器、地球敏感器及其他行星敏感器等。其中，太阳、地球和其他行星敏感器只能给出一个矢量方向，因而不能完全确定出运动载体的姿态；而恒星敏感器可通过敏感多颗恒星，给出多个参考矢量，通过解算来完全确定运动载体的姿态。由于恒星在惯性空间中的位置每年变化很小，仅几角秒，利用其确定载体的姿态可达到很高的精度，且相比惯性陀螺仪，姿态误差不随时间积累，因而它是当前广泛应用的天体敏感器之一，特别对于新一代航天器的高精度定姿更是一种不可或缺的核心部件。下面简要介绍六分仪、太阳敏感器和恒星敏感器的基本组成与原理。

4.3.3.1 六分仪

六分仪是用来测量远方两个目标之间夹角的光学仪器，通常用它测量某一时刻太阳或其他天体与海平线或地平线的夹角。根据六分仪工作时所依据的物理效应不同，常用的六分仪分为光电六分仪和无线电六分仪，它们都借助于观测天空中的星体来确定导弹的物理位置。下面以光电六分仪为例介绍天文导航观测装置的工作原理。

光电六分仪一般由天文望远镜、稳定平台、传感器、放大器、方位电动机和俯仰电动机等部分组成，如图 4-12 所示。发射导弹前，预先选定一个星体，将光电六分仪的天文望远镜对准选定星体。导航过程中，光电六分仪不断观测和跟踪选定的星体。

由于六分仪只能在夜晚使用，所以一般在航天飞机等航天器上使用，在导弹上应用较少。导弹中主要采用星光跟踪器，它是一种装有光电装置或者照相机用来测量星体坐标的光学装置。星光跟踪器根据计算机的指令自动跟踪恒星体，用以修正导弹的发射位置、方位以及飞行中修正平台的漂移。这种导航系统提供的高精度位置、姿态信息具有完全自主性，不辐射任何信号，也不受外界干扰影响。

4.3.3.2 太阳敏感器

太阳敏感器是使用最广泛的一类敏感器，它通过敏感太阳矢量的方位来确定太阳矢量在星体坐标中的方位，从而获得航天器相对于太阳的方位信息。太阳和地球不一样，对于大多数应用而言，可以把太阳近似看作点光源，这样就简化了敏感器的设计和姿态确定算法。太阳光强度大，信噪比高，所以比较容易检测。太阳敏感器还可以用来保护灵敏度很高的仪器（如星敏感器）。

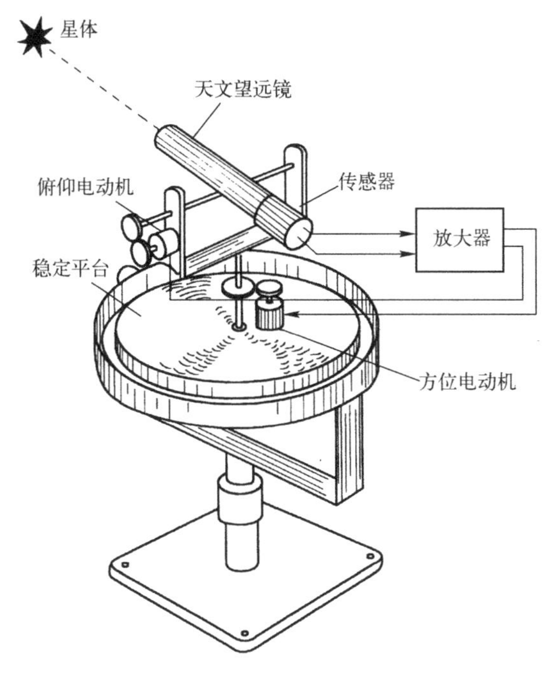

图 4-12　光电六分仪原理图

太阳敏感器一般由光学探头、传感器部分和信号处理部分组成。它具有结构简单、视场范围较大、工作可靠等优点，目前主要有太阳出现敏感器、模拟式太阳敏感器和数字式太阳敏感器三种。

4.3.3.3　恒星敏感器

某型高精度恒星敏感器实物如图 4-13 所示。一般恒星敏感器主要包括敏感系统和数据处理系统两部分。敏感系统由遮光罩、光学镜头和敏感面阵组成，主要实现对天空恒星星图数据的获取；数据处理系统则实现所获取恒星星图数据的处理和姿态的确定，包括星图预处理、星图匹配识别、星体质心提取和姿态确定 4 个处理过程。恒星敏感器工作原理如图 4-14 所示。

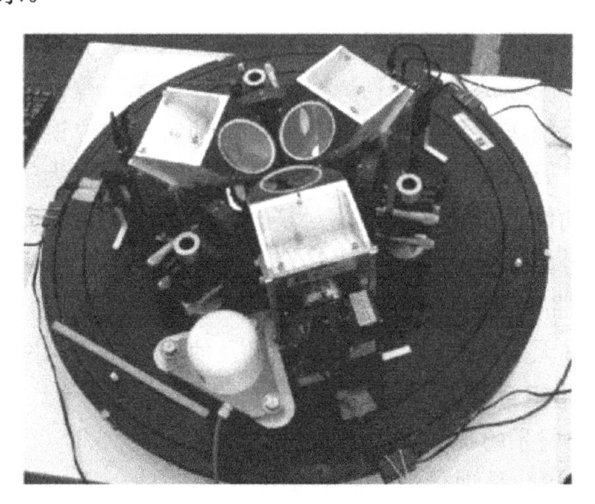

图 4-13　某型高精度恒星敏感器

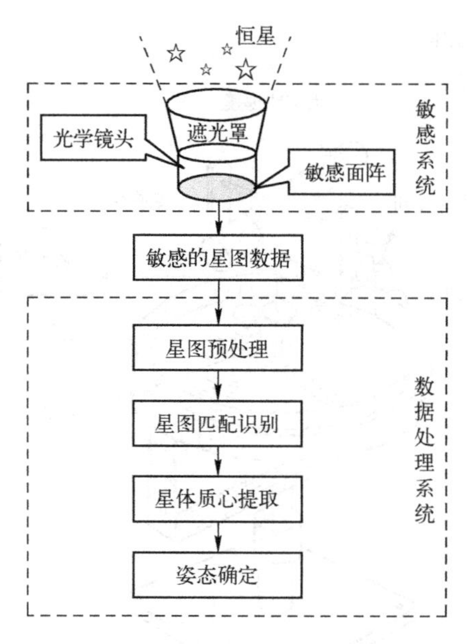

图 4-14　恒星敏感器工作原理

4.3.4　复合制导系统

惯性制导系统的突出优点是它可以不受外界的任何干扰，也不受气候等条件的影响，具有完全的独立自主性。缺点是存在仪表误差和陀螺仪的漂移而产生的积累误差。随着制导时间或射程的增加，制导误差也越来越大，这对航天器和远程导弹的制导是十分不利的。

导航卫星制导的主要优点是导航精度很高，又适于全球导航，加之用户设备简单，价格低廉，所以应用领域十分广泛。但它需要庞大的地面站支持，电波又易受干扰，是一种被动式导航系统。

天文制导具有导航误差不随时间积累、定姿精度高等优点，但也存在数据更新率低、容易受天气条件影响等不足。

为了弥补单一类型制导系统的不足，复合制导技术应运而生。如前所述，在现代制导技术和系统中，惯性制导是目前任何一个制导系统都无法替代的，所以各种复合制导系统通常以惯性制导系统作为主制导系统，而将其他制导定位误差不随时间积累的制导系统（如无线电制导、天文制导、地形匹配制导、GPS 等）作为辅助制导系统，应用卡尔曼滤波技术，将辅助信息作为观测量，对复合制导系统的状态变量进行最优估计，以获得高精度的制导信号，满足航空航天飞行器长时间、高精度、高可靠性制导的要求。目前，惯性/卫星、惯性/天文、惯性/天文/卫星复合制导系统已经广泛应用于弹道导弹、巡航导弹、高空长航时无人侦察机、远程轰炸机及侦察卫星等航空航天飞行器。

4.3.4.1　惯性/卫星组合制导

1. 惯性/卫星组合制导的优势

惯性制导系统（INS）是现代惯性制导最常见的一种全天候、自主式制导系统，自主性强、短时精度高、输出连续，但误差随时间积累。GPS 系统是目前世界上功能最为完善、性能最为优良的全天候、覆盖全球的精确三维非自主导航系统，定位和测速精度高、误差不积累，但输出信息不连续且易受干扰。

INS/GPS 组合制导的优势具体如下。

（1）INS/GPS 组合对改善系统精度有利。

高精度 GPS 信息，可用来修正 INS，控制其误差随时间的积累。在卫星覆盖不好的时段内，惯性制导系统帮助 GPS 提高精度。

（2）INS/GPS 组合加强系统的抗干扰能力。

当信噪比低到 GPS 信号的跟踪成为不可能，或卫星系统接收机出现故障时，惯性制导系统可以独立进行制导定位。惯性制导系统信号也可被用来辅助 GPS 接收机天线的方向瞄准 GPS 卫星，从而减小干扰对系统工作的影响。

（3）解决 GPS 动态应用采样频率低的问题。

某些动态应用领域中，高频 INS 数据可以在 GPS 定位结果之间高精度内插所求事件发生的位置。由于 INS 的采样率是 20Hz，高于 GPS 的采样率 1Hz。当利用 GPS 进行航位描述时，能够提供载体轨迹的细节描述，提高轨迹监控的可信度。

（4）组合系统将降低对惯性制导系统的要求。

在组合系统中，可以采用一种低性能的惯性制导系统。同时，高精度 GPS 信号可以显著提高组合系统的性能。

因此，将惯性制导系统和卫星导航系统组合起来可实现优势互补，显著提高导航定位系统的综合性能。目前，INS/GPS 组合制导系统体积小，质量轻，功能强，具有十分重要的军事和民用价值，已广泛应用于航空、航天、航海等领域，是一种较为理想的组合制导系统。

2. 惯性/卫星组合制导原理

采用 INS/GPS 组合制导系统的目的是用 GPS 的信息来修正由陀螺漂移、加速度计偏置和初始失准角等引起的 INS 位置、速度和姿态的误差，从而获得高精度的导航定位信息。

INS/GPS 组合制导的基本原理是以捷联惯性制导系统（SINS）和 GPS 的误差方程作为系统状态方程，以 SINS 和 GPS 各自输出的信息差作为量测值，采用最优滤波器实现高精度的组合制导。在设计 SINS/GPS 组合制导系统的卡尔曼滤波器时，必须首先建立系统状态方程和量测方程。如果直接以各制导系统的制导参数作为状态，即直接以各制导系统的导航参数作为估计对象，则称该方法为直接法滤波。如果以各制导系统的导航误差作为状态，即以制导误差作为估计对象，则该方法为间接法滤波。这两种方法的示意图如图 4-15 和图 4-16 所示。

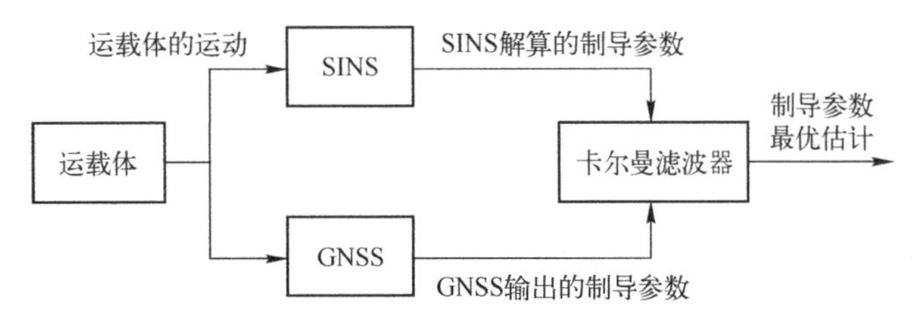

图 4-15　直接滤波法示意图

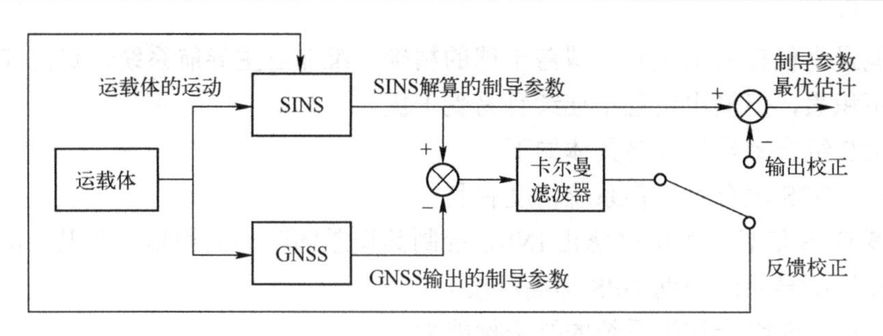

图 4-16　间接滤波法示意图

对于直接法，状态变量（如速度、位置和姿态角等）量值很大，变化很快，在实际中其状态方程往往是非线性的，这会影响各状态的估计精度。对于间接法，状态变量是制导误差，比制导参数本身的量值要小很多，且变化缓慢，实际中用线性状态方程即可较为准确地描述导航误差的传递规律，因此对状态的估计精度容易得到保证，是工程应用中普遍采用的方法。

根据不同的应用要求，INS 与 GPS 可以有不同水平的组合，按照组合深度，可以把 INS/GPS 组合制导系统大体分为松耦合、紧耦合以及深度耦合。

松耦合是一种典型的独立的 GPS 接收机和独立的 INS 的组合，仅利用 GPS 辅助修正 SINS 的误差。这种组合方式的优点是可估计出组合制导系统的速度误差和位置误差，并可适当抑制姿态发散；通过补偿能大幅度地提高系统的定位精度，使 SINS 具有动基座和空中对准能力。缺点是无法辅助 GPS 来增强卫星信号的跟踪，随着系统模型阶数的提高，计算量增大。

紧耦合是一种 GPS 和 INS 相互辅助的组合模式，甚至可以把 GPS 和 SINS 进行一体化设计。在这种模式中，GPS 可辅助修正 INS 的误差，同时 INS 也可以辅助修正 GPS 的误差，提高 GPS 的精度。在工程实现上，该组合模式要求 GPS 接收机具有内部参数实时可调的能力。这种组合模式的优点是组合制导精度、动态性能和鲁棒性均较高，整体性能优于松耦合；缺点是 GPS 接收机结构复杂。

深度耦合是一种将 GPS 跟踪信号同 INS/GPS 组合制导系统连接在一个最优滤波器中，以提高 GPS 跟踪卫星信号的能力。其优点是可提高 GPS 跟踪信号的信噪比，降低多路径效应的影响，当信号受遮挡或中断时可快速实现重新捕获，且体积小、质量轻、功耗小、成本低；但也存在结构复杂、计算量大以及时间同步严格等缺点。

4.3.4.2　惯性/天文复合制导

惯性/天文复合制导是利用星光矢量修正惯性制导初始误差以及飞行过程中的累积误差，以提高导弹命中精度的一种复合制导系统。惯性/天文复合制导技术在一定程度上解决了纯惯性制导误差随时间累积的不足，受到各军事强国的高度重视。目前各军事强国最先进的洲际弹道导弹几乎都采用了惯性/星光复合制导。例如，美国的“民兵-3”型导弹与俄罗斯的“亚尔斯-M”型洲际弹道导弹均采用了惯性/星光复合制导技术，在射程为 8000～11000km 的前提下，精度依然能够达到 150～250m。

1. 惯性/天文复合制导优势

虽然惯性/导航卫星复合制导系统的位置和速度精度高，但由于 GPS 易受外界干扰，因此 INS/GPS 复合制导在军事应用中其精度和可靠性难以保障。同时，该复合制导系统对方位测量的精度较低。

天文制导系统完全自动化，精确度较高，而且制导误差不随导弹射程的增大而增大，但制导系统的工作受气象条件的影响较大，当有云雾或观测不到选定的星体时不能实施制导。另外由于导弹的发射时间不同，星体与地球间的关系也不同，因此，天文制导对导弹的发射时间要求比较严格。

为了有效地发挥天文制导的优点，该系统可与惯性制导系统组合使用，组成惯性/天文复合制导系统。它是一种利用天体测量信息和惯性测量信息获取高精度制导参数的自主式制导系统，具有自主性强、姿态精度高的特点。它以惯性制导为基本系统，以天文制导为修正系统，惯性制导系统可以提供天文系统需要的近似位置数据和准确的坐标基准，在天文制导系统因气候条件不良或其他原因不能工作时仍能作为“记忆装置”单独继续进行工作。而天文制导系统作为修正系统，可以有效修正陀螺漂移误差，提高平台精度，已成为弹道导弹、卫星、深空探测器等新一代飞行器高性能制导的一个重要发展方向。

弹道导弹对制导精度要求很高，单纯依靠惯性制导系统，必然带来极大的技术难度和成本的急剧增加。采用惯性/天文组合，实现优势互补、协同超越，是解决此问题的有效途径。惯性/天文复合制导系统具有以下几个优点：在惯性制导性能一定的条件下，加入天文进行复合制导，可提高制导系统的精度；可降低对惯性器件的要求；利用天文制导信息修正初始时刻的位置误差，可放宽初始对准的要求。

对机动发射或水下发射的弹道导弹来说，惯性/天文复合制导的优点更为突出。因为它们的作战条件使得发射前不会有充足的时间进行初始定位瞄准，也难以确切知道发射点的位置。这些因素给制导系统带来的突出问题是发射前建立的参考基准有较大的误差。这种误差称为初始条件误差，包括初始定位误差、初始调平误差、初始瞄准误差等。如果在导弹上采用惯性/星光复合制导系统，则可允许在发射前粗略地对准、调平，飞行中依靠星光跟踪器进行修正；若再与发射时间联系起来，就能定出发射点的经纬度。由于这些突出的优点，加上系统的自主性和隐蔽性，使这种制导方式对机动和水下发射弹道导弹特别有吸引力。早在 20 世纪 50 年代，美国开始研制惯性/星光制导系统，1965 年 11 月在“北极星”A1 导弹上试验成功。70 年代后，惯性/星光制导系统在美国的“三叉戟Ⅰ”“三叉戟Ⅱ”和苏联的 SS-N-8、SS-N-18、SS-N-23 等潜地导弹上得到应用，制导精度获得明显提高。

2. 惯性/天文复合制导原理

惯性/天文复合制导是将惯性制导与星光制导进行复合的制导技术，利用星光制导修正惯性制导初始误差以及飞行过程中累积的误差。将星光制导的优点与高精度惯性制导相复合，能充分发挥二者的互补性，进一步提高导弹制导的自主性、稳定性以及命中精度。

惯性/天文复合制导系统一般由惯性平台、星体跟踪仪（光电六分仪或无线电六分仪）、计算机和姿态控制系统等组成。利用六分仪测定导弹的地理位置，校正惯性制导系统所测得的导弹地理位置的误差。典型的惯性/天文复合制导系统的原理方块图如图 4-17 所示。

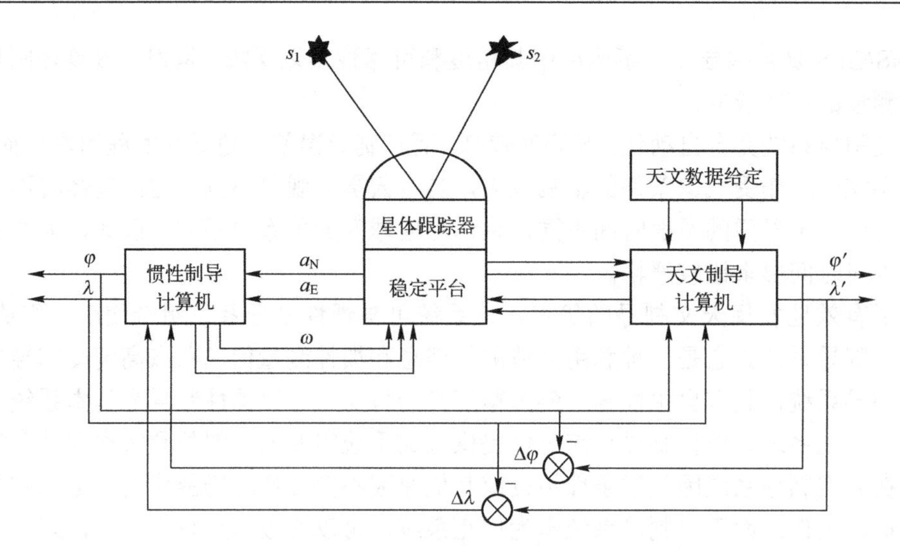

图 4-17　惯性/天文复合制导系统的原理方块图

在稳定平台上，安装着北向加速度计 a_N 和东向加速度计 a_E，其输出信号送入惯性制导计算机，计算机一方面给出导弹的瞬时地理位置 φ 和 λ，同时也计算出平台的跟踪信号，使平台跟踪当地水平面。星体跟踪器则利用光学或射电原理接收星体的光辐射或无线电辐射，识别和跟踪预先被选定的单个或多个星体，并以这些星体为固定参考点，借助陀螺平台所建立起来的水平基准面或基准垂线，测量这些星体的方位角和高低角，形成电信号，输送给计算机计算出导弹的实时地理位置 φ'和 λ'。在这种复合制导系统中，星体跟踪器装在载体的稳定平台上，由惯性制导系统提供天文制导系统的水平基准，以便精确地测量星体的高度，提高天文定位精度。惯性制导系统给出的位置信号输入计算机中，计算出星体近似高度和方位角，转动星体跟踪器，使其光轴大致对准星体，然后借助光电随动系统，自动跟踪星体，准确地测量星体高度，送入天文制导计算机。将天文制导系统输出的位置信号和惯性制导系统输出的位置信号进行比较，比较后的差值信号送入惯性制导计算机中，对惯性制导系统进行修正，从而可以大大提高惯性制导的精度。

3. 惯性/天文复合制导系统的工作模式

根据星敏感器和惯性器件安装方式的不同，惯性/天文复合制导系统可分为全平台模式、平台惯性制导系统与捷联星敏感器模式、捷联惯性制导系统与平台星敏感器模式、全捷联模式 4 种工作模式。

（1）全平台模式。该模式采用平台式惯性制导和跟踪特定恒星的星敏感器（又称星跟踪器），比较典型的是美国“三叉戟 I” C4 导弹所用的 MK5 惯性/星光组合系统。其特点是星敏感器跟踪特定的恒星获取载体姿态，不受载体振动等因素的影响，其视场可以做得比较小（一般 3° 左右），测量精度较高。但因星敏感器安装在跟踪平台上，系统结构、信息输入/输出方式及驱动电路等都比较复杂。

（2）平台惯性制导系统与捷联星敏感器模式。该工作模式采用平台式惯性制导，星敏感器直接固连在载体上，无需跟踪平台。在“哥伦比亚”号航天飞机的惯性/星光制导系统（图 4-18）中，星敏感器的光轴指向随载体姿态的变化而变化，所以星敏感器需进行星图识别，视场通常做得比较大（一般 10° 以上）；星敏感器测量得到的载体姿态需转换到平台坐标系上，这样在量测误差的基础上又会进一步引入平台角度传感器的误差；星敏感器直接固连在载体上，载体自身机动和各种扰动产生的振动问题，使星敏感器工作在动态环境中，影响其测量精度，对星敏感器的动态性能要求较高。

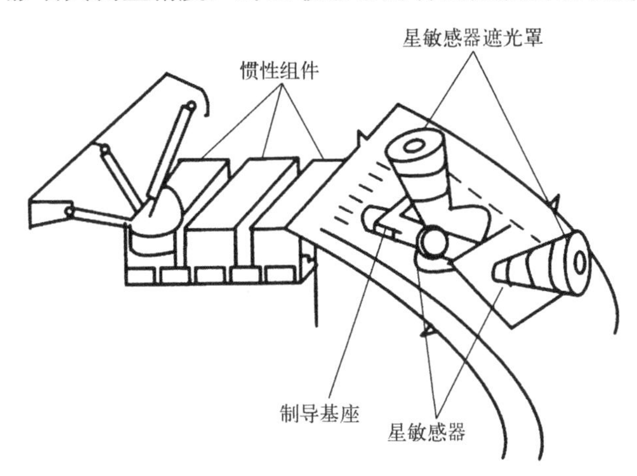

图 4-18　惯性组件、星敏感器和制导基座安装布置图

（3）捷联惯性制导系统与平台星敏感器模式。该工作模式采用捷联式惯性制导和跟踪特定恒星的星敏感器。捷联惯性制导系统由计算机模拟平台系，完成捷联矩阵的实时修正，与平台系统相比具有成本低、可靠性高等多方面的优越性，但对陀螺仪和加速度计的性能要求较高。随着各种新型陀螺仪及加速度计的出现，捷联惯性制导系统更具有竞争力。但由于采用了跟踪特定恒星的星敏感器，系统仍存在结构复杂及驱动电路设计困难等不足。

（4）全捷联模式。全捷联模式采用捷联方式安装惯性制导系统和星敏感器，是一种最灵活的工作模式。该模式对陀螺仪、加速度计以及星敏感器的测量精度、可集成度、动态特性等要求较高，随着电子、光学、材料、加工工艺技术的发展，以及互补金属氧化物半导体（CMOS）、有源像素传感器（APS）技术的出现使得这一问题的解决成为可能。从未来发展趋势看，全捷联模式的惯性/天文复合制导系统更有发展前景，是惯性/天文复合制导系统的重要发展方向之一。

4.3.4.3　惯性/天文/卫星组合制导

惯性/卫星复合制导是利用 GPS 所测量得到的高精度速度和位置信息在线修正惯性制导系统的速度和位置误差，实现长时间、高精度的定位导航，但是姿态误差难以实现快速和准确的估计，且 GPS 信号易受外界干扰。惯性/天文复合制导是利用天文制导系统（CNS）所测量得到的高精度姿态信息在线修正惯性制导系统的姿态误差和陀螺漂移，可有效修正发射点位置误差，对导弹的机动发射有重要意义，但是无法完全抑制惯性制导系统速度和位置误差的发散，且天文制导系统受气候条件限制。因此，将惯性制导系统、天文制导系统和卫星制导系统进行有效组合，构成惯性/天文/卫星组合制导系统，可同时实现惯性制导系统的速度误差、位置误差和姿态误差的修正。

INS/CNS/GPS 组合制导的基本原理是利用 CNS 提供的高精度姿态信息和 GPS 提供的高精度位置、速度信息，采用最优估计器，准确估计 SINS 的位置误差、速度误差和姿态误差，并修正 INS 的惯性器件误差，最终实现载体连续的高精度制导。目前，惯性/天文/卫星复合制导系统已成为中远程弹道导弹、高空长航时飞行器等高性能制导的最有效手段。

当然，惯性/天文/卫星组合制导系统进一步增加了组合导航系统的复杂度、对环境干扰的敏感度以及信息融合的难度等不足，从而导致组合制导系统误差模型不稳定、制导精度降低以及可靠性下降等问题，这又对惯性/天文/卫星组合制导方法提出了新的挑战。

INS/CNS/GPS 组合制导系统是由 INS、CNS、GPS 三种制导子系统相结合的多制导传感器信息融合系统。从组合模式来说，该信息融合系统可分为集中滤波模式和联邦滤波模式两种。

（1）INS/CNS/GPS 组合制导系统的集中滤波模式。

集中滤波是利用一个信息融合滤波器集中接收和处理各制导传感器的信息，并将融合处理的结果反馈给主制导系统。将 INS/CNS/GPS 组合制导系统中的 INS 系统设定为集中滤波器的主制导系统。集中滤波器的状态方程由 INS 的误差方程和惯性器件的误差方程组成，GPS 提供载体位置与速度量测量，CNS 提供载体姿态量测量。INS/CNS/GPS 组合制导系统集中滤波器的典型结构如图 4-19 所示。系统量测量由两部分组成：INS 与 CNS 的姿态之差；INS 与 GPS 的位置之差和速度之差。

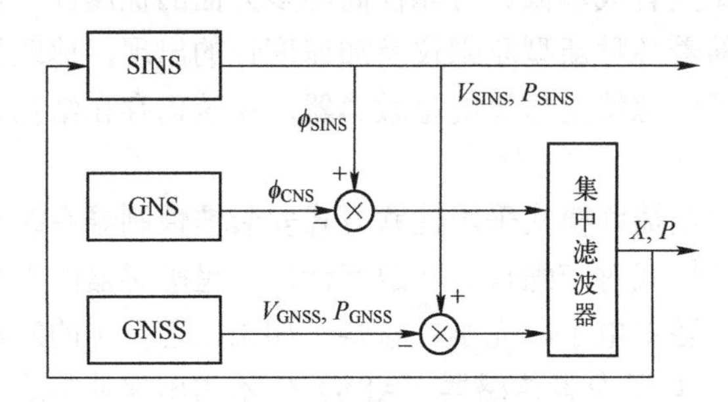

图 4-19　INS/CNS/GPS 组合制导系统解算流程框图

INS/CNS/GPS 组合制导系统的集中滤波模式在理论上可给出误差状态的最优估计，但存在状态维数高、计算负担重、容错性能差以及不利于故障诊断等缺点。

（2）INS/CNS/GPS 组合制导系统的联邦滤波模式。

联邦滤波作为分散滤波的一种，是 Carlson 在 Speyer 和 Kerr 研究的基础上，通过对分散滤波技术的进一步改进而来的。在联邦滤波器中，各局部滤波器利用相应子系统的观测值，得到局部状态最优估计，而后将局部估计输入到主滤波器进行信息融合，得到全局估计。联邦滤波采用多处理器并行处理的结构，因而设计灵活、计算量相对较小、容错性好、可靠性高，易于实现系统多层次故障检测与诊断。联邦滤波器具有两级滤波结构，如图 4-20 所示。针对 INS/CNS/GPS 组合制导系统，由于只有 CNS 和 GPS 两个辅助制导子系统，因此图 4-20 中只画出了子系统 1 和子系统 2。图中的公共参考系统为 INS 子系统，它的输出一方面直接给主滤波器，另一方面给各子滤波器（局部滤波器），而各子系统的输出只传给相应的子滤波器。

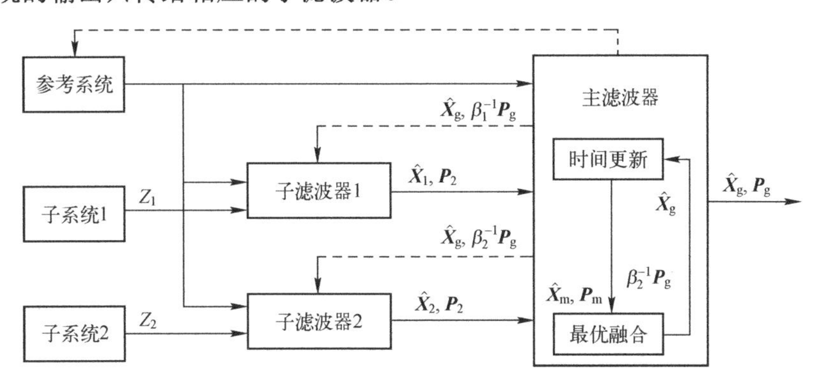

图 4-20　联邦滤波器的一般结构

4.4　本 章 小 结

本章主要介绍弹道导弹的制导系统。首先对制导相关的基本概念进行了概述；然后，讲述了弹道导弹的制导原理，主要介绍了摄动制导和闭路制导两种典型制导方法的基本原理；最后，介绍了弹道导弹常用的惯性制导系统、卫星制导系统、天文制导系统以及复合制导系统的基本组成与工作原理。

第5章　弹道导弹姿态控制系统

姿态控制系统是导弹飞行控制系统的一个重要组成部分，其功能是操纵导弹姿态运动，实现飞行程序、执行制导导引要求和克服各种干扰影响，保证姿态角稳定在容许范围内。弹道导弹的弹道程序转弯和横、法向导引是通过改变推力矢量方向控制导弹姿态实现的，并利用姿态控制系统来控制和稳定导弹绕质心运动。

导弹的绕质心运动可以分解为绕其三个惯性主轴的角运动，因而姿态控制系统是三维控制系统，与之对应的有三个基本控制通道，分别对导弹的俯仰轴、偏航轴、滚动轴进行控制和稳定（图 5-1）。

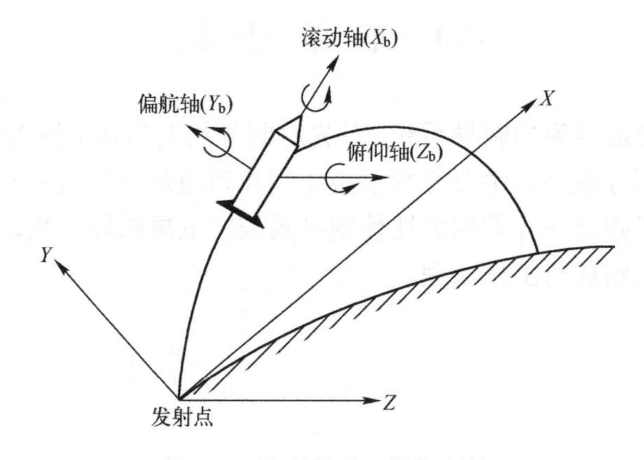

图 5-1　导弹绕质心的控制轴

各控制通道组成基本相同，一种典型的导弹姿态控制系统是由测量装置、中间装置、执行机构及作为控制对象的弹体动力学环节组成的闭环自动控制系统，如图 5-2 所示。控制系统的各种测量装置、中间装置及执行机构已经在第 2 章有比较详细的介绍，不再赘述。

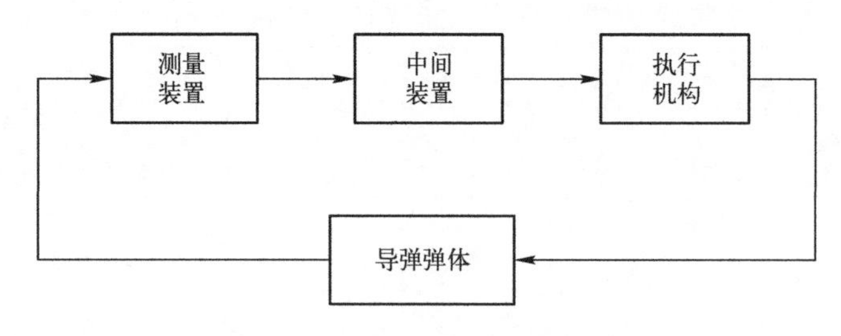

图 5-2　导弹姿态控制系统简图

姿态控制装置与控制对象——导弹绕质心运动构成的控制通道是闭合回路。三个控制通道之间经过执行机构、气动力、惯性力和控制力相互交连。弹道导弹一般是小角度绕质心运动，正常飞行条件下这种交连并不严重，因此，分析和设计姿态控制回路时可以将三个控制通道视作各自独立的通道。

5.1　弹道导弹姿态控制系统的类型

按姿态控制回路的组成和实现原理划分，有连续式控制和数字式控制两种基本方式：前者的特点是控制信号的获取、变换、综合和传输、操纵，完全是模拟量；后者是采样脉冲或数字量。下面分别予以介绍。

5.1.1　连续式姿态控制系统

通常近、中程弹道导弹的动力学特性比较简单，保证姿态稳定的控制回路相对来说也比较简单。而远程导弹由于体积较大，存在结构弹性振动，液体弹道导弹还存在推进剂晃动带来的影响，在建模时应将控制对象视为刚性、弹性振动和晃动的综合体。另外，大多数导弹没有尾翼，是静不稳定的运动体，导弹的参数（如转动惯量、质心位置、谐振频率等）均随飞行时间和飞行状态而变化，姿态控制装置由于制造公差带来的参数偏差等，这些因素都使导弹运动特性变得复杂，从而增加了控制回路设计和实现的难度。

大型导弹的姿态控制，多采用姿态角、角速度和线加速度多回路闭路控制，一般称为内控制回路，而称横、法向导引的控制是外控制回路。图 5-3 是一类典型连续式俯仰多回路控制框图。

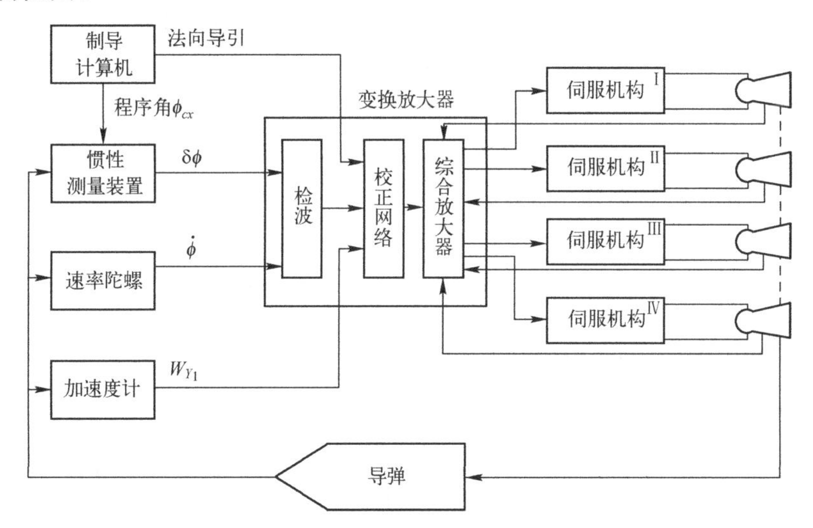

图 5-3　俯仰多回路控制框图

导弹上的三个姿态控制通道的形式基本相似，每个通道的组成与控制过程如下：各类测量装置分别装在导弹上合适的位置，对导弹的姿态角、姿态角速度、加速度等状态量进行测量，测得的信号送入中间装置，经信号综合、校正和变换形成操纵信号，操纵伺服系统摆动发动机产生控制力，进行导弹姿态控制及其稳定。

产生控制力的方式有气体动力和推力矢量控制。常用的气体动力型执行机构是燃气舵和反作用喷管。推力矢量控制是改变发动机推力方向从而产生主推力侧向分量作为控制力，一般采用偏摆发动机或在发动机燃烧室喷射燃烧介质来改变燃气喷射方向。目前，推力矢量控制是使用最多的控制方式，其工作原理将在后续章节进行详细介绍。

在连续式姿态控制系统的设计过程中，控制回路中的测量装置、执行机构制造比较复杂，这些装置的方案一经确定，则结构和技术特性一般就已确定，不易改动，而控制对象——导弹的结构也很复杂，很难为改善控制特性而改动，所以，为满足和改善姿态控制系统特性、保证稳定性而需要改变控制回路参数时，往往只有变动变换放大器中的放大系数和校正网络参数，以及飞行稳定的动、静态控制参数。

实际上，控制装置各单机的动态特性是不同的，在控制回路中对控制特性的影响也有优劣之分，如有的控制装置具有饱和特性，尤其伺服系统的速度特性容易进入饱和状态；导弹弹性振动通过姿态控制装置构成反馈，当进入控制回路的弹性振动信号过大时，则伺服系统、变换放大器进入非线性工作状态，会使刚体控制信号减小，严重时发动机将不能有足够的摆角、角速度来提供需要的控制力，随之导致姿态角$\Delta\varphi$（俯仰通道）增大而失稳。在设计控制回路时必须考虑这些特性的影响。对于采用液体推进剂的导弹，还要同时考虑推进剂晃动对姿态控制稳定性的影响，这主要由校正网络来解决。所以，校正网络应起到如下的作用：产生微分作用的信号——与$\Delta\dot{\varphi}$成比例的信号（采用速率陀螺或采用微分网络都可以得到刚体超前调节所需的$\Delta\dot{\varphi}$信号，但采用速率陀螺后，校正网络微分作用可以减小），补偿控制装置的惯性；进行高频滤波，以便消除由于高频干扰信号带来的不利影响。因为对导弹刚体运动、弹性振动和推进剂晃动的姿态稳定是由一个控制装置实现的，所以设计校正网络时必须综合考虑这些需要，照顾到相位超前、高频滤波和相位整形特性等要求，寻求使刚体运动、弹性振动和晃动都能稳定控制并有足够稳定余度的校正网络特性。

实现校正网络特性，可用无源网络或有源网络。前者由无源元件（电阻、电容和电感）构成。后者由无源元件（电阻、电容）和运算放大器组成。

5.1.2 数字式姿态控制系统

数字式姿态控制系统是离散型控制系统，其作用与连续式姿态控制系统无本质差别，只不过是以数字计算机代替变换放大器，通过数字计算机构成闭合控制回路。在控制回路中，数字计算机工作于离散状态，而一般测量装置和伺服系统仍是连续式工作状态，因此，需将测量装置的输出量经模/数（A/D）转换器转换成数字量输入弹载计算机。与此相似，数字计算机输出的控制信号是数字量，也必须经数/模（D/A）转换器变成连续信号送至执行机构。数字式姿态控制系统的弹载计算机除用于导航、制导计算以外，还作为姿态控制回路校正装置，完成控制规律的计算。数字式姿态控制系统框图如图 5-4 所示。

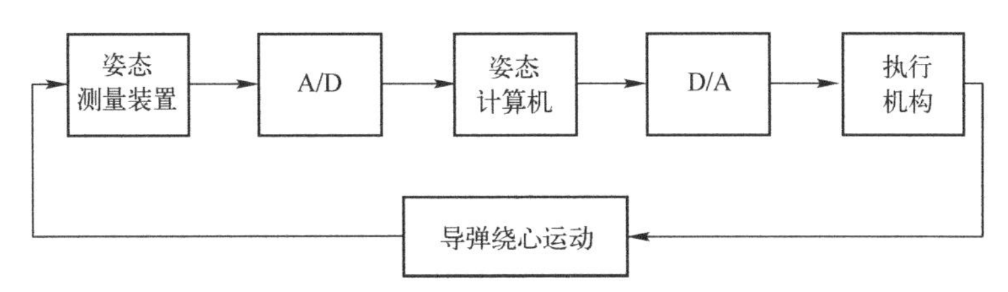

图 5-4　数字式姿态控制系统框图

数字式姿态控制系统的优点是：控制规律和校正网络特性由软件实现，当控制对象参数变化或改变控制要求时，可通过改变计算程序解决，不需对硬件做大的改动，并且易于实现性能更好的复杂控制规律，如非线性控制或自适应控制；计算机字长可变，加长控制字位即可提高精度，避免了连续式控制中校正网络和放大器参数偏差所造成的控制误差；使用计算机实现冗余技术和故障检测，有利于提高系统可靠性；制导、姿态控制共用一台计算机，飞行控制系统装置减少。但同时也带来了新的问题：姿态控制计算要求有足够的精度、计算速度快，特别是在输入信号采样频率高的时候。因此，必须适当地选择采样频率和采取抗干扰措施，避免高阶弹性振动和控制装置噪声带来的频率折叠效应造成的控制性能下降等。

数字式姿态控制系统是等间隔采样系统，其输出和输入间的关系与连续式姿态控制系统没有什么根本不同，只是前者用差分方程表示，后者用微分方程表示。如果采样系统输入量与输出量之间的关系是线性的，则可以采用连续式姿态控制系统的基本分析方法，即将数字式姿态控制系统处理成连续式姿态控制系统来进行综合。数字式姿态控制的主要作用是用计算机实现校正网络。

各控制通道的数字校正网络计算在计算机上采取分时顺序进行，其结果并行输出形成控制指令，经数/模变换后以连续信号形式送至执行机构。

数/模转换过程包含解码和成型保持两种操作。解码是将数码转换为模拟量离散信号，其幅值是与输入数码成比例的量化值，数/模转换周期一般是输入信号周期 T 或 T 的整数倍。成型保持是将分段常值的阶梯连续信号在时域和值域形成整量化的连续模拟信号，即通过保持器使数/模输出在采样周期内保持不变。

5.2　弹道导弹姿态控制系统的设计过程

姿态控制系统的设计，不仅要考虑导弹总体的限制和要求，而且要受到其他分系统和控制设备的约束。角敏感装置和导引信号是根据制导系统的方案确定的。如果制导系统采用平台计算机方案，那么姿态角由平台传感器提供；如果制导系统采用捷联方案，那么姿态角由位置陀螺或速率陀螺经计算给出。推力矢量控制方式则是由总体、固体发动机、姿态控制系统设计人员协商决定的。在开展具体的姿态控制方案设计之前，首先要与其他设计部门共同确认测量装置和执行机构的配置方案。

5.2.1 测量装置配置

测量装置用于量测姿态控制所需要的弹体运动参数，如姿态角、姿态角速度和弹体加速度，有的还需角加速度。前面已经在 2.2 节对典型的角度、角速度和加速度敏感装置进行了简要的介绍。对于弹道导弹而言，采取不同的制导和控制方案，需要使用的测量装置的类型各不相同。通过前面的章节可知，制导系统有捷联式制导系统和平台式制导系统，而捷联式制导系统根据原理的不同，又可以分为位置捷联和速率捷联两种类型，这里将对常用的几种配置类型进行简要的介绍。

（1）位置捷联式制导系统。

采用位置捷联式制导系统时，姿态角是由二自由度陀螺仪提供的，外环轴和内环轴都可作为姿态角的测量轴，两个二自由度陀螺仪提供三个姿态角信息。由于二自由度陀螺仪只能绕外环轴和 H 矢量轴作大角度运动，而导弹绕俯仰轴转动范围大，因此用一外环轴与弹体俯仰轴方向一致的陀螺仪测量俯仰角，这就是制导系统中的水平陀螺仪。由于水平陀螺仪的内环轴与弹体的任一轴在飞行过程中都不能始终保持方向一致，因此内环轴不再用于测量。滚动和偏航姿态角用另一个二自由度陀螺仪的内环和外环轴测量，这就是制导系统中的垂直陀螺仪，垂直陀螺仪的 H 矢量轴与射面垂直，如图 5-5 所示，从图中可看到陀螺仪相对于弹体的安装情况。

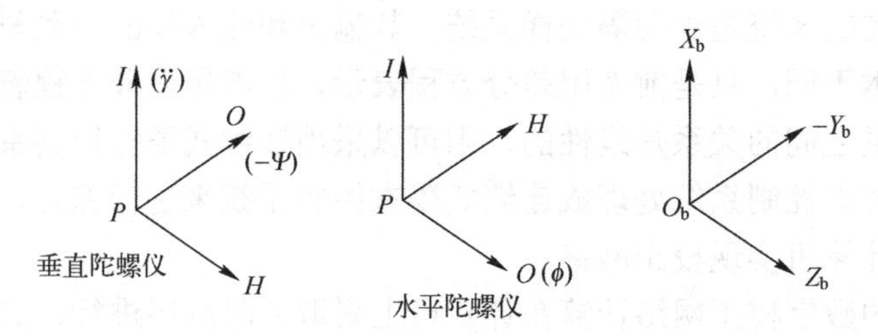

图 5-5　位置捷联式陀螺仪框架取向测角示意图

H—陀螺转子矢量方向；I—陀螺内框轴指向；O—陀螺外框轴指向；$OX_bY_bZ_b$—弹体坐标系。

采用位置捷联的姿态控制系统，姿态角速度和弹体加速度信号分别用速率陀螺仪和加速度计测量。速率陀螺仪根据控制需要，安装在相应的控制通道，加速度计则安装在弹体上，分别敏感导弹相对于弹体坐标系三轴的加速度。

（2）速率捷联式制导系统。

采用速率捷联制导系统时，速率陀螺仪提供的角速度信号需经弹载计算机计算后才能给出姿态角信号。速率陀螺仪的 H 轴跟随弹体一起转动，不论是双轴还是单轴速率陀螺仪都可在大角度范围工作。这里需要三个测量角速度的速率陀螺，分别测量导弹沿弹体坐标系三轴的角速度。速率捷联制导系统的角速度和加速度获取方式与位置捷联系统类似，不再赘述。

（3）陀螺稳定平台。

陀螺稳定平台的结构和原理已经在第 2 章中详细描述。采用陀螺稳定平台时，姿态角信息由陀螺稳定平台的各轴上的角度传感器提供。对于三轴陀螺稳定平台，当它的三个轴与导弹三个轴方向不一致时，角度传感器提供的角度信息需要经过坐标转换才能得到姿态角信号。这里分为两种情况：陀螺稳定平台轴上的角度传感器若是数字式的，则可用弹载计算机按坐标转换公式进行转换计算；若是交流角度传感器，则可用分解器实现转换计算。分解器装在陀螺稳定平台的俯仰轴上，如图 5-6 所示，分解器的转子和定子上分别有两个互成 90°的绕组，转子与定子间的转角为 β_z 。将陀螺稳定平台的内环轴和台体轴上角度传感器的输出电压 V_{β_x} 、 V_{β_y} 分别加到分解器定子的两个绕组上，根据电磁感应定律，分解器转子上两个绕组的输出电压为

$$\begin{cases} V_\psi = V_{\beta_x}\cos\beta_z + V_{\beta_y}\sin\beta_z \\ V_\gamma = -V_{\beta_x}\sin\beta_z + V_{\beta_y}\cos\beta_z \end{cases} \tag{5-1}$$

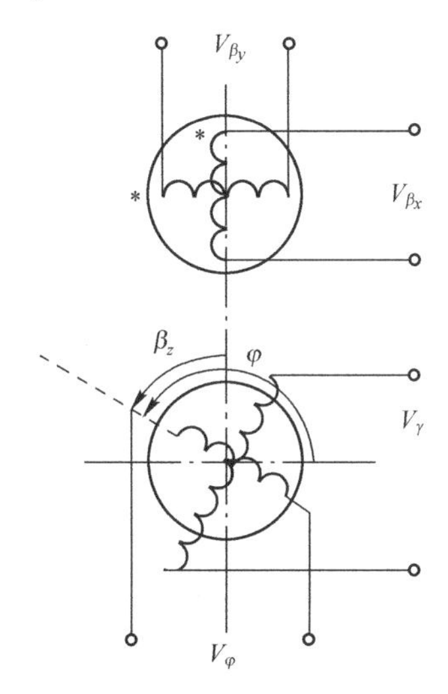

图 5-6　分解器原理图

从而以电压形式实现了坐标转换。

采用陀螺平台系统时，导弹加速度是由直接安装在台体上的三个加速度计获得的，而姿态角速率则需要通过安装在弹体上的速率陀螺获取。

需要指出的是，由于姿态控制对速率陀螺仪和加速度计的安装位置有一定的要求，所以一般不能与制导系统共用。

5.2.2　执行机构配置

执行机构提供姿态控制所需要的控制力矩，由伺服系统驱动的空气舵、燃气舵、摇摆发动机、游动发动机、摆动喷管、姿控发动机、二次喷射等组成，用它们的不同安装和组合来提供俯仰、偏航和滚动三个通道需要的控制力矩。

（1）四喷管控制执行机构。

图 5-7 是单向摆动执行机构提供三个通道控制力矩的“+”字形安装方式。

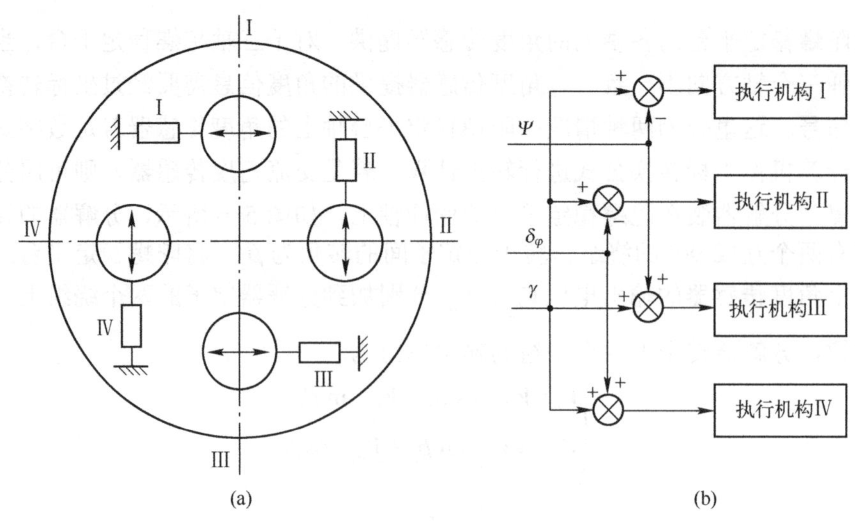

图 5-7　执行机构“+”字形安装示意图

（a）安装示意图；（b）信号流程图。

执行机构Ⅱ、Ⅳ提供俯仰通道控制力矩，执行机构Ⅰ、Ⅲ提供偏航通道控制力矩，4 个执行机构提供滚动通道控制力矩。4 个执行机构的输出为

$$\begin{cases}\delta_{\mathrm{I}}=\delta_\gamma-\delta_\psi\\ \delta_{\mathrm{II}}=\delta_\gamma-\delta_\varphi\\ \delta_{\mathrm{III}}=\delta_\gamma+\delta_\psi\\ \delta_{\mathrm{IV}}=\delta_\gamma+\delta_\varphi\end{cases}\tag{5-2}$$

式中：δ_i 为 i 通道产生的执行机构输出转角（$i=\varphi,\psi,\gamma$）。

图 5-8 是单向摆动执行机构提供三个通道控制力矩的“×”字形安装方式。

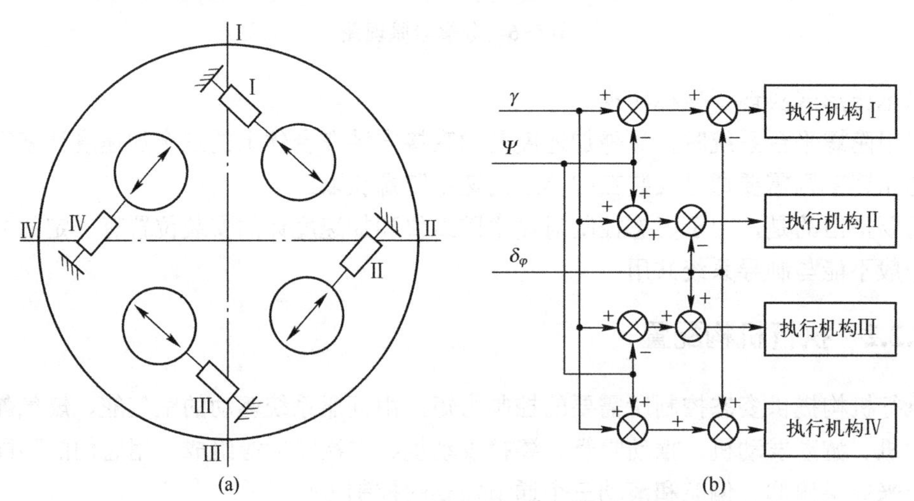

图 5-8　执行机构“×”字形安装示意图

（a）安装示意图；（b）信号流程图。

每个通道皆由 4 个执行机构共同提供控制力矩。4 个执行机构的输出为

$$\begin{cases}\delta_{\mathrm{I}}=\delta_\gamma-\delta_\psi-\delta_\varphi\\\delta_{\mathrm{II}}=\delta_\gamma+\delta_\psi-\delta_\varphi\\\delta_{\mathrm{III}}=\delta_\gamma-\delta_\psi+\delta_\varphi\\\delta_{\mathrm{IV}}=\delta_\gamma+\delta_\psi+\delta_\varphi\end{cases}\tag{5-3}$$

图 5-9（a）是 4 个双向摆动发动机或摆动喷管提供三个通道控制力矩的一种安装方式，其信号流程如图 5-9（b）所示。

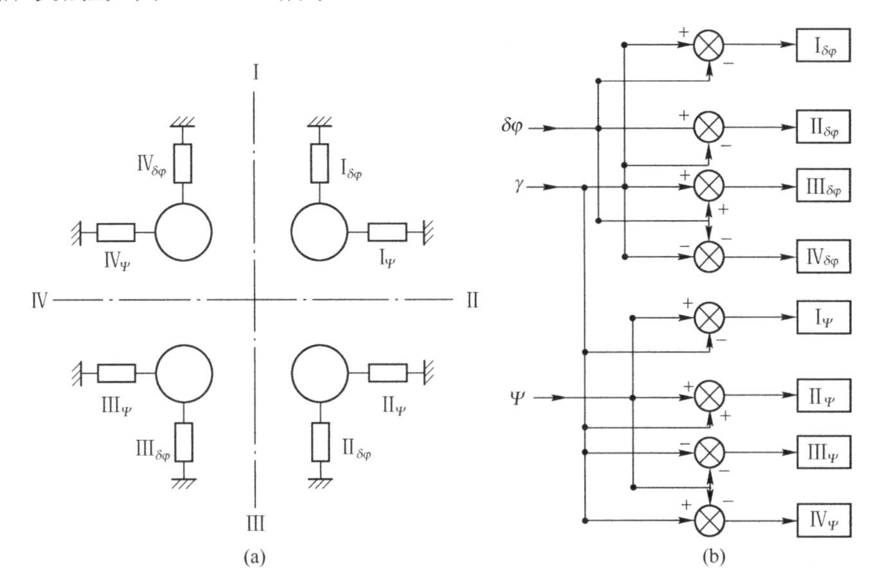

图 5-9　双向执行机构安装示意图

（a）安装示意图；（b）信号流程图。

每一个摆动发动机或摆动喷管由两个伺服系统控制，可绕相互垂直的两个轴摆动。一个伺服系统称为俯仰伺服系统，控制发动机或摆动喷管沿弹体Ⅰ、Ⅲ方向摆动；另一个伺服系统称为偏航伺服系统，控制发动机或摆动喷管沿弹体Ⅱ、Ⅳ方向摆动。俯仰和偏航伺服系统分别由俯仰和偏航通道信号控制，产生俯仰、偏航控制力矩，滚动通道控制力矩由滚动通道信号同时控制俯仰和偏航伺服系统产生，当只有Ⅰ、Ⅲ或Ⅱ、Ⅳ进行双向摆动时也可产生三个通道的控制力矩。

执行机构不同的安装方式除需要的控制电路不同外，所能提供的最大控制力也有所不同。现以摆发动机为例，设发动机最大摆角为 δ_m，发动机推力为 P，则所能提供的最大偏航和俯仰控制力是：图 5-7 方式为 $2P\sin\delta_m$；图 5-8 方式为 $2\sqrt{2}P\sin\delta_m$；图 5-9 方式为 $4P\sin\delta_m$。所能提供的最大滚动控制力是：图 5-7 和图 5-8 方式为 $4P\sin\delta_m$；图 5-9 方式为 $4\sqrt{2}P\sin\delta_m$。

（2）单喷管+姿控喷管控制执行机构。

图 5-10 是一台双向摆动发动机和小姿控喷管提供控制力矩的安装方式。单台双向摆

动的发动机只能提供俯仰通道和偏航通道的控制力矩，不能提供滚动通道控制力矩。滚动通道控制力矩用 4 个小的姿控喷管提供，P1、P3 同时启动产生正滚动力矩，P2、P4 同时启动产生负滚动力矩，小姿控喷管为开关式工作状态。

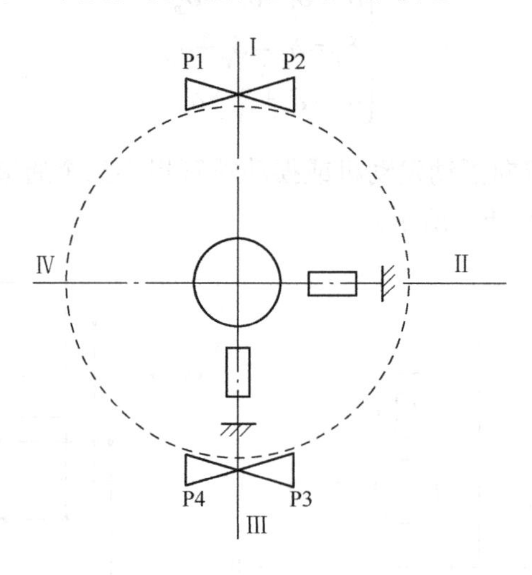

图 5-10　双向摆动发动机与小姿控喷管组合安装示意图

（3）多姿控喷管控制执行机构。

图 5-11（a）采用 8 个小姿控喷管安装方式，P1、P3 提供俯仰通道控制力矩，P2、P4 提供偏航通道控制力矩，P5～P8 提供滚动通道控制力矩。图 5-11（b）采用 6 个小姿控喷管安装方式，P5、P6 提供偏航通道控制力矩，P1～P4 提供俯仰和滚动通道控制力矩，P1、P2 或 P3、P4 同时启动时提供俯仰通道控制力矩，P1、P3 或 P2、P4 同时启动时提供滚动通道控制力矩。当滚动和俯仰通道同时有控制信号时提供滚动通道的控制力矩要小一半，这种方式多用于滑行飞行段和多头分导的母舱的姿态控制。

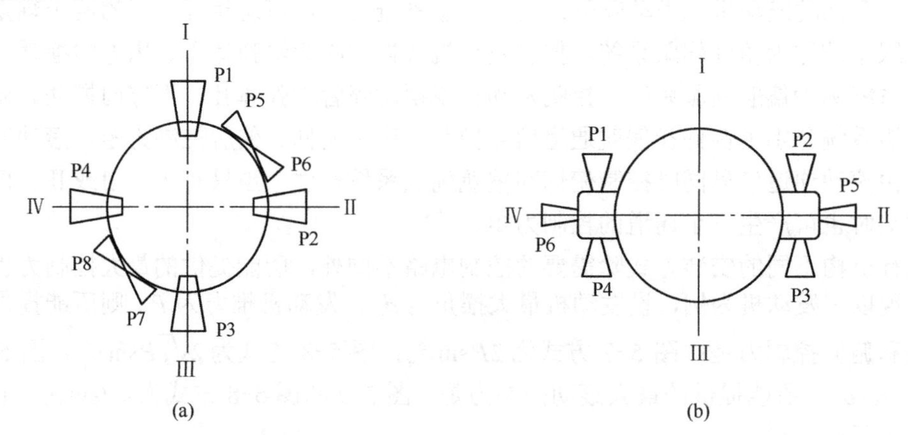

图 5-11　小姿控喷管安装示意图

（a）8 个小姿控喷管安装示意图；（b）6 个小姿控喷管安装示意图。

5.2.3　姿态控制系统设计方案

采用不同的控制规律和选择不同的控制装置，可构成不同的系统结构。下面介绍几种常用的姿态控制系统设计方案。

（1）姿态角—校正网络控制方案。

图 5-12 是姿态角—校正网络控制方案的系统结构图。姿态角测量装置的输出是交流调制信号，所以需要解调后输给校正网络。执行机构是“+”字形安装方式。

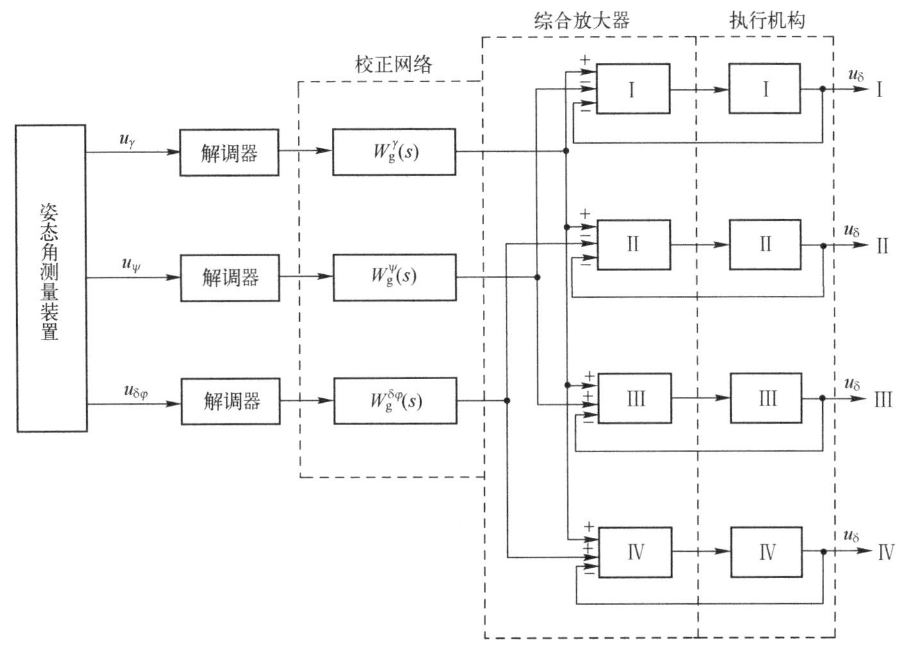

图 5-12　姿态角—校正网络控制方案系统结构图

这是一个模拟式系统，其控制方程为

$$\begin{cases}\delta_\varphi = a_0^\varphi W_\mathrm{T}(s) W_\mathrm{g}^\varphi(s)\delta\varphi W_\mathrm{cn}(s)\\ \delta_\psi = a_0^\psi W_\mathrm{T}(s) W_\mathrm{g}^\psi(s)\psi W_\mathrm{cn}(s)\\ \delta_\gamma = a_0^\gamma W_\mathrm{T}(s) W_\mathrm{g}^\gamma(s)\gamma W_\mathrm{cn}(s)\end{cases} \tag{5-4}$$

式中：$W_\mathrm{T}(s)$ 为姿态角测量装置传递函数；$W_\mathrm{g}^i(s)$ 为 i 通道校正网络传递函数；$W_\mathrm{cn}(s)$ 为执行机构伺服回路传递函数；a_0^i 为 i 通道系统静态传递系数。

（2）姿态角—姿态角速度控制方案。

姿态角—姿态角速度控制方案系统结构如图 5-13 所示。姿态角—姿态角速度控制方案的控制方程式为

$$\begin{cases}\delta_\varphi = [a_0^\varphi W_\mathrm{T}(s) W_\mathrm{g}^\varphi(s)\delta\varphi + a_1^\varphi W_\mathrm{gT}(s) W_\mathrm{g}^{\dot\varphi}(s)\dot\varphi] W_\mathrm{cn}(s)\\ \delta_\psi = [a_0^\psi W_\mathrm{T}(s) W_\mathrm{g}^\psi(s)\psi + a_1^\psi W_\mathrm{gT}(s) W_\mathrm{g}^{\dot\psi}(s)\dot\psi] W_\mathrm{cn}(s)\\ \delta_\gamma = [a_0^\gamma W_\mathrm{T}(s) W_\mathrm{g}^\gamma(s)\gamma + a_1^\gamma W_\mathrm{gT}(s) W_\mathrm{g}^{\dot\gamma}(s)\dot\gamma] W_\mathrm{cn}(s)\end{cases} \tag{5-5}$$

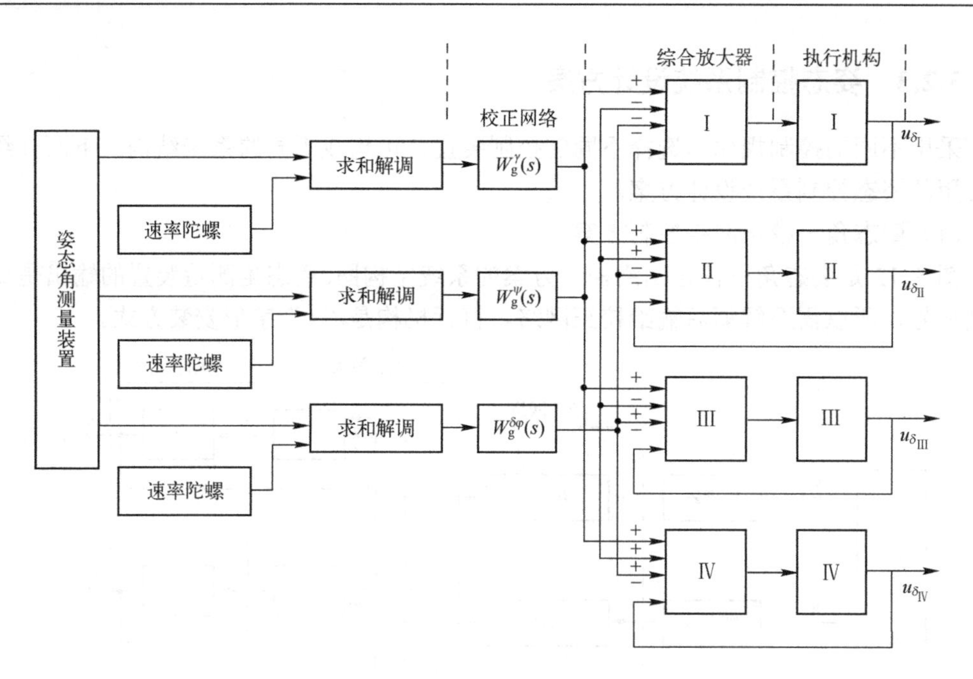

图 5-13　姿态角—姿态角速度控制方案系统结构图

式中：$W_{gT}(s)$ 为速率陀螺仪的传递函数；$W_g^{\dot{i}}(s)$ 为速率陀螺仪输出信号的校正网络传递函数；a_1^i 为速率陀螺仪通道的静态传递系数。

$W_g^i(s)$ 与 $W_g^{\dot{i}}(s)$ 可能相同，也可能不相同，相同时可以合用一个校正网络。图 5-13 是 $W_g^i(s)$ 与 $W_g^{\dot{i}}(s)$ 相同时的系统结构图，执行机构为“×”字形安装。

姿态角和姿态角速度皆为交流调制电压信号，两者求和后进行解调，为了满足 a_0^i 与 a_1^i 的要求，求和器对姿态角信号和姿态角速度信号的放大倍数可以不同。若 $W_g^i(s)$ 与 $W_g^{\dot{i}}(s)$ 不同，则需每个速率陀螺的输出端加一个解调器和校正网络，由综合放大器实现信号的求和。

（3）姿态角—姿态角速度—加速度控制方案。

大型弹道导弹的姿态控制，多采用图 5-14 所示的姿态角—姿态角速度—加速度控制方案。当考虑每个控制装置的动特性时，其控制方程可写为

$$\begin{cases}\delta_\varphi=[a_0^\varphi W_T(s)W_g^\varphi(s)\delta\varphi+a_1^\varphi W_{gT}(s)W_g^{\dot{\varphi}}(s)\dot{\varphi}+g_2W_a(s)W_g^a(s)\dot{W}_{Y_1}]W_{cn}(s)\\ \delta_\psi=[a_0^\psi W_T(s)W_g^\psi(s)\psi+a_1^\psi W_{gT}(s)W_g^{\dot{\psi}}(s)\dot{\psi}+g_2W_a(s)W_g^a(s)\dot{W}_{Z_1}]W_{cn}(s)\\ \delta_\gamma=[a_0^\gamma W_T(s)W_g^\gamma(s)\gamma+a_1^\gamma W_{gT}(s)W_g^{\dot{\gamma}}(s)\dot{\gamma}]W_{cn}(s)\end{cases}\tag{5-6}$$

式中：$W_g^a(s)$ 为加速度表信号的校正网络传递函数；$W_a(s)$ 为加速度表的传递函数；g_2 为加速度表回路的静态传递系数。

图 5-14 是在图 5-13 的基础上增加加速度信号电路部分，图中只画出与加速度信号有关部分，而姿态角、姿态角速度信号部分与图 5-13 相同（未画出）。

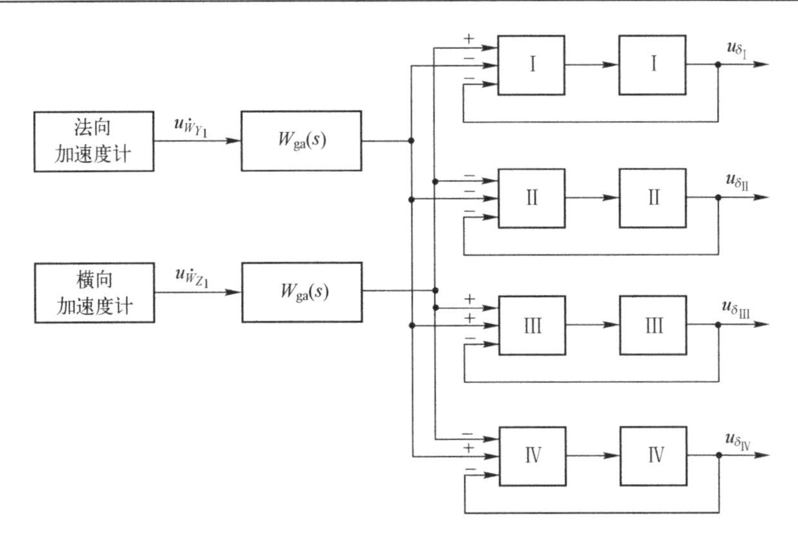

图 5-14　姿态角—姿态角速度—加速度控制方案系统结构图

图 5-12～图 5-14 都是模拟式系统。综合放大器的电路随执行机构的安装方式和控制信号的数量而不同。当采用开关方式工作的执行机构时，综合放大器应是开关放大器。

伺服系统的输出反馈到综合放大器输入形成一个伺服回路，其静态传递系数为

$$K_{cn}=\frac{K_y^i}{K_i K_{oc}} \tag{5-7}$$

式中：K_i 为伺服系统输出角度传感器传递系数；K_{oc} 为反馈回路放大倍数；K_y^i 为综合放大器对 i 路信号放大倍数。

当伺服系统输出为线位移时，其等效 K_t 为

$$K_t=\frac{LK_L}{57.3} \tag{5-8}$$

式中：L 为伺服系统与发动机连接点到转轴的距离（cm）；K_L 为线位移传感器传递系数（V/cm）。

有的伺服系统采用机械式反馈，这时就不需要通过综合放大器形成伺服回路。

对于连续式姿态控制系统，校正网络一般用电阻、电容和电感以及集成运算放大器组成无源的或有源的直流网络，它的传递函数由姿态控制系统设计确定，进而综合出校正网络电路。综合放大器可采用各种类型放大器，例如磁放大器、晶体管放大器和集成运算放大器等。为满足系统增益和阻抗匹配要求，可将综合放大器分几部分置于不同位置，例如分两部分置于校正网络的输入端和输出端。当采用交流放大时，校正网络前后还应有解调和调制电路。

对于数字式姿态控制系统，在控制原理上与连续式姿态控制系统并没有本质区别，只是在具体的实现方式上有一定的差别，其中一个主要的差别就是数字式姿态控制系统由数字计算机来实现校正网络和综合放大器功能。现在较大型的导弹越来越多地采用数字式姿态控制系统，图 5-15 是实现式（5-6）控制方程式的数字式姿态控制系统结构图。

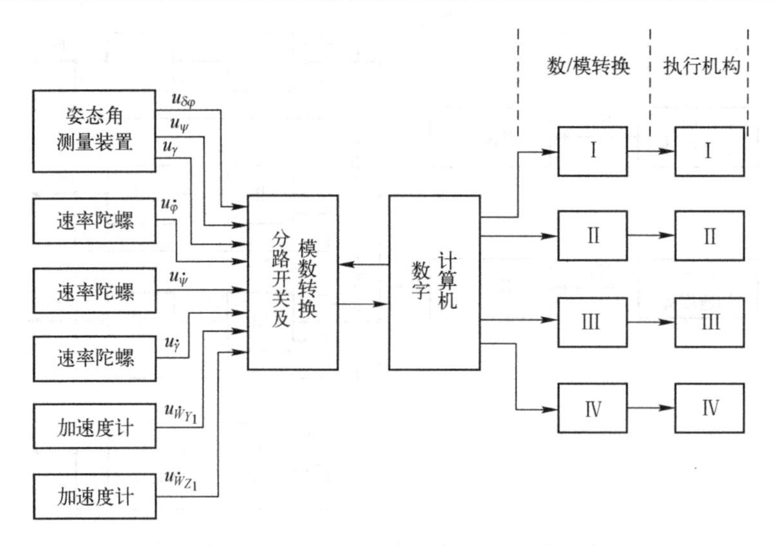

图 5-15 数字式姿态控制系统结构图

图中伺服系统是带机械反馈的，它由模拟信号控制，所以每路需有一个数/模转换器，测量装置输出信号是多路模拟量，用分路开关和模/数转换器变换为计算机可以使用的数字量。如果测量装置输出就是数字或脉冲信号，那么模/数转换器就不再需要，而只设计相应接口即可。数字计算机可以单独用一台，也可以与制导系统合用一台。

来自制导系统的导引信号分别对俯仰和偏航进行控制。信号由综合放大器求和。为防止导引信号对姿态控制系统的突然扰动和导引回路对姿态控制系统的影响，在导引信号通道上可加入校正网络。

多级导弹每级都有自己相应的姿态控制系统，但是有些控制装置是各级共用的。例如，姿态角测量装置、弹载计算机等可放在末级，采用并联或转换的方法供各级公用。所谓“并联”，就是各级并联在公用装置上，例如姿态角测量装置的输出同时加给各级中间装置，但除正在工作的一级外，其他级的执行机构没有控制力矩，只是空运行。“转换”就是使用转接装置（例如继电器）将公用装置接在正在工作的级上，级间分离时由时序电路控制转接到下一级。

姿态控制系统的动、静态参数需随飞行时间而变化。其中，连续性控制系统可用继电器改变电路参数来实现，继电器由时序系统控制；数字式控制系统由弹载计算机的程序自动实现这种变化。

5.2.4 姿态控制系统的仿真试验

在控制系统的设计中，除了对硬件进行设计，还需要通过大量的试验对所设计的控制系统的性能进行分析。其中，仿真试验是随着计算机技术的发展出现的一种技术手段，目前已经在导弹控制系统的设计中得到广泛应用。所谓仿真，就是用模型代替实物做试验。用物理模型进行试验称为物理仿真，用数学模型进行的试验称为数学仿真，模型和实物混用的试验称为半实物仿真。在研究导弹姿态控制系统的性能时，控制对象不用物理模型，只能用数学模型，因为要研制一个物理模型比实物更困难。当然，为了解算导弹运动的数学模型，必须有相应的计算机，还必须有一套专用和通用的试验设备。由于计算的是数学模型，只要计算机的容量、速度和功能合适，同一台计算机可以完成各种不同类型的对象的仿真，而仿真试验的准备工作主要是编排仿真模型，这比物理仿真和用实际系统进行试验更简单、更经济，而且很容易改变对象的参数和模型，便于研究问题。因此，数学仿真在控制系统设计中得到广泛应用。当所研究的对象的运动规律难以准确地用数学模型描写时，或者为了验证数学模型的正确性，要用物理模型进行仿真试验，这就要制作对象的物理模型。物理仿真、数学仿真和半实物仿真，在导弹控制系统设计中都得到了广泛应用，其原因具体如下。

（1）导弹作为控制对象，其参数与飞行条件有关，很难通过理论计算确定其所有参数，往往需要通过物理仿真试验确定其某些参数。例如，通过导弹的缩比模型风洞试验，确定气动参数；通过缩比模型的水池试验，研究导弹的水下点火和潜地导弹的出水姿态角；通过水下发射试验的 1∶1 模型，研究水下力学环境等。

（2）导弹是一个复杂的武器系统，研制周期长、研制经费大，飞行试验的成败不仅会造成重大的经济损失，而且会威胁到人身和设备的安全。因此，确保飞行试验成功是极其重要的，这就要求各分系统做好充分的地面工作。对于姿态控制系统，要在地面上研究系统性能，不可能用真实的控制对象，只能借助于控制对象的数学模型，进行仿真试验。

（3）在大姿态情况下，姿态控制系统的分析与综合没有简单可行的办法，只能借助于仿真试验选择大姿态情况下的系统参数，研究各种非线性因素及通道交连影响。

（4）为了节省飞行试验经费，通过全弹道仿真试验，检验导弹的射击密集度，从而可以减少飞行试验的次数。

总之，在弹上控制系统设计中，仿真不仅能够用于确定对象的某些参数、检验控制系统的性能，还是研究各种问题、确定大姿态情况下的系统参数和进行射击精度评定的重要手段。

在姿态控制系统设计中，一般要进行两类仿真试验：一类是数学仿真；另一类是半实物仿真。数学仿真，是指系统各个环节均用数学模型，仿真可以是实时的，也可以是非实时的。由于不用实物，数学仿真能够很方便地改变系统方案和参数，便于研究各种因素对系统性能的影响，因此是系统方案研究和参数选择的重要手段。半实物仿真，是指控制对象用数学模型，组成姿态控制系统的设备用实物，计算机通过界面同实物连接，组成仿真系统，仿真必须是实时的。由于控制设备是实物，可以检验实物条件下系统的性能，也可以研究控制设备数学模型不完善对系统性能的影响，从而修改完善数学模型。

姿态控制系统仿真一般要经过下列步骤：

（1）进行仿真试验设计。其设计内容包括试验项目、试验方法、试验内容、试验所必需的原始数据、数学模型及必要的试验设备等。

（2）根据仿真要求，将系统各部分数学模型转变成计算机能够执行的仿真模型，并在计算机上调试仿真程序。

（3）系统仿真模型的测试和修改。

（4）参加试验的实物、设备的检查与标定。

（5）按设计内容进行仿真试验。

（6）试验结果分析及整理。

5.3 姿态控制系统的运动特性分析

5.3.1 姿态控制的一般特征

弹道导弹姿态控制系统通常具有以下基本特征：

（1）运动参数的时变性；

（2）控制对象及设备的非线性；

（3）参数及扰动的随机变化性；

（4）弹体的气动不稳定性；

（5）弹体的弹性振动。

对于采用液体燃料的弹道导弹，还存在推进剂晃动带来的影响。下面以固体弹道导弹为例，简要介绍这几种基本特征的内涵。

5.3.1.1 运动参数的时变性

运动参数的时变性是导弹姿态运动的重要特点，它是由燃料消耗、推力变化、弹道变化和级间分离等因素造成的。一般说来，固体导弹的参数变化比液体导弹要剧烈得多。这是由于固体导弹推重比大、短时间工作方式和耗尽关机造成的。参数时变性给姿态控制系统设计带来两个问题：一是变参数的处理方法问题；二是如何适应变参数的问题。

判断变参数系统的稳定性，至今没有一个既严格又实用的准则，只能借助于某些粗略的分析方法，分析和设计姿态控制系统。冻结系数法已广泛用于姿态控制系统设计中。其基本思想是对于预先选定的若干特征时刻“冻结”系统参数，把系统当成常参数系统进行分析和综合，从而确定系统参数。至于参数变化对系统稳定性的影响，则通过仿真试验检查。这种方法的使用条件是系统参数变化缓慢，一般认为在系统特征响应时间内，参数没有明显的变化，可视为参数变化缓慢。实践证明，冻结系数法对于弹道导弹姿态控制系统设计是有效的。

对于参数变化剧烈、不能冻结系数的时刻，如级间分离、质量剧变等时刻，应特别注意。为了适应参数变化，系统采用变增益措施，增益变化可以是连续的，也可分段取常值。

5.3.1.2 控制对象及设备的非线性

导弹飞行的刚体动力学模型可以用一组非线性微分方程组来描述。在小扰动条件下，可以相对于标准弹道线性化，得到俯仰、偏航、滚动三个通道互相独立的线性方程组，从而可以用线性常参数系统的分析和综合方法来设计姿态控制系统。

对于潜射型固体弹道导弹，导弹出筒时由于艇的横摇、纵摇、航速和燃气的作用，已经具有一定的速度、姿态角偏差和姿态角速度，在水中无控段还要受到浪、涌、洋流等干扰的影响，再加上弹体的水动静不稳定度大，姿态角偏差和角速度迅速增大；到开始姿态控制时，姿态角偏差较大，角速度也比较大，会造成所谓的潜地固体导弹的大姿态控制问题。减小发射深度是减小初始姿态的有效措施，但这会影响武器系统的隐蔽性。显然，在初始大姿态的消除过程中，不符合小扰动条件，动力学模型不能线性化，必须用非线性微分方程组分析和设计姿态控制系统。

固体导弹推力矢量控制，广泛应用了各种结构形式的可动喷管，例如摆动喷管、旋转喷管、珠承喷管、柔性喷管等。这些喷管的摩擦力矩都比较大，特别是前三种喷管，摩擦力矩占伺服机构总负载力矩的绝大部分。因此，在小姿态角偏差的情况下，伺服机构的频率特性受摩擦力矩的影响很大。在大姿态角偏差的情况下，将出现伺服机构的速度饱和及位置饱和问题，这又会影响系统的稳定性并造成通道交连。

在大姿态角偏差的情况下，通过平台框架角求得的姿态角与框架角之间的关系是非线性的，并使三个通道互相交连。同样，弹上变换放大器由于输入信号太大，也会达到饱和状态。

综上所述，在大姿态角偏差的情况下，整个姿态控制系统就成为含有多个非线性环节、三个通道互相交连的复杂非线性系统。系统设计时，必须分析非线性、多输入多输出系统的大范围稳定性，解决复杂非线性系统的设计方法、大姿态稳定性及确定控制设备的工作范围等问题。

5.3.1.3　参数及干扰的随机变化性

固体发动机的燃烧过程是非常复杂的，推进剂的质量、初始温度和制造误差等因素都将影响到发动机的秒耗量，点火后又不能对秒耗量进行控制，因此，秒耗量的偏差远大于液体发动机，再加上比冲的误差，使固体发动机的推力偏差达 10%以上，这不仅直接造成控制力矩系数的随机偏差，而且还将造成飞行弹道的偏差。弹道的偏差，将引起气动力矩系数的偏差。弹体结构的制造误差、质量误差、转动惯量误差及气动力系数误差，也将造成姿态运动的动力学模型的参数误差。

组成姿态控制系统的各仪器设备，由于元器件参数误差、环境条件的影响等，使其静态、动态特性都有一定的随机误差。

由于上述原因，姿态控制系统的开环对数频率特性也有较大的随机误差，这就要求系统有足够的稳定裕度适应这些随机误差。

在导弹的飞行过程中，姿态控制系统要受到来自推力偏斜和重心横移的结构干扰、风干扰及来自控制设备的电气干扰，它们都是随机量。

由于系统参数及干扰都是随机量，系统设计最好用概率法。应用这种方法，可以根据系统的功效条件，鉴定姿态控制系统的稳定性概率、综合相坐标的变化范围及校正算法，完成姿态控制系统设计。

为了简化设计，通常把随机问题当成确定性问题进行处理。具体做法是把随机变化的参数和干扰依一定概率取其最大值，根据它们对系统的影响组合出最不利的工作状态，根据最不利的状态进行系统综合和仿真，确保系统能够适应参数和干扰的变化。实践证明，这种做法对于弹道导弹姿态控制系统设计是有效的。

值得指出的是，所谓系统的最不利工作状态是为了进行系统设计人为组合出来的，实际上各种随机因素同时出现最大值的可能性是非常小的，随机因素越多，同时出现的可能性越小。因此，按此方法设计的系统，如果没有差错和遗漏，实际飞行结果总是优于设计指标的。

5.3.1.4 弹体的气动不稳定性

对于机动冷发射的固体导弹，导弹是由发射筒弹射出来的。由于发射筒和弹上结构限制，导弹气动外形受到限制，通常是气动静不稳定的，而且静不稳定度大。这就意味着，当有一个扰动使导弹产生一个攻角增量$\Delta\alpha$时，它产生的气动力矩就会使弹向$\Delta\alpha$继续增大的方向转动，如不加控制，攻角将按指数规律迅速增大，静不稳定度越大，攻角增加越快。在线性化姿态运动模型中，b_2为负值表示气动静不稳定，$|b_2|$越大，静不稳定度越大。

固体导弹的推重比大，加速快。因此，在同样高度上动压$q=\rho v^2/2$大，与此成正比的$|b_2|$也大，即静不稳定度大，在同样的风干扰下，要求推力矢量控制系统提供更大的控制力矩，以平衡风干扰力矩。同样，对快变化的切变风和阵风也更敏感。

5.3.1.5 弹体的弹性振动

所谓弹体的弹性振动，是指弹体结构并非刚体，在外力作用下产生弯曲变形。对于钢结构的固体导弹，由于其长细比小，结构刚度大，弹性振动的固有频率较高，但由于刚体控制系统的交界频率也较高，使得刚体稳定与弹性稳定仍有较强的交连，弹性稳定仍是系统设计需要解决的关键技术之一。对于玻璃钢结构的导弹，弹性振动频率很低，甚至接近控制系统的交界频率，系统设计也就更困难了。

弹性振动信号由敏感元件进入姿态控制系统，经变换放大驱动伺服机构形成闭合回路，如果弹性振动回路不稳定，激励后广义坐标将越来越大。过大的弹性振动有可能引起弹体结构上的破坏，也可能引起伺服放大器的电流饱和和伺服机构的速度饱和，影响刚体姿态运动的正常控制，严重时可造成姿态控制系统失稳。

在姿态控制系统的设计中，可以选择敏感元件的安装位置，改善弹性振动回路的稳定性。其中，速率陀螺的安装位置对改善弹性振动的稳定性最有效，从而成为解决弹性振动回路稳定性的重要措施之一。

5.3.2 姿态控制系统的性能指标

姿态控制系统的性能指标有稳定性指标、精度指标、动态品质指标、抗干扰及可靠性指标等，每一项指标还可以细分成许多具体要求。这些指标要根据系统的实际需要和现实可能提出，指标之间也是互相联系、互相制约的。

姿态控制系统的可靠性包括两个方面：一方面是系统设计的可靠性；另一方面是组成系统的设备和电路的可靠性。系统设计的可靠性是指系统设计所用的原始数据是否准确可靠，系统方案是否正确，采取措施是否有效，参数选择是否合理，系统性能是否留有足够余量，地面试验是否充分，设计中是否有漏项、差错等。它是由高品质的系统设计来保证的。设备和线路的可靠性已被高度重视，现在进行的可靠性预估和设计，主要是指这一部分。

5.3.2.1 稳定性指标

姿态稳定是导弹正常飞行的必要条件，不同设计方法对稳定性指标有不同提法。在频率域设计姿态控制系统时，以相角裕度和幅值裕度来表示相对稳定性；在用根轨迹法、极点配置和多项式矩阵法设计系统时，以闭环极点的位置来表示稳定性。由于姿态控制系统一般在频率域进行设计，因此通常提出的是频率域稳定性指标。

工程上多采用系统的开环对数频率特性进行系统综合分析，图 5-16 为导弹绕质心运动模型中 b_2 参数为负时姿态控制系统的典型开环对数频率特性曲线。

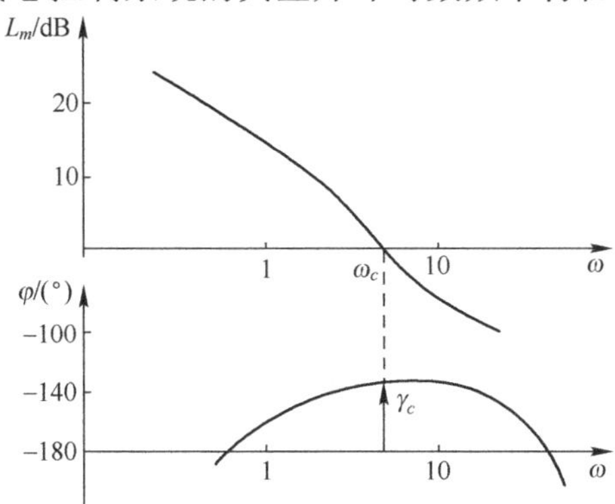

图 5-16　姿态控制系统开环对数频率特性

为了保证系统的动态品质和适应可能的参数变化，还必须考虑相对稳定性。系统分析和设计时，首先判断系统是否稳定，然后求出其幅值和相角裕度。由图 5-16 不难看出，对于 b_2 为负的俯仰（偏航）通道刚性弹体来说，当相频特性曲线正穿越-180° 曲线时幅值裕度为负分贝数，负穿越时为正分贝数。取绝对值小的一个作为系统的幅值裕度，而相角裕度为正值。

姿态控制系统设计要考虑变参数、非线性和随机误差对稳定性的影响，这就要求系统在各个特征秒的上、下限参数变化范围内及各种干扰作用下能够稳定。系统设计应以各种情况下使系统的最小裕度最大为指标来优化系统参数。系统最小裕度的允许值，主要取决于对系统动态性能的要求，也要考虑最小裕度出现的可能性是否满足要求，如不满足则应重新修改参数。事实上，最小裕度出现在上、下限状态，而系统出现上、下限状态的可能性很小，所以保留过大的稳定裕度也没有必要。

5.3.2.2　精度指标

为了使飞行中的导弹在各种干扰作用下不过大地偏离标准弹道，以满足小扰动条件，要求姿态控制系统工作的状态量小于允许值。因此，系统状态量的控制精度也成为一个重要的设计指标。在不同飞行阶段，对系统状态量的精度要求也不同，应分别对待。

由于导弹控制设备的死区、回环、干摩擦及开关特性等非线性因素的影响，在小信号工作状态，系统将出现一个稳定的极限环，产生自振；由于伺服机构速度饱和的影响，在大姿态情况下，系统存在一个不稳定的极限环，当系统的状态超过这个极限环时系统将发散。

稳定的系统自振，会影响系统的控制精度，必须加以限制，特别是幅值大、频率高的自振应尽量避免。这种振荡将消耗液压伺服机构的流量，当所消耗的流量接近或超过液压泵所能提供的流量时，伺服机构的动态性能要下降。但是完全消除自振是没有必要的，只要它对正常控制无明显的影响，就会对克服干摩擦等非线性因素的影响有一定作用。系统设计的任务是将稳定的极限环限制在允许的范围内（如将自振引起的喷管摆角限制在最大允许摆角的 5%以内），将不稳定的极限环扩大到系统可能出现的工作状态以外，以保证大姿态控制的稳定性。

在惯性/星光制导的末助推级姿态控制中，对于星敏感器在弹上捷联安装的情况，由于星敏感器测星需要一定的光积分时间，且测星时姿态角变化太快会导致不能正常输出测量信号，因此要求姿态控制系统自振造成的姿态角速率降低到星敏感器能够正常工作的程度。

5.3.2.3 动态性能指标

在常参数线性系统中，动态性能主要是指过渡过程时间、超调量、振荡次数等，它们与系统的稳定性密切相关。在经典控制理论中已经给出了闭环幅频特性与动态性能的关系，只要频率特性确定之后，那么时域中的动态性能也随之确定。在固体导弹的姿态控制系统设计中，由于非线性、变参数的影响，虽然仍可采用过渡过程时间、超调量、振荡次数等动态性能指标，但它与稳定性指标的关系却是未知的，不可能把它们转换成稳定性指标，因此必须单独提出。

在导弹姿态控制中，要求姿态偏差尽快消除，否则推力会长时间偏向一个方向，将造成过大的弹道偏差，严重时将影响主动段稳定飞行。同时要尽量减小姿态超调量和振荡次数，其中：超调量大，要求平台的框架活动范围大，这会增加平台设计困难；振荡次数多，会使伺服机构的动态性能变坏，严重时造成系统发散。为了实现规定的动态性能，对喷管的最大摆角、最大摆动速度及初始姿态大小都要提出适当要求。

在最大动压区、级间分离、耗尽关机、对星等飞行段，都要求姿态控制系统有良好的动态性能。姿态控制系统的动态性能可以通过仿真试验进行检验，如果检验结果不能满足要求，则需要修改系统参数或方案再进行检验，直到满足要求为止。

5.3.2.4 抗干扰指标

在姿态控制系统中，既存在结构误差造成的结构干扰，以及平稳风、切变风造成的风干扰，也存在由阵风、电源噪声、振动噪声、量化误差等造成的快变化的随机干扰。

对于固体导弹，由于静不稳定度大，姿态运动容易受风干扰的影响，特别对切变风和阵风很敏感。一般说来，固体发动机的推力脉动比较大，由此造成弹上的振动环境比较恶劣，振动噪声会通过敏感元件进入姿态控制系统。

对于慢变化的力和力矩类干扰，要求姿态控制系统有足够的控制力与之平衡，同时还将造成状态量的稳态误差，影响控制精度，但一般来说不影响系统的稳定性。对于快变化的随机干扰，虽然对控制精度影响不大，但由于其变化快，有可能引起伺服放大器的电流饱和和伺服机构抖动，影响正常控制，严重时可使系统的稳定裕度下降，甚至造成系统发散。在数字式系统中，由于高频随机干扰的频率可能高于采样频率的一半，从而引起频率折叠效应，造成低频干扰。因此，系统的抗干扰能力成为系统设计的主要指标之一，为了保证系统在各种干扰下能正常工作，要求控制系统对高频干扰有足够的衰减，但这往往与系统的稳定性和快速性相矛盾。为了检验系统的抗干扰能力，在系统仿真试验时，加入飞行中可能出现的各种干扰，观察对系统的性能是否有明显的坏影响，如果影响达到不能允许的程度，则应改变系统参数，提高抗干扰能力。

5.3.3　导弹运动方程及其简化

导弹的运动特性通常由一组非线性、变系数的方程组来描述，由于存在弹性振动、液体晃动和发动机摇摆等因素的影响，使方程组非常复杂。目前对于这类方程还没有实用的解法，在工程设计中，通常会基于一定的假设对其进行简化，对其进行简化的理由和方法如下。

（1）对于弹道导弹，在结构上通常是轴对称的，因此可以把导弹的运动简化为平面运动，忽略相互间的交连影响。

（2）研究短周期的绕质心转动运动，分析导弹的飞行稳定性，讨论重点是扰动作用下的姿态稳定和控制问题。由于扰动作用下所产生的偏差值都被限定在某一小量之内，因此可对导弹动力学方程组在标准弹道附近进行线性化，得出供分析用的摄动方程组。

（3）导弹运动方程组的系数随时间而不断变化，但考虑到姿态控制所研究的运动过程比方程组系数变化要快得多，在导弹响应过程中可近似认为方程组的系数（固化系数）不变，将变系数方程组简化为常系数方程组。

通过上述的简化，可以得到导弹单通道、线性、摄动方程组，从而可以求取传递函数，进行各种分析和计算。在此基础上，再通过数值仿真，对变系数系统进行全弹道仿真分析。

在建立弹道导弹运动方程时，通常基于三个基本假设：第一，假设导弹为刚体；第二，导弹是轴对称的；第三，在弹体坐标系建立力矩平衡方程，在速度坐标系建立力平衡方程。

基于上述三个基本假设，通过对导弹进行力和力矩分析，可以分别建立其质心运动学方程和绕质心的运动学方程，即

$$
\left\{\begin{aligned}
&m\dot{V}=-mg\sin\theta\cos\sigma+P\cos\alpha\cos\beta-C_X qS_M+F_x\\
&mV\dot{\theta}\cos\sigma=-mg\cos\theta+P\cos\beta\sin\alpha+C_Y qS_M+\frac{P}{2}\delta_\varphi+2m_R l_R\delta_\varphi+F_y\\
&mV\dot{\sigma}=-mg\sin\theta\sin\sigma-P\sin\beta+C_Z qS_M-\frac{P}{2}\delta_\psi-2m_R l_R\ddot{\delta}_\psi+F_z\\
&J_X\frac{\mathrm{d}\omega_X}{\mathrm{d}t}+(J_Z-J_Y)\omega_Y\omega_Z=-m_{d_X}^{\omega_X}qS_M l_K^2\omega_X/V-PZ_P\delta_\gamma-4J_R\ddot{\delta}_\gamma-4m_R l_R Z_P\ddot{\delta}_\gamma+M_X\\
&J_Y\frac{\mathrm{d}\omega_Y}{\mathrm{d}t}+(J_X-J_Z)\omega_Z\omega_X=-m_Y^\beta qS_M l_K\beta-m_{d_Y}^{\omega_Y}qS_M l_K^2\omega_Y/V-\frac{P}{2}(X_R-X_z)\delta_\psi-2J_R\ddot{\delta}_\psi-\\
&\qquad\qquad 2m_R l_R(X_R-X_z)\ddot{\delta}_\psi-2m_R\dot{W}_X l_R\delta_\psi+M_Y\\
&J_Z\frac{\mathrm{d}\omega_Z}{\mathrm{d}t}+(J_Y-J_X)\omega_X\omega_Y=-m_Z^\alpha qS_M l_K\alpha-m_{d_Z}^{\omega_Z}qS_M l_K^2\omega_Z/V-\frac{P}{2}(X_R-X_z)\delta_\varphi-2J_R\ddot{\delta}_\varphi-\\
&\qquad\qquad 2m_R l_R(X_R-X_z)\ddot{\delta}_\varphi-2m_R\dot{W}_X l_R\delta_\varphi+M_Z
\end{aligned}\right.
\tag{5-9}
$$

式中：V 为导弹速度；m 为导弹质量；P 为导弹发动机总推力；θ 和 σ 分别为导弹相对发射惯性坐标系的弹道倾角和弹道偏角；α 和 β 分别为导弹攻角和侧滑角；ω_X、ω_Y 和 ω_Z 为导弹沿弹体坐标系三轴的转动角速度；δ_φ、δ_ψ 和 δ_γ 分别为导弹的俯仰、偏航、滚转

等效舵偏；C_X、C_Y和C_Z分别为导弹的阻力系数、升力系数和侧力系数；q为速度头；S_M为导弹的特征横截面积；F_x、F_y和F_z为导弹在速度坐标系三个方向受到的干扰力；M_X、M_Y和M_Z分别为导弹在弹体坐标系三轴受到的干扰力矩；J_X、J_Y和J_Z分别为导弹沿弹体坐标系三轴的转动惯量；X_R为导弹发动机摆点到导弹理论尖端的距离；Z_P为导弹发动机摆点到导弹弹体纵轴的距离；X_z为导弹理论尖端到质心的距离；l_K为导弹理论长度；m_R为单台发动机摆动部分的质量；J_R为单台发动机摆动部分的转动惯量；l_R为发动机质心到摆轴的距离；$\dot{W}_X$为导弹沿弹体坐标系X轴的视加速度；$m_{d_X}^{\omega_X}$、$m_{d_Y}^{\omega_Y}$、$m_{d_Z}^{\omega_Z}$、m_Y^{β}、m_Z^{α}为导弹相对各状态量的气动力矩系数。

式（5-9）为一个多维、非线性、变系数运动方程组，无法直接用于稳定性分析。基于前面所提到的思路，可以把式（5-9）简化成互相独立的三个通道：俯仰、偏航、滚转。一般应先进行扰动线性化，才能把空间运动分解成互相独立的平面运动。对于弹道导弹和运载火箭这样轴对称的弹体，可以首先把空间运动分开，使各组方程主要描述某一方向的运动，然后进行线性化。

对于姿态控制系统的稳定性分析，通常分三个通道进行。观察式（5-9）可以看出：第一式是描述导弹的纵向速度，研究稳定性问题时可以不考虑；第二式和第六式是描述导弹俯仰平面的运动；第三式和第五式是描述导弹偏航平面的运动；第四式是描述导弹的滚转运动。

下面仅对俯仰通道即第二式和第六式进行简化。偏航和滚转通道可同样推导。由于导弹是轴对称的，偏航平面运动方程系数和俯仰平面运动方程系数完全相同。

（1）三个单独通道的运动方程组可表示为

俯仰：

$$\begin{cases} mV\dot{\theta}\cos\sigma = -mg\cos\theta + P\cos\beta\sin\alpha + C_Y qS_M + \dfrac{P}{2}\delta_\varphi + 2m_R l_R\ddot{\delta}_\varphi + F_y \\ J_Z\dfrac{\mathrm{d}\omega_Z}{\mathrm{d}t} + (J_Y - J_X)\omega_X\omega_Y = -m_Z^{\alpha} qS_M l_K\alpha - m_{d_Z}^{\omega_Z} qS_M l_K^2\omega_Z/V - \dfrac{P}{2}(X_R - X_z)\delta_\varphi - 2J_R\ddot{\delta}_\varphi - \\ \qquad 2m_R l_R(X_R - X_z)\ddot{\delta}_\varphi - 2m_R\dot{W}_X l_R\delta_\varphi + M_Z \\ \varphi = \theta + \alpha \end{cases} \tag{5-10}$$

偏航：

$$\begin{cases} mV\dot{\sigma} = -mg\sin\theta\sin\sigma - P\sin\beta + C_Z qS_M - \dfrac{P}{2}\delta_\psi - 2m_R l_R\ddot{\delta}_\psi + F_z \\ J_Y\dfrac{\mathrm{d}\omega_Y}{\mathrm{d}t} + (J_X - J_Z)\omega_Z\omega_X = -m_Y^{\beta} qS_M l_K\beta - m_{d_Y}^{\omega_Y} qS_M l_K^2\omega_Y/V - \dfrac{P}{2}(X_R - X_z)\delta_\psi - 2J_R\ddot{\delta}_\psi - \\ \qquad 2m_R l_R(X_R - X_z)\ddot{\delta}_\psi - 2m_R\dot{W}_X l_R\delta_\psi + M_Y \\ \psi = \sigma + \beta \end{cases} \tag{5-11}$$

滚转：

$$J_X\frac{d\omega_X}{dt}+(J_Z-J_Y)\omega_Y\omega_Z=-m_{d_X}^{\omega_X}qS_Ml_K^2\omega_X/V-PZ_P\delta_\gamma-4J_R\ddot{\delta}_\gamma-4m_Rl_RZ_P\ddot{\delta}_\gamma+M_X \quad (5-12)$$

（2）在进行扰动线性化前，假设偏航、滚转通道标准弹道参数为零，即

$$\theta=\theta_0+\Delta\theta，\quad \alpha=\alpha_0+\Delta\alpha，\quad \varphi=\varphi_0+\Delta\varphi$$

$$\sigma=\Delta\sigma，\quad \beta=\Delta\beta，\quad \psi=\Delta\psi，\quad \gamma=\Delta\gamma$$

$$\delta_\psi=\Delta\delta_\psi，\quad \delta_\gamma=\Delta\delta_\gamma，\quad \delta_\varphi=\delta_{\varphi_0}+\Delta\delta_\varphi$$

考虑到

$$\begin{cases}\omega_X=\dot{\gamma}-\dot{\varphi}\sin\psi\\ \omega_Y=\dot{\psi}\cos\gamma+\dot{\varphi}\cos\psi\sin\gamma\\ \omega_Z=\dot{\varphi}\cos\psi\cos\gamma-\dot{\psi}\sin\gamma\end{cases} \quad (5-12)$$

忽略二阶小量，对其进行展开可得

$$\omega_X=\dot{\gamma}-\dot{\varphi}\sin\psi=\dot{\gamma}-(\dot{\varphi}_0+\Delta\dot{\varphi})\sin\psi\approx\dot{\gamma}-\dot{\varphi}_0\psi$$

$$\omega_Y=\dot{\psi}\cos\gamma+\dot{\varphi}\cos\psi\sin\gamma\approx\dot{\psi}+\dot{\varphi}_0\gamma$$

$$\omega_Z=\dot{\varphi}\cos\psi\cos\gamma-\dot{\psi}\sin\gamma\approx\dot{\varphi}$$

由此可得简化关系表达式为

$$\begin{cases}\omega_X=\dot{\gamma}-\dot{\varphi}_0\psi\\ \omega_Y=\dot{\psi}+\dot{\varphi}_0\gamma\\ \omega_Z=\dot{\varphi}\end{cases} \quad (5-13)$$

（3）对俯仰通道方程式（5-10）进行简化，有

$$mV(\dot{\theta}_0+\Delta\dot{\theta})=-mg\cos(\theta_0+\Delta\theta)+P\sin(\alpha_0+\Delta\alpha)+C_Y^\alpha qS_M(\alpha_0+\Delta\alpha)+\frac{P}{2}(\delta_{\varphi_0}+\Delta\delta_\varphi)+2m_Rl_R(\ddot{\delta}_{\varphi_0}+\Delta\ddot{\delta}_\varphi)+F_y$$

$$\begin{aligned}&J_Z(\ddot{\varphi}_0+\Delta\ddot{\varphi})+(J_Y-J_X)(\dot{\gamma}-\dot{\varphi}_0\psi)(\dot{\psi}+\dot{\varphi}_0\gamma)\\&=-m_Z^\alpha qS_Ml_K(\alpha_0+\Delta\alpha)-m_{d_Z}^{\omega_Z}qS_Ml_K^2\omega_Z/V-\frac{P}{2}(X_R-X_z)(\delta_{\varphi_0}+\Delta\delta_\varphi)-2J_R(\ddot{\delta}_{\varphi_0}+\Delta\ddot{\delta}_\varphi)-\\&\quad 2m_Rl_R(X_R-X_z)(\ddot{\delta}_{\varphi_0}+\Delta\ddot{\delta}_\varphi)-2m_R\dot{W}_Xl_R(\delta_{\varphi_0}+\Delta\delta_\varphi)+M_Z\end{aligned}$$

考虑到

$$\varphi_0+\Delta\varphi=\theta_0+\Delta\theta+\alpha_0+\Delta\alpha$$

将 $\Delta\delta_\varphi$ 写成 δ_φ，则上述方程简化为

$$\begin{cases}mV\Delta\dot{\theta}=mg\sin\theta_0\Delta\theta+P\cos\alpha_0\Delta\alpha+C_Y^\alpha qS_M\Delta\alpha\\ \qquad +\frac{P}{2}\delta_\varphi+2m_Rl_R\ddot{\delta}_\varphi+F_y\\ J_Z\Delta\ddot{\varphi}+m_Z^\alpha qS_Ml_K\Delta\alpha+m_{d_Z}^{\omega_Z}qS_Ml_K^2\Delta\dot{\varphi}/V+\frac{P}{2}(X_R-X_z)\delta_\varphi+2J_R\ddot{\delta}_\varphi+\\ 2m_Rl_R(X_R-X_z)\ddot{\delta}_\varphi+2m_R\dot{W}_Xl_R\delta_\varphi=M_Z\\ \Delta\varphi=\Delta\theta+\Delta\alpha\end{cases} \quad (5-14)$$

进一步可得

$$
\begin{cases}
\Delta\dot{\theta}=\dfrac{g}{V}\sin\theta_0\Delta\theta+\dfrac{P\cos\alpha_0+C_Y^{\alpha}qS_M}{mV}\Delta\alpha+\dfrac{P}{2mV}\delta_{\varphi}+\dfrac{2m_R l_R}{mV}\ddot{\delta}_{\varphi}+\dfrac{F_y}{mV} \\
\Delta\ddot{\varphi}+\dfrac{m_{d_Z}^{\omega_Z}qS_M l_K^2}{J_Z V}\Delta\dot{\varphi}+\dfrac{m_Z^{\alpha}qS_M l_K}{J_Z}\Delta\alpha+\dfrac{\left(\dfrac{P}{2}(X_R-X_z)+2m_R\dot{W}_X l_R\right)}{J_Z}\delta_{\varphi}+ \\
\dfrac{\left(2J_R+2m_R l_R(X_R-X_z)\right)}{J_Z}\ddot{\delta}_{\varphi}=\dfrac{M_Z}{J_Z} \\
\Delta\varphi=\Delta\theta+\Delta\alpha
\end{cases}
\tag{5-15}
$$

令

$$c_1=\frac{P\cos\alpha_0+C_Y^{\alpha}qS_M}{mV}$$

$$c_2=\frac{g}{V}\sin\theta_0$$

$$c_3=\frac{P}{2mV}$$

$$c_3''=\frac{2m_R l_R}{mV}$$

$$b_1=\frac{m_{d_Z}^{\omega_Z}qS_M l_K^2}{J_Z V}$$

$$b_2=\frac{m_Z^{\alpha}qS_M l_K}{J_Z}$$

$$b_3=\frac{1}{J_Z}\left(\frac{P}{2}(X_R-X_z)+2m_R\dot{W}_X l_R\right)$$

$$b_3''=\frac{1}{J_Z}\left(2J_R+2m_R l_R(X_R-X_z)\right)$$

$$\overline{M}_{b_z}=\frac{M_Z}{J_Z}$$

$$\overline{F}_{b_z}=\frac{F_y}{mV}$$

可得

$$
\begin{cases}
\Delta\dot{\theta}=c_1\Delta\alpha+c_2\Delta\theta+c_3\delta_{\varphi}+c_3''\ddot{\delta}_{\varphi}+\overline{F}_{b_y} \\
\Delta\ddot{\varphi}+b_1\Delta\dot{\varphi}+b_2\Delta\alpha+b_3\delta_{\varphi}+b_3''\ddot{\delta}_{\varphi}=\overline{M}_{b_z} \\
\Delta\varphi=\Delta\theta+\Delta\alpha
\end{cases}
\tag{5-16}
$$

采用类似的方法对偏航和滚转通道进行简化，可得

$$
\begin{cases}
\dot{\sigma}=c_1\beta+c_2\sigma+c_3\delta_{\psi}+c_3''\ddot{\delta}_{\psi}+\overline{F}_{b_z} \\
\ddot{\psi}+b_1\dot{\psi}+b_2\beta+b_3\delta_{\psi}+b_3''\ddot{\delta}_{\psi}=\overline{M}_{b_y} \\
\psi=\sigma+\beta
\end{cases}
\tag{5-17}
$$

$$\ddot{\gamma}+d_1\dot{\gamma}+d_3\delta_\gamma+d_3''\ddot{\delta}_\gamma=\overline{M}_{\mathrm{b}_x} \tag{5-18}$$

$$d_1=\frac{m_{d_X}^{\omega_X}qS_M l_K^2}{J_X V}$$

$$d_3=\frac{PZ_P}{J_X}$$

$$d_3''=\frac{4}{J_X}(J_R+m_R l_R Z_P)$$

在研究刚体导弹稳定性问题中，发动机或燃气舵的惯性力和惯性力矩可以忽略，则式（5-16）～式（5-18）可改写为

$$\begin{cases}\Delta\dot{\theta}=c_1\Delta\alpha+c_2\Delta\theta+c_3\delta_\varphi+\overline{F}_{\mathrm{b}_y}\\ \Delta\ddot{\varphi}+b_1\Delta\dot{\varphi}+b_2\Delta\alpha+b_3\delta_\varphi=\overline{M}_{\mathrm{b}_z}\\ \Delta\varphi=\Delta\theta+\Delta\alpha\end{cases} \tag{5-19}$$

$$\begin{cases}\dot{\sigma}=c_1\beta+c_2\sigma+c_3\delta_\psi+\overline{F}_{\mathrm{b}_z}\\ \ddot{\psi}+b_1\dot{\psi}+b_2\beta+b_3\delta_\psi=\overline{M}_{\mathrm{b}_y}\\ \psi=\sigma+\beta\end{cases} \tag{5-20}$$

$$\ddot{\gamma}+d_1\dot{\gamma}+d_3\delta_\gamma=\overline{M}_{\mathrm{b}_x} \tag{5-21}$$

式（5-19）～式（5-20）为线性化后的导弹三通道姿态运动方程。实际上，由于导弹在飞行中会受到风干扰、弹性振动的影响，采用液体推进剂的导弹还存在推进剂晃动带来的影响，这些因素都有相应的数学模型，这里都没有考虑。在实际的姿态控制系统设计工作中，这些因素都是不能忽略的。本节的主要目的是讲述导弹姿态运动建模及简化过程，这里就不考虑这些复杂因素的影响了，相关内容可参考相关文献。

5.3.4　导弹姿态运动的传递函数

通过 5.3.3 节的推导，得到了线性化的导弹运动方程，现在选取$\Delta\theta$、$\Delta\varphi$、$\Delta\dot{\varphi}$为状态变量，δ_φ为控制变量，则俯仰通道的状态方程可写为矩阵形式，即

$$\begin{bmatrix}\Delta\dot{\theta}\\ \Delta\dot{\varphi}\\ \Delta\ddot{\varphi}\end{bmatrix}=\begin{bmatrix}c_2-c_1 & c_1 & 0\\ 0 & 0 & 1\\ b_2 & -b_2 & -b_1\end{bmatrix}\begin{bmatrix}\Delta\theta\\ \Delta\varphi\\ \Delta\dot{\varphi}\end{bmatrix}+\begin{bmatrix}c_3\\ 0\\ -b_3\end{bmatrix}\delta_\varphi+\begin{bmatrix}\overline{F}_{\mathrm{b}_y}\\ 0\\ \overline{M}_{\mathrm{b}_z}\end{bmatrix} \tag{5-22}$$

设

$$\boldsymbol{A}(t)=\begin{bmatrix}c_2-c_1 & c_1 & 0\\ 0 & 0 & 1\\ b_2 & -b_2 & -b_1\end{bmatrix},\quad \boldsymbol{B}(t)=\begin{bmatrix}c_3\\ 0\\ -b_3\end{bmatrix}$$

$$\boldsymbol{X}_\varphi=\begin{bmatrix}\Delta\theta\\ \Delta\varphi\\ \Delta\dot{\varphi}\end{bmatrix},\quad m_\varphi=\delta_\varphi,\quad \overline{\boldsymbol{F}}_\varphi(t)=\begin{bmatrix}\overline{F}_{\mathrm{b}_y}\\ 0\\ \overline{M}_{\mathrm{b}_z}\end{bmatrix}$$

则式（5-22）可表示为

$$\dot{\boldsymbol{X}}_{\varphi}=\boldsymbol{A}(t)\boldsymbol{X}_{\varphi}+\boldsymbol{B}(t)m_{\varphi}+\overline{\boldsymbol{F}}_{\varphi}(t) \tag{5-23}$$

式（5-23）为俯仰通道刚性弹体的状态方程。对于偏航通道，同样假设

$$\boldsymbol{X}_{\psi}=\begin{bmatrix}\sigma\\ \psi\\ \dot{\psi}\end{bmatrix},\quad m_{\psi}=\delta_{\psi},\quad \overline{\boldsymbol{F}}_{\psi}(t)=\begin{bmatrix}\overline{F}_{\mathrm{b}_z}\\ 0\\ \overline{M}_{\mathrm{b}_y}\end{bmatrix}$$

根据式（5-20），经过与前面类似的推导可得

$$\dot{\boldsymbol{X}}_{\psi}=\boldsymbol{A}(t)\boldsymbol{X}_{\psi}+\boldsymbol{B}(t)m_{\psi}+\overline{\boldsymbol{F}}_{\psi}(t) \tag{5-24}$$

对于滚转通道，选取γ、$\dot{\gamma}$为状态变量，δ_{γ}为控制变量，由式（5-21）可得

$$\begin{bmatrix}\dot{\gamma}\\ \ddot{\gamma}\end{bmatrix}=\begin{bmatrix}0 & 1\\ 0 & d_1\end{bmatrix}\begin{bmatrix}\gamma\\ \dot{\gamma}\end{bmatrix}+\begin{bmatrix}0\\ -d_3\end{bmatrix}\delta_{\gamma}+\begin{bmatrix}0\\ \overline{M}_{\mathrm{b}_x}\end{bmatrix} \tag{5-25}$$

设

$$\boldsymbol{A}_{\gamma}(t)=\begin{bmatrix}0 & 1\\ 0 & d_1\end{bmatrix},\quad \boldsymbol{B}_{\gamma}(t)=\begin{bmatrix}0\\ -d_3\end{bmatrix}$$

$$\boldsymbol{X}_{\gamma}=\begin{bmatrix}\gamma\\ \dot{\gamma}\end{bmatrix},\quad m_{\gamma}=\delta_{\gamma},\quad \overline{\boldsymbol{F}}_{\gamma}(t)=\begin{bmatrix}0\\ \overline{M}_{\mathrm{b}_x}\end{bmatrix}$$

则式（5-25）变为

$$\dot{\boldsymbol{X}}_{\gamma}=\boldsymbol{A}_{\gamma}(t)\boldsymbol{X}_{\gamma}+\boldsymbol{B}_{\gamma}(t)m_{\gamma}+\overline{\boldsymbol{F}}_{\gamma}(t) \tag{5-26}$$

上述方程的系数是随时间变化的，当导弹的标准弹道确定后，由标准弹道参数可以计算出这些系数。对于变系数微分方程组，原则上不能应用拉普拉斯变换。姿态控制系统的主要任务是消除姿态角偏差，使弹体姿态角按给定的程序姿态角飞行，所以这里关心的是弹体绕质心的姿态角运动。对于弹道导弹绕质心运动的暂态过程比起方程系数变化要快得多，因此可以近似认为在姿态角偏差暂态过程中方程系数不变，这样就可把方程系数“固化”在相应飞行秒上，这就是所谓的“固化系数法”。

采用固化系数法后，式（5-19）～式（5-21）在不同的飞行秒可视为常系数方程，而式（5-23）、式（5-24）和式（5-26）中的矩阵就可视为常数阵。

设初始时刻$t_0=0$时，初始条件为X_0，取拉普拉斯变换可得

$$\begin{cases}s\boldsymbol{X}_{\varphi}(s)-\boldsymbol{X}_{\varphi_0}=\boldsymbol{A}\boldsymbol{X}_{\varphi}(s)+\boldsymbol{B}m_{\varphi}(s)+\overline{\boldsymbol{F}}_{\varphi}(s)\\ s\boldsymbol{X}_{\psi}(s)-\boldsymbol{X}_{\psi_0}=\boldsymbol{A}\boldsymbol{X}_{\psi}(s)+\boldsymbol{B}m_{\psi}(s)+\overline{\boldsymbol{F}}_{\psi}(s)\\ s\boldsymbol{X}_{\gamma}(s)-\boldsymbol{X}_{\gamma_0}=\boldsymbol{A}_{\gamma}\boldsymbol{X}_{\gamma}(s)+\boldsymbol{B}_{\gamma}m_{\gamma}(s)+\overline{\boldsymbol{F}}_{\gamma}(s)\end{cases}$$

整理后得

$$\begin{cases}\boldsymbol{X}_{\varphi}(s)=(s\boldsymbol{I}-\boldsymbol{A})^{-1}\boldsymbol{X}_{\varphi_0}+(s\boldsymbol{I}-\boldsymbol{A})^{-1}\boldsymbol{B}m_{\varphi}(s)+(s\boldsymbol{I}-\boldsymbol{A})^{-1}\overline{\boldsymbol{F}}_{\varphi}(s)\\ \boldsymbol{X}_{\psi}(s)=(s\boldsymbol{I}-\boldsymbol{A})^{-1}\boldsymbol{X}_{\psi_0}+(s\boldsymbol{I}-\boldsymbol{A})^{-1}\boldsymbol{B}m_{\psi}(s)+(s\boldsymbol{I}-\boldsymbol{A})^{-1}\overline{\boldsymbol{F}}_{\psi}(s)\\ \boldsymbol{X}_{\gamma}(s)=(s\boldsymbol{I}-\boldsymbol{A}_{\gamma})^{-1}\boldsymbol{X}_{\gamma_0}+(s\boldsymbol{I}-\boldsymbol{A}_{\gamma})^{-1}\boldsymbol{B}_{\gamma}m_{\gamma}(s)+(s\boldsymbol{I}-\boldsymbol{A}_{\gamma})^{-1}\overline{\boldsymbol{F}}_{\gamma}(s)\end{cases} \tag{5-27}$$

设

$$\boldsymbol{W}_{\delta}^{\boldsymbol{X}_{\varphi}}(s)=\boldsymbol{W}_{\delta}^{\boldsymbol{X}_{\psi}}(s)=(s\boldsymbol{I}-\boldsymbol{A})^{-1}\boldsymbol{B}$$

$$\boldsymbol{W}_{F}^{\boldsymbol{X}_{\varphi}}(s)=\boldsymbol{W}_{F}^{\boldsymbol{X}_{\psi}}(s)=(s\boldsymbol{I}-\boldsymbol{A})^{-1}$$

$$\boldsymbol{W}_{\delta}^{\boldsymbol{X}_{\gamma}}(s)=(s\boldsymbol{I}-\boldsymbol{A}_{\gamma})^{-1}\boldsymbol{B}_{\gamma}$$

$$\boldsymbol{W}_{F}^{\boldsymbol{X}_{\gamma}}(s)=(s\boldsymbol{I}-\boldsymbol{A}_{\gamma})^{-1}$$

式中：$\boldsymbol{W}_{\delta}^{\boldsymbol{X}_{\varphi}}(s)$ 和 $\boldsymbol{W}_{F}^{\boldsymbol{X}_{\varphi}}(s)$ 分别为俯仰通道的状态变量对控制变量和结构干扰的传递矩阵；$\boldsymbol{W}_{\delta}^{\boldsymbol{X}_{\psi}}(s)$ 和 $\boldsymbol{W}_{F}^{\boldsymbol{X}_{\psi}}(s)$ 分别为偏航通道的状态变量对控制变量和结构干扰的传递矩阵；$\boldsymbol{W}_{\delta}^{\boldsymbol{X}_{\gamma}}(s)$ 和 $\boldsymbol{W}_{F}^{\boldsymbol{X}_{\gamma}}(s)$ 分别为滚转通道的状态变量对控制变量和干扰的传递矩阵。

经过运算后，得到俯仰和偏航通道的传递矩阵为

$$\boldsymbol{W}_{\delta}^{\boldsymbol{X}_{\varphi}}(s)=[W_{\delta}^{\theta}\quad W_{\delta}^{\varphi}\quad W_{\delta}^{\dot{\varphi}}]^{\mathrm{T}}=\begin{bmatrix}\dfrac{c_3s^2+b_1c_3s+b_2c_3-b_3c_1}{s^3+(b_1+c_1-c_2)s^2+[b_2+b_1(c_1-c_2)]s-b_2c_2}\\ \dfrac{-b_3s-b_3(c_1-c_2)+b_2c_3}{s^3+(b_1+c_1-c_2)s^2+[b_2+b_1(c_1-c_2)]s-b_2c_2}\\ \dfrac{-b_3s^2-(b_3(c_1-c_2)-b_2c_3)s}{s^3+(b_1+c_1-c_2)s^2+[b_2+b_1(c_1-c_2)]s-b_2c_2}\end{bmatrix}\tag{5-28}$$

$$\boldsymbol{W}_{F_{\mathrm{b}}}^{\boldsymbol{X}_{\varphi}}(s)=[W_{F_{\mathrm{b}}}^{\theta}\quad W_{F_{\mathrm{b}}}^{\varphi}\quad W_{F_{\mathrm{b}}}^{\dot{\varphi}}]^{\mathrm{T}}=\begin{bmatrix}\dfrac{s^2+b_1s+b_2}{s^3+(b_1+c_1-c_2)s^2+[b_2+b_1(c_1-c_2)]s-b_2c_2}\\ \dfrac{b_2}{s^3+(b_1+c_1-c_2)s^2+[b_2+b_1(c_1-c_2)]s-b_2c_2}\\ \dfrac{b_2s}{s^3+(b_1+c_1-c_2)s^2+[b_2+b_1(c_1-c_2)]s-b_2c_2}\end{bmatrix}\tag{5-29}$$

$$\boldsymbol{W}_{M_{\mathrm{b}}}^{\boldsymbol{X}_{\varphi}}(s)=[W_{M_{\mathrm{b}}}^{\theta}\quad W_{M_{\mathrm{b}}}^{\varphi}\quad W_{M_{\mathrm{b}}}^{\dot{\varphi}}]^{\mathrm{T}}=\begin{bmatrix}\dfrac{c_1}{s^3+(b_1+c_1-c_2)s^2+[b_2+b_1(c_1-c_2)]s-b_2c_2}\\ \dfrac{s+(c_1-c_2)}{s^3+(b_1+c_1-c_2)s^2+[b_2+b_1(c_1-c_2)]s-b_2c_2}\\ \dfrac{s^2+(c_1-c_2)s}{s^3+(b_1+c_1-c_2)s^2+[b_2+b_1(c_1-c_2)]s-b_2c_2}\end{bmatrix}\tag{5-30}$$

偏航通道的传递矩阵与俯仰通道相同，在此从略。

滚转通道的传递矩阵为

$$\boldsymbol{W}_{\delta}^{\boldsymbol{X}_{\gamma}}(s)=[W_{\delta}^{\gamma}(s)\quad W_{\delta}^{\dot{\gamma}}(s)]^{\mathrm{T}}=\begin{bmatrix}\dfrac{d_3}{s^2-d_1s} & \dfrac{-d_3s}{s^2-d_1s}\end{bmatrix}^{\mathrm{T}}\tag{5-31}$$

$$\boldsymbol{W}_{M_{\mathrm{b}}}^{\boldsymbol{X}_\gamma}(s)=[W_{M_{\mathrm{b}}}^{\gamma}(s)\quad W_{M_{\mathrm{b}}}^{\dot{\gamma}}(s)]^{\mathrm{T}}=\begin{bmatrix}\dfrac{1}{s^2-d_1s} & \dfrac{2}{s^2-d_1s}\end{bmatrix}^{\mathrm{T}} \tag{5-32}$$

上述推导过程是基于线性空间的状态方程，用直接求解的方法得到传递函数矩阵，进而得到输入量到各个状态变量之间的传递函数。除上述方法外，还有一种比较简便的方法就是利用克莱姆法则求取，下面以俯仰通道为例进行介绍。

对式（5-19）求拉普拉斯变换可得

$$\begin{cases}s\Delta\theta(s)=c_1\Delta\alpha(s)+c_2\Delta\theta(s)+c_3\delta_\varphi(s)+\overline{F}_{\mathrm{b}_y}(s)\\ s^2\Delta\varphi(s)+b_1\Delta\varphi(s)+b_2\Delta\alpha(s)+b_3\delta_\varphi(s)=\overline{M}_{\mathrm{b}_z}(s)\\ \Delta\varphi(s)=\Delta\theta(s)+\Delta\alpha(s)\end{cases} \tag{5-33}$$

考虑到

$$\Delta\alpha(s)=\Delta\varphi(s)-\Delta\theta(s)$$

可得

$$\begin{cases}(s+c_1-c_2)\Delta\theta(s)-c_1\Delta\varphi(s)=c_3\delta_\varphi(s)+\overline{F}_{\mathrm{b}_y}(s)\\ -b_2\Delta\theta(s)+(s^2+b_1s+b_2)\Delta\varphi(s)=-b_3\delta_\varphi(s)+\overline{M}_{\mathrm{b}_z}(s)\end{cases} \tag{5-34}$$

进一步写成状态方程形式为

$$\begin{bmatrix}(s+c_1-c_2) & -c_1\\ -b_2 & (s^2+b_1s+b_2)\end{bmatrix}\begin{bmatrix}\Delta\theta(s)\\ \Delta\varphi(s)\end{bmatrix}=\begin{bmatrix}c_3\\ -b_3\end{bmatrix}\delta_\varphi(s)+\begin{bmatrix}\overline{F}_{\mathrm{b}_y}(s)\\ \overline{M}_{\mathrm{b}_z}(s)\end{bmatrix} \tag{5-35}$$

根据克莱姆法则，可得

$$\begin{aligned}W_\delta^\theta(s)&=\Delta\theta(s)/\delta_\varphi(s)\\ &=\frac{\begin{vmatrix}c_3 & -c_1\\ -b_3 & (s^2+b_1s+b_2)\end{vmatrix}}{\begin{vmatrix}(s+c_1-c_2) & -c_1\\ -b_2 & (s^2+b_1s+b_2)\end{vmatrix}}\\ &=\frac{c_3s^2+b_1c_3s+b_2c_3-b_3c_1}{s^3+(b_1+c_1-c_2)s^2+[b_2+b_1(c_1-c_2)]s-b_2c_2}\end{aligned} \tag{5-36}$$

$$\begin{aligned}W_\delta^\varphi(s)&=\Delta\varphi(s)/\delta_\varphi(s)\\ &=\frac{\begin{vmatrix}(s+c_1-c_2) & c_3\\ -b_2 & -b_3\end{vmatrix}}{\begin{vmatrix}(s+c_1-c_2) & -c_1\\ -b_2 & (s^2+b_1s+b_2)\end{vmatrix}}\\ &=\frac{-b_3s-b_3(c_1-c_2)+b_2c_3}{s^3+(b_1+c_1-c_2)s^2+[b_2+b_1(c_1-c_2)]s-b_2c_2}\end{aligned} \tag{5-37}$$

偏航通道与滚转通道的传递函数推导过程类似，不再赘述。

5.4　姿态控制系统传递函数框图

5.4.1　问题简化

由于偏航、俯仰和滚转三个通道会通过发动机喷管偏转、弹体、平台框架等互相交连，因此需要将问题简化。在初步分析时，先忽略三个通道的交连，系统被视为三个独立的通道，再在三个通道的模拟实验中解决交连的问题。

控制元件具有某些非线性，如仪表的不灵敏区、饱和以及伺服系统的非线性，在分析时，先略去这些非线性影响，再在数字仿真中解决非线性问题对系统的影响。

5.4.2　各通道的传递函数框图

姿态控制系统从测量元件（平台、速率陀螺、加速度计）经变换放大器送至伺服系统，作用到弹体，构成闭环回路。现在以一级姿态控制系统的偏航和滚动通道为例，画出各通道的传递函数框图，见图 5-17 和图 5-18。

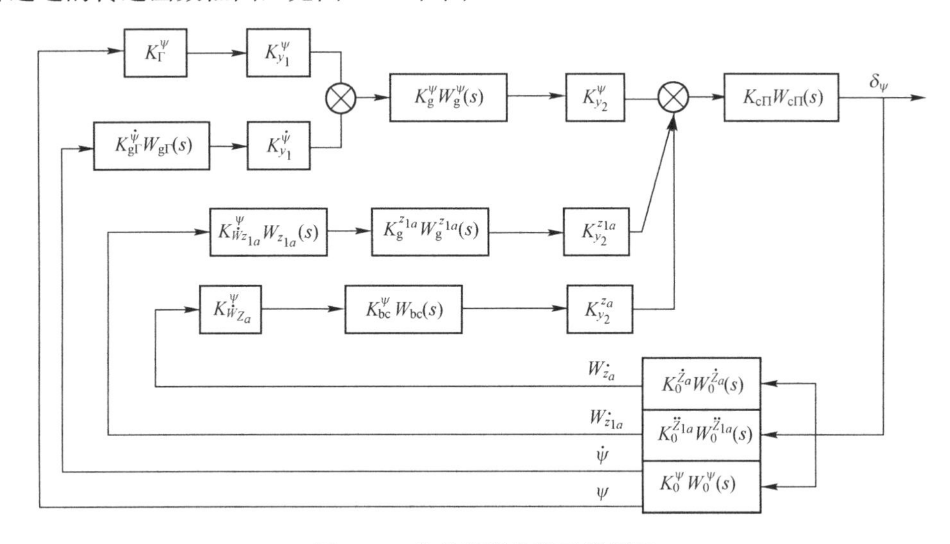

图 5-17　偏航通道传递函数框图

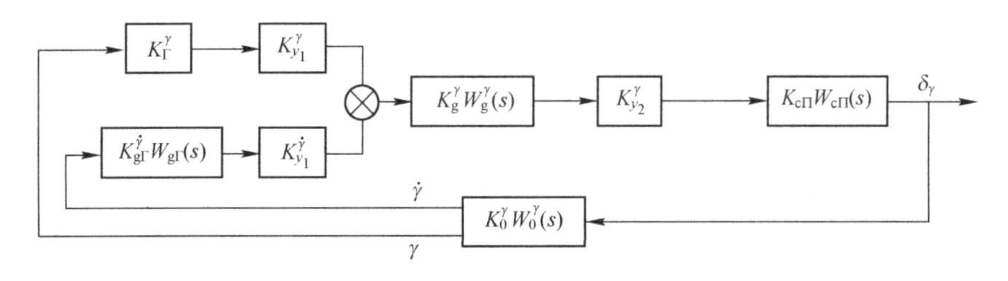

图 5-18　滚转通道传递函数框图

图中：$K_0^{\dot Z_a}W_0^{\dot Z_a}(s)=\dfrac{\dot Z_a(s)}{\delta_\psi(s)}$；$K_0^{\ddot Z_{1a}}W_0^{\ddot Z_{1a}}(s)=\dfrac{\ddot Z_{1a}(s)}{\delta_\psi(s)}$；$K_\Gamma^\psi$ 为平台偏航角传递系数；$K_{y_1}^\psi$ 为

相敏放大器放大系数；$K_{g}^{\psi}W_{g}^{\psi}(s)$为网络传递函数；$K_{y_2}^{\psi}$ 为综合放大器放大系数；$K_{g\Gamma}^{\dot{\psi}}W_{g\Gamma}(s)$为速率陀螺传递函数；$K_{y_1}^{\dot{\psi}}$ 为速率通道相敏放大系数；$K_{\dot{W}z_{1a}}^{\psi}W_{z_{1a}}(s)$ 为横向加速度计传递函数；$K_{g}^{z_{1a}}W_{g}^{z_{1a}}(s)$为横向校正网络传递函数；$K_{y_2}^{z_{1a}}$ 为综合放大器横向传递系数；$K_{\dot{W}z_a}^{\psi}$ 为平台上 Z 加速度计传递系数；$K_{bc}^{\psi}W_{bc}(s)$为（横向导引）网络传递函数；$K_{y_2}^{z_a}$ 为综合放大器（横向导引）传递系数；$K_{c\Pi}W_{c\Pi}(s)$为伺服回路传递函数。

俯仰通道的传递函数框图与偏航通道类似，只不过俯仰通道的法向导引信号必须经过计算机的复杂运算后送到综合放大器，控制弹道倾角偏差小于允许值。

滚转通道较为简单，如图 5-18 所示，通过平台姿态角和速率陀螺仪实现滚转通道的稳定控制。

伺服回路框图如图 5-19 所示，其中$K_{UM}W_{UM}(s)$为伺服回路本身的传递函数。伺服回路的传递系数为

$$K_{c\Pi}=\frac{K_{UM}}{1+K_{oc}K_{y_2}^{oc}K_{UM}}\approx\frac{1}{K_{oc}K_{y_2}^{oc}}=\frac{1}{\beta}$$

式中：K_{oc}为反馈电位计等效转角反馈系数；$K_{y_2}^{oc}$为伺服放大器静态放大系数。

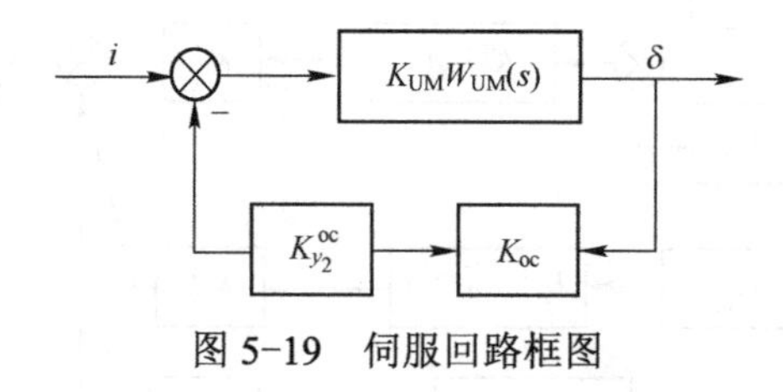

图 5-19　伺服回路框图

5.4.3　各通道的静态传递系数

从各通道传递函数框图可以得到静态传递系数，即

$$a_0^{\psi}=K_{\Gamma}^{\psi}K_{y_1}^{\psi}K_{g}^{\psi}K_{y_2}^{\psi}K_{c\Pi}\tag{5-38}$$

$$a_1^{\psi}=K_{g\Gamma}^{\dot{\psi}}K_{y_1}^{\dot{\psi}}K_{g}^{\psi}K_{y_2}^{\psi}K_{c\Pi}\mathrm{s}\tag{5-39}$$

$$a_2^{\dot{z}_a}=K_{\dot{W}z_a}^{\psi}K_{bc}^{\psi}K_{y_2}^{z_a}K_{c\Pi}\mathrm{s/m}\tag{5-40}$$

$$a_2^{\ddot{z}_{1a}}=K_{Wz_{1a}}^{\psi}K_{g}^{z_{1a}}K_{y_1}^{\dot{z}_{1a}}K_{c\Pi}\mathrm{s2/m}\tag{5-41}$$

5.4.4　通道控制方程

由系统单通道结构图可直接得到该通道的控制方程，即

$$\begin{aligned}\delta_{\psi}(s)=\{&[a_0^{\psi}\psi(s)+a_1^{\psi}W_{g\Gamma}^{\psi}(s)\dot{\psi}(s)]W_{g}^{\psi}(s)-a_1^{\dot{z}_a}W_{bc}(s)\dot{W}_{z_a}(s)-\\&a_2^{\ddot{z}_{1a}}W_{\dot{z}_{1a}}(s)W_{g}^{\ddot{z}_{1a}}(s)\dot{W}_{z_{1a}}(s)\}W_{c\Pi}(s)\end{aligned}\tag{5-42}$$

$$\begin{aligned}\Delta\delta_{\phi}(s)=\{&[a_0^{\phi}\phi(s)+a_1^{\phi}W_{g\Gamma}^{\phi}\dot{\phi}(s)]W_{g}^{\phi}(s)+a_1^{\dot{y}_a}W_{bc}(s)\dot{W}_{y_a}(s)+\\&a_2^{\ddot{y}_{1a}}W_{\dot{y}_{1a}}(s)W_{g}^{\ddot{y}_{1a}}(s)\dot{W}_{y_{1a}}(s)\}W_{c\Pi}(s)\end{aligned}\tag{5-43}$$

$$\delta_{\gamma}(s)=[a_0^{\gamma}\gamma(s)+a_1^{\gamma}W_{\text{g}\Gamma}^{\gamma}\dot{\gamma}(s)]W_{\text{g}}^{\gamma}(s)W_{\text{c}\Pi}(s) \tag{5-44}$$

$$W_{z_a}(s)=\dot{W}_{z_a}W_{\text{bc}}(s)=\dot{W}_{z_a}\cdot\frac{1}{s}=W_{z_a}(s)$$

5.5 本 章 小 结

本章首先给出了姿态控制相关的基本概念，并从总体的角度简要介绍了姿态控制系统的工作原理。然后，介绍了弹道导弹姿态控制系统的主要类型，并从宏观设计层面介绍了姿态控制系统的设计重点。最后，详细介绍了姿态控制系统的运动方程、传递函数及其推导过程。通过本章的学习，能够初步掌握姿态控制系统设计过程和基本原理。

第6章　弹道导弹伺服系统

伺服系统（Servo Mechanism）是导弹控制系统中的执行机构。它接收控制系统的指令，控制发动机喷管的摆角，改变发动机的推力方向，或控制二次喷射阀门的开度，改变发动机喷焰的排出方向，产生控制力矩，从而改变导弹的飞行姿态，使之按预定轨道稳定飞行。

伺服系统作为控制系统的重要组成部分，是导弹控制、动力和弹体三大系统的关键结合部件。在导弹各分系统中，它是除发动机以外功率最大的设备，是控制系统中动态特性复杂、质量大、温度高、工作环境恶劣的设备，也是机械、电气、电子、液压、气动、燃气等技术相集成的结果。正确地设计与选择伺服系统，对缩短全弹的研制周期，实现战术技术指标和改善使用维护性能等都具有重要意义。

本章将对伺服系统相关的基本情况进行介绍，并按照技术路径的不同，重点介绍几类比较典型的伺服系统的组成、结构和工作原理。

6.1　概　　况

6.1.1　作用

当导弹程序转弯或由于干扰作用引起导弹姿态偏差时，控制系统中的姿态测量系统（如平台或惯组）便有相应的信号输出，这些信号经过综合、变换和放大之后，成为伺服系统的输入指令信号。伺服系统便按照指令信号的大小与方向，摆动喷管或调节阀门开度，以改变发动机推力的方向，从而改变导弹在飞行中的姿态和方向。伺服系统与控制系统其他组成部分的关系如图6-1所示。

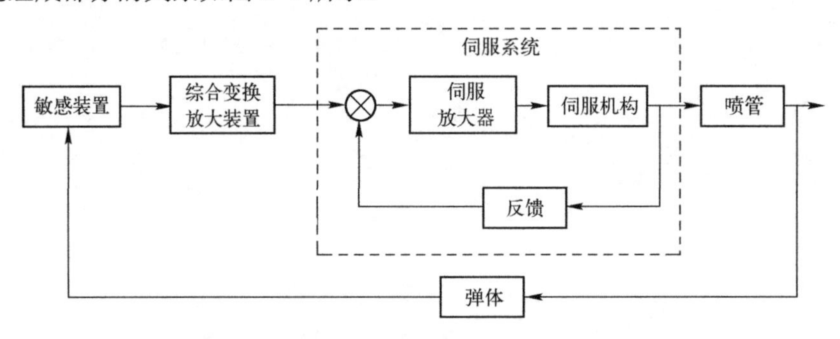

图6-1　伺服系统与控制系统其他部分的关系

6.1.2　组成

一般伺服系统都是由输入元件、反馈元件、比较元件、放大变换元件、执行元件、校正元件、控制对象及能源组成。但对推力矢量控制伺服系统而言，可根据系统的具体情况不设置其中某些元件。伺服系统的组成原理框图如图 6-2 所示。

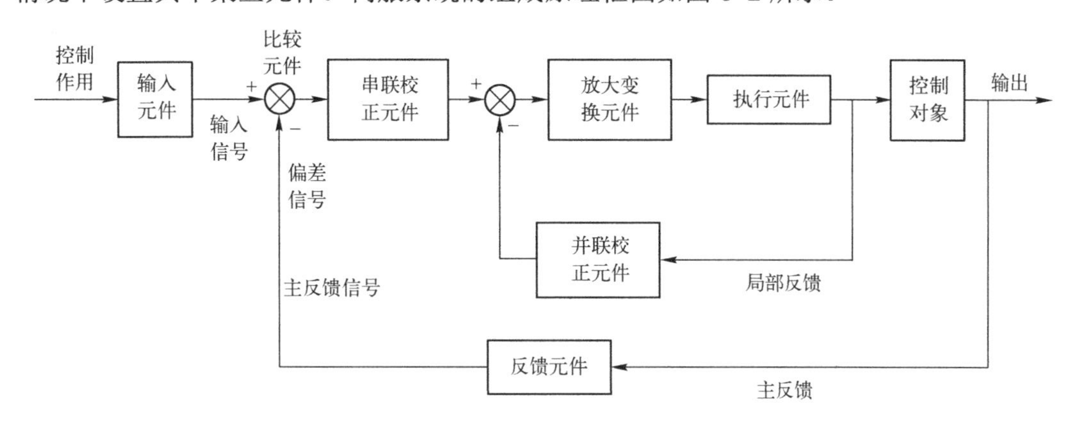

图 6-2　伺服系统组成原理框图

1. 输入元件

输入元件将敏感到的物理量转换为恰当的电量作为伺服系统的输入信号。推力矢量控制伺服系统的控制指令是来自控制系统的电压或电流信号，因此，一般不设输入元件，控制指令就是伺服系统的输入信号。

2. 反馈元件

反馈元件随时测量伺服系统的输出量，并将其转换为与控制指令具有同样性质的物理量，送至比较元件，与控制指令进行比较。但是，开环伺服系统（如燃气伺服系统）中不设置反馈元件。

3. 比较元件

比较元件将控制指令与反馈信号进行比较，产生误差信号，输入至放大变换元件。推力矢量控制伺服系统中，不单独设置比较元件，而是将控制指令和反馈信号在线路上接成负反馈，直接进行比较。

4. 放大变换元件

放大变换元件将误差信号的能量形式（电气、液压、气动、机械）加以转换或放大，使之转变成适当的能量形式，且其幅值和功率又能达到推动执行元件动作所需要的数量级。目前，在固体弹道导弹推力矢量控制电液伺服系统中，放大变换元件都采用电子伺服放大器和电液伺服阀。

5. 执行元件

执行元件产生控制动作，驱动负载完成控制任务，如作动筒、喷射阀门等。

6. 控制对象

控制对象也就是伺服系统的负载，如喷管、喷射阀门等。

7. 校正元件

校正元件又称校正装置或校正网络，它是根据伺服系统的控制性能而设置的。校正元件不是伺服系统的必备元件，是否需要，因系统而异，一般和性能指标及负载性质密切相关。

8. 能源

伺服系统常用的能源有电池、电池—电机—泵、燃气发生器—涡轮—泵、燃气挤压和冷气挤压能源。

6.1.3 分类

不同的推力矢量控制方法对伺服系统提出了不同的要求，因此出现了各种不同类型的伺服系统。伺服系统可以从不同的角度来分类。

（1）按伺服系统输出量的特性分为位置控制伺服系统、速度控制伺服系统、加速度控制伺服系统和力控制伺服系统。用于推力矢量控制的伺服系统一般为位置控制伺服系统。

（2）按输出功率的大小分为功率伺服系统和仪表伺服系统。一般功率在几百瓦以下的称为仪表伺服系统，功率范围在千瓦以上的称为功率伺服系统。

（3）按输出量是否进行反馈分为闭环伺服系统和开环伺服系统。用于推力矢量控制的伺服系统大多为闭环伺服系统。开环伺服系统中一般没有位置检测信号，或即使有位置检测信号，也不将被控量的实际值与指令值进行比较，用于滚转控制的燃气伺服系统便属于此类系统。

（4）按系统中信号和能量传递介质形式分为电液伺服系统、燃气伺服系统和电动伺服系统，如图 6-3 所示。

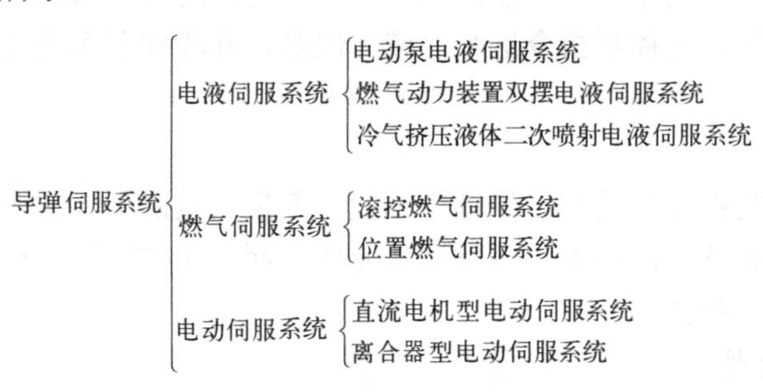

图 6-3　导弹伺服系统的分类

电液伺服系统是指系统的低功率部分即系统信号的综合和处理（如指令、反馈、校正等信号的传感、综合、变换和放大）采用电子元件来承担，而高功率部分即控制作用的功率放大、传递和输出采用液压元件来完成。根据动力装置形式和被控对象的不同，可将导弹电液伺服系统划分为电动泵电液伺服系统、燃气动力装置双摆电液伺服系统和冷气挤压液体二次喷射电液伺服系统。

燃气伺服系统，是指用高温高压的固体火药燃气作为工质，通过推力喷管、涡轮、叶片马达等某种装置，将燃气的能量直接转变为机械能输出的伺服系统。根据控制对象的不同，可将燃气伺服系统大致划分为弹体滚控燃气伺服系统、弹头滚控燃气伺服系统和位置燃气伺服系统等。

电动伺服系统，是指由电机或电器将电能转换为机械能，驱动发动机的喷管。导弹电动伺服系统主要有直流电机型和离合器型两种形式。直流电机型伺服系统一般采用电枢控制，其优点是直流电机效率高、转矩大；缺点是存在磁滞回环，需要较大的控制功率。离合器型电动伺服系统的输出力矩几乎与输出速度的变化无关，且具有控制功率小、传递力矩范围宽、响应速度快等优点；缺点是处于零位时负载刚度较差。

6.1.4 特点

除了弹道导弹之外，在一些常见的军/民用系统中也会大量用到伺服系统，如雷达伺服系统、地面发射装置伺服系统、冶炼设备伺服系统等。与这些伺服系统相比，弹道导弹的伺服系统在重量、体积、能源可靠性、环境适应能力、工作时间等方面有其独特的特点，具体如下。

（1）重量轻、体积小。

为了充分发挥弹道导弹的运载能力，应尽最大努力去减小伺服系统的结构重量。弹上可供伺服系统安装空间有限，要求元器件小型化、整机集成化。因此，弹道导弹推力矢量控制伺服系统总是设计得相当紧凑。相对而言，一般伺服系统对重量和体积要求并不十分苛刻。

（2）自备能源。

导弹一般不能为推力矢量控制伺服系统提供能源，伺服系统必须自备能源装置。其能源装置可以是电池、压缩空气或固体推进剂燃气发生器等。因此，弹道导弹推力矢量控制伺服系统的概念与一般伺服系统不同，必须包括能源才能形成一个完整的伺服系统。

（3）可靠性高。

导弹是一次性使用的武器，发射之后伺服系统一旦发生故障就无法自行排除。因此，和弹上其他产品一样，要求伺服系统必须具有高可靠性。

（4）环境适应能力强。

弹道导弹推力矢量控制伺服系统必须经受固体发动机工作过程中产生的强烈振动、冲击的考验；在运输、贮存过程中还要经受高低温、潮湿和盐雾等作用；还要能承受辐射的影响。基于上述原因，伺服系统必须进行环境设计，必要时还应采取抗核加固措施。因此，推力矢量控制伺服系统与工作在一般环境条件下的地面伺服系统相比，环境适应能力要强得多。

（5）工作时间短。

与一般伺服系统不同，推力矢量控制伺服系统工作时间都较短。产品出厂后，只在库房进行定期检测，在导弹总装厂和技术阵地进行单元测试，在发射阵地只进行功能检查。在导弹飞行中，各级伺服系统一般也只工作几分钟左右的时间就完成其使命。

普通伺服系统一般均为长时间工作，至少是间歇性地工作，工作时间远远超过弹上伺服系统。

（6）成本昂贵。

导弹推力矢量控制伺服系统加工精度要求高，批量小，试验多，要求苛刻，需要较长时间的研制周期，比一般伺服系统的价格昂贵得多。

弹道导弹根据发动机类型的不同，可以分为固体弹道导弹和液体弹道导弹。这两种弹道导弹的伺服系统在动特性、静态精度、品质、可靠性等方面的要求比较类似，但由于设计需求上的一些差别，固体弹道导弹的伺服系统与液体弹道导弹的伺服系统相比，具有如下特点：

（1）工作环境恶劣。

固体导弹在起飞时推力上升很快，起飞加速度很大，起飞环境条件十分恶劣。伺服系统要能够经受内部的高温和外部的振动、冲击和过载等力学环境的考验。

（2）集成化程度要求高。

由于固体导弹结构上的限制，可供伺服系统安装的有效空间有限，要求伺服系统的体积小、结构设计紧凑合理。大型固体导弹伺服系统一般采用电液伺服系统，为了防止液压系统被污染，应尽可能地采用整体封闭式结构，使其集成化程度更高。

（3）负载性质不同。

液体导弹与固体导弹的推力矢量控制伺服系统的负载性质不同。前者的负载为液体火箭发动机，惯性负载在总负载中占有相当大的比重；后者的负载一般是喷管，惯性负载只占总负载很小的一部分，主要部分是摩擦负载（摆动喷管）或弹性负载（柔性喷管）。伺服系统的方案选择与负载性质关系十分密切。

（4）密封性要求高。

电液伺服系统的致命弱点是油液的泄漏。固体导弹上的安装空间小，弹上仪器设备安装得十分密集，一旦伺服系统渗漏油液，不仅会污染弹上其他仪器设备，而且自身要更换备份产品也十分困难。因此，要求伺服系统在长期存放和通电工作时都无油液渗漏，具有良好的密封性。

6.1.5 伺服系统的比较

在推力矢量控制伺服系统中，电液伺服系统、燃气伺服系统和电动伺服系统都得到了应用，三种伺服系统设计方案各有所长。

6.1.5.1 性能比较

三种伺服系统的性能比较主要表现在力矩惯量比、功率重量比、控制精度、动态响应和效率等方面。

1. 力矩惯量比

随着固体弹道导弹射程的增加，推力矢量控制伺服系统所承载的惯量也相应增大，因而力矩惯量比往往是伺服系统方案论证时所考虑的重要指标之一。

电液伺服系统中，由于功率损耗所产生的热量可以由液压油带到油箱中去散发，所以其最小尺寸不受发热量的限制，能够在较小的结构尺寸下产生较大的力或力矩，力矩惯量比大，加速性能好，可以组成快速伺服系统。电动伺服系统中，由于其结构最小尺寸与最大的有效磁通密度和功率损耗所产生的发热量有关，发热量的散发又比较困难，因此，电动伺服系统的结构尺寸比较大，力矩惯量比小。

2. 功率重量比

推力矢量控制伺服系统是导弹控制系统中重量最大的设备，为提高固体弹道导弹的射程，提高伺服系统的功率重量比一直是科研设计人员关注的重要课题。

电液伺服系统的最小尺寸取决于最大工作压力，而最大工作压力只受到零件安全应力的限制。伺服系统部件的材质可以选用钛合金等，做到体积小、重量轻，从而提高电液伺服系统的功率重量比。电动伺服系统主要采用电机或其他电磁元件，一定体积的电机或电磁元件输出功率因磁通的饱和而受到很大的限制。再加上钢材和矽钢片的密度又大，要提高功率重量比就显得相当困难。随着新型材料技术的出现，电动伺服系统会迎来新的发展机遇。燃气伺服系统直接用燃气作为控制工质，不需要任何中间形式的能量转换，省去了很多中间环节，其功率重量比可达到相当高的水平，甚至高于电液伺服系统。

3. 控制精度

控制精度是推力矢量控制伺服系统一项非常重要的性能指标。

电液伺服系统液压油的压缩性很小，要求液压执行元件的刚度大，即输出位移受外负载的影响小，定位准确，位置误差小，控制精度高。电动伺服系统的输出力由电磁场的电磁作用形成，刚度比电液系统差，定位误差较大。燃气伺服系统由于气体的可压缩性，运动不太平稳，因此受负载变化的影响大，定位精度也不如电液伺服系统高。

4. 动态响应

液压执行元件响应速度快，回路增益高，频带宽，这是电液伺服系统的主要优点。液压执行元件就流量—速度而言，基本上是一个固有频率很高的二阶振荡环节，所以响应速度快，能够高速启动、制动和反向，时间常数在 1～100ms；电动伺服系统就电压—速度而言，基本上是一个简单的滞后环节，时间常数一般在 10～500ms；燃气伺服系统的响应速度比电液伺服系统要慢得多。

5. 效率

电液伺服系统不存在电磁损耗，有液压流体进行热循环，发热不太严重，再加上机械磨损的损失也很小，因此效率较高。电动伺服系统电磁损耗大，发热功率损失大，其效率不如电液伺服系统。燃气伺服系统密封较困难，容易泄漏，热量散失大，效率低。

6.1.5.2　可靠性比较

1. 可靠性

导弹作为一次性使用武器，加上工作环境十分恶劣，因此可靠性问题非常重要。

电液伺服系统一旦出现液压油泄漏，就会影响传动效率和工作性能，甚至会导致系统丧失性能。另外，电液伺服系统对液压油的清洁度要求极其严格，如果在液压油中出现污染物，则会造成液压附件内的零件磨损，滑阀卡滞，小孔阻塞，从而影响系统的性能和破坏系统的工作。因此，电液伺服系统要在密封性和抗污染能力方面下功夫，以进一步提高电液伺服系统的可靠性。

燃气伺服系统一般采用低温缓燃推进剂产生的燃气作为控制工质，燃气中的固体残余颗粒沉积后往往将节流孔堵死，活动部件在高温中工作容易产生变形而卡死，这些因素都会造成整机失效。一般来说，燃气伺服系统的可靠性是较差的，大多用在飞行时间较短的导弹中，若用于远程导弹则要在可靠性上做许多艰苦细致的工作。

电动伺服系统是用电流将功率通过传动装置送到负载，不存在泄漏和污染问题，相比之下可靠性是比较高的。

2. 贮存性

导弹武器系统总是长期贮存以备战时才使用的。由于贮存环境温度、湿度、霉菌的作用，使非金属元件老化甚至失效、金属零件锈蚀，导致整机绝缘性能下降，对产品的可靠性带来不利的影响。

电液伺服系统中的橡胶密封圈经过长期贮存后容易老化，引起油液泄漏。燃气伺服系统的贮存器性能基本上取决于低温缓燃推进剂的贮存性能。电动伺服系统的贮存性能最好，一般经过长期贮存后，除轴承中的润滑脂有少量挥发外，其余性能均能满足使用要求。

3. 抗污染能力

电液伺服系统的抗污染能力差，对工作油液的清洁度要求高，因此，电液伺服系统必须采取精细的过滤措施。

电动伺服系统、燃气伺服系统可在相对来说不太清洁的环境下工作，对外界环境条件不敏感，它们都有很强的抗污染能力。

4. 密封性

电液伺服系统对密封性要求很高，如果密封设计、制造和使用维护不当，容易引起泄漏。燃气伺服系统密封困难。电动伺服系统对密封性要求较低。

5. 耐高温性

伺服系统一般安装在导弹飞行时环境温度较高的部位，系统工作过程中，由于伺服系统本身的功率损耗又产生大量的热量，必须保证伺服系统在这种高温热环境下可靠工作，且性能仍满足要求。

电液伺服系统解决散热问题虽然比较方便，但仍应避免过高的温度。高温时，油液的黏度下降，泄漏可能性增加，容易产生气蚀现象；高温也将引起油泵效率下降，伺服阀性能变差，对整个系统的工作性能产生不利的影响。因此，电液伺服系统除了采用高温液压油外，一般在其安装部位周围都采取了隔热措施。

电动伺服系统由于电阻损失和涡流损失所产生的热量都无法很快带走，因此必须采取强制冷措施，常采用的方法之一就是在转子轴上设置风扇。

温度对燃气伺服系统动态特性的影响很小，这是由于高温高压燃气的黏度、润滑性和容积弹性模数在较宽的温度范围内都保持不变。因此，燃气伺服系统特别适用于高温场合。

6.1.5.3 使用维护性比较

1. 可检测性

为确保伺服系统产品质量，伺服系统在导弹总装厂、技术阵地和发射阵地都必须进行检测。是否可检测或检测是否易于进行，往往是选择推力矢量控制伺服系统方案时要考虑的一个重要问题。

电液伺服系统的状态参数多，往往又是非电量，需要经过各种传感器和二次仪表进行转换和显示、记录，因此检测设备比较复杂。

电动伺服系统的状态参数少，且可直接测量，检测工作易于进行，检测设备简单。

燃气伺服系统使用燃气发生器作为动力源，属于一次性使用产品，不能进行检测。有时可采用冷气作为动力，检查伺服系统其他部分功能是否正常，但毕竟不能模拟真实的工作状态。

2. 可维护性

由于电液伺服系统有泄漏存在，因此必须定期进行补液；当使用蓄能器时，需要定期补气，工作一段时间后还需要更换过滤器，使用维护性能较差。电动伺服系统使用维护性能最好，基本上不需要进行维护。燃气伺服系统的维护性主要是保证推进剂的贮存环境条件。

6.1.5.4 经济性比较

电液伺服系统结构复杂、工艺要求高、制造成本高。燃气伺服系统结构简单，成本低。电动伺服系统有许多标准件可供选用，结构简单，工艺要求比电液和燃气伺服系统低，制造成本也低。

6.1.6 伺服系统的发展趋势

固体弹道导弹推力矢量控制伺服系统的发展趋势主要包括燃气技术的普遍采用、电动伺服系统的再度崛起、电液伺服系统的高压化发展、伺服系统可靠性的进一步提高、新型数字伺服系统的出现和伺服系统先进仿真技术的发展等。

1. 燃气技术的普遍采用

伺服系统总质量中能源装置的重量占相当大的比重，各国都先从研究能源装置入手来提高伺服系统的功率重量比。大功率伺服系统若依然沿用电池—电机—泵作为能源，由于其体积和重量都很大，因此继续用于固体弹道导弹已不可取。目前，固体弹道导弹伺服系统都已普遍采用燃气发生器—涡轮—泵作为能源。在相同功率情况下，其重量比电池—电机—泵减小 1/4～1/3。

燃气位置伺服系统的研制是固体导弹伺服技术值得关注的发展方向。它是用固体燃料燃烧后产生的高温高压燃气作为工质来驱动执行机构，不需要中间形式的能量转换，因此表现出效率高、重量轻、体积小等优点。其功率重量比与同级燃气动力装置伺服系统相比高 50%左右。

2. 电动伺服系统的再度崛起

在液压伺服系统出现以前，多用电动伺服系统作为控制手段。由于液压伺服系统具有许多明显的优点，从而在某些应用领域里逐步取代了原来的电动伺服系统，使电动伺服系统的应用范围大为缩减。但是，20 世纪 70 年代以后，由于新型磁性材料稀土合金的研制成功，并用于各种伺服电机和无刷直流电机，提高了电机的转矩和响应速度，功率重量比大幅提高。大功率固体电子开关的研制成功并投入使用，使电动伺服系统能完成更加复杂的控制功能。新的减速传动装置的研制成功，又为电动伺服系统的小型化做了准备。因此，新型电动伺服系统比较彻底地克服了传统电动伺服系统的致命弱点，使之能满足固体导弹推力矢量控制对伺服系统提出的体积重量轻、响应速度快等要求。

3. 电液伺服系统的高压化发展

电液伺服系统采用高压的目的是进一步提高功率重量比，减小结构尺寸。作动筒压力高，活塞面积可小，负载流量也可小。早期液压系统的工作压力仅为5～7MPa，随着橡胶工业的发展，高压密封问题得以解决，高强度合金和非金属材料也层出不穷，导弹伺服系统采用的工作压力是15～21MPa。20世纪80年代初，经过论证认为28MPa为当时的最佳工作压力，而这一最佳工作压力已提高到35MPa的等级。

4. 伺服系统可靠性的进一步提高

液压系统的高压化、高转速化以及燃气技术在伺服系统中的应用，对减小伺服系统结构重量、提高其输出功率或力矩是十分有利的，但同时对伺服系统的可靠性也提出了新的研究课题。耐高温、耐高压、耐磨损的金属和非金属新材料及其加工工艺的研究，不断取得进展，多余度技术和优化设计技术的兴起和应用使伺服系统的可靠性进一步提高。

5. 新型数字伺服系统的出现

随着微电子、计算机和信息技术的迅速发展，数字伺服系统应运而生。它首先在民用伺服领域内发展起来，随后逐步推广到推力矢量控制伺服系统中。

固体弹道导弹采用单喷管后，俯仰、偏航两个通道之间存在交连，需要进行实时解耦。导弹处于高温、高压的工作环境中必然引起伺服系统负载如摩擦力、转动惯量（滚控发动机推进剂不断消耗）和电气元件参数的变化，燃气伺服系统由于烧蚀和推进剂燃烧后的残渣存积使节流孔尺寸改变，工作过程中还不可避免地受到各种随机干扰的作用，这些因素都会导致原设计参数的改变，从而改变伺服系统的控制性能，使之不能满足指标要求，严重时还会引起失控。如果在设计时，各种可能出现的情况都予以考虑，则伺服系统的设计又必然是保守的。采用数字伺服系统后，上述问题都可以得到圆满的解决。

6. 伺服系统先进仿真技术的发展

在系统仿真基础上发展起来的虚拟现实技术的广泛应用，使得伺服系统仿真手段越来越先进和高效。可用于伺服系统先进仿真领域的专业工具软件包括MathWorks的Matlab软件与Simulink仿真环境、MultiGen Paradigm公司的MultiGen Creator建模软件、Presagis公司的Vega Prime驱动渲染软件和DiSTI公司的GL Studio虚拟仪表开发工具等系列高逼真度、最佳优化的实时三维建模仿真工具，使视景仿真更加形象逼真。

6.2 电液伺服系统

电液伺服系统是国内外发展较早、使用较多的一种固体弹道导弹推力矢量控制伺服系统。对于电液伺服系统，系统的低功率部分即系统信号的综合和处理（如指令、反馈、校正等信号的传感、综合、变换和放大）采用电子元器件来承担，而系统的高功率部分即控制作用的功率放大、传递及输出采用液压元件来完成。

导弹电液伺服系统是目前使用最为广泛的伺服系统。电液伺服系统在固体弹道导弹推力矢量控制系统中之所以应用广泛，是因为它充分发挥和紧密结合了电子和液压两种技术的优势，并与控制对象（喷管或阀门）之间具有较好的负载匹配关系。电子系统具有快速灵活、适应性强的优点，而液压系统具有很好的动力操纵能力，导弹电液伺服系统综合了电子系统和液压系统优点，具有输出力矩大、力矩惯性比大、体积小、刚度大、精度高、响应快、低速稳定、调速范围宽以及不需要中间变速机构等特点，适合于导弹喷管负载大、惯性大、定位精度要求高、响应速度要求快、速度范围变化大以及结构要求紧凑等需要。

任何电液伺服系统都可以从原理上划分为动力装置、液压油源回路和伺服控制回路三个组成部分，如图 6-4 所示。

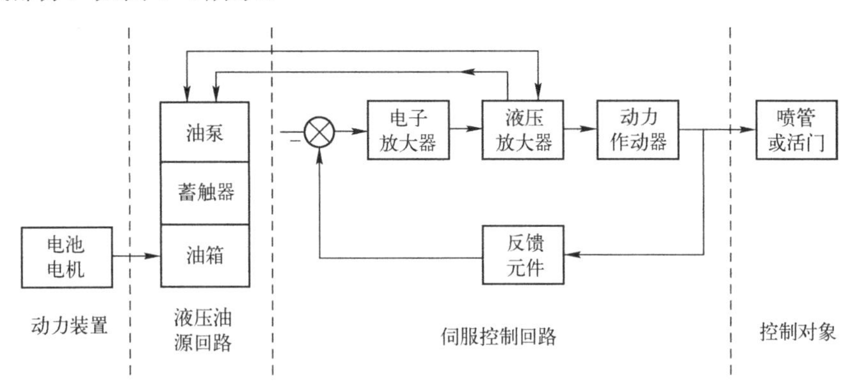

图 6-4　导弹电液伺服系统组成框图

电液伺服系统，作为导弹姿态控制系统的执行机构，用以接受控制系统指令，调制增压油液，功率放大并传递输出，操纵负载，其功能是相同的。根据动力装置形式和控制对象的不同，比较典型的电液伺服系统有三种，分别是：电池—电机—油泵摆动喷管电液伺服系统（简称电动泵电液伺服系统），燃气发生器—涡轮—油泵共源式双摆电液伺服系统（简称燃气动力装置双摆电液伺服系统）及气瓶增压油箱液体二次喷射电液伺服系统（简称冷气挤压液体二次喷射电液伺服系统）。

由于这三种电液伺服系统在油源回路、伺服控制回路及负载等方面有许多类同之处，因此，本章选取电动泵电液伺服系统作为基本形式，选取一个典型的系统作为例子进行简要介绍，并与其他系统进行比较。下面首先对电液伺服系统的主要元部件进行简要介绍。

6.2.1　电液伺服系统的主要元部件

6.2.1.1　电液伺服阀

电液伺服阀是伺服系统的变换和放大元件。它将伺服放大器输出的功率很小的指令电流，变换和放大成一定功率的高压液体工质流量，输入作动筒，推动活塞杆运动，进而使发动机喷管摆动。

按照输出功率的要求，电液伺服阀可设计为单级、两级或三级。两级电液伺服阀由电气—机械转换器和两级液压放大器组成。电气—机械转换器将小功率的电信号转变为机械运动，并将其作为第一级液压放大器的指令信号，经过变换和放大，使第一级液压放大器输出具有一定功率的液流，用于推动第二级液压放大器的滑阀，进而使液压功率得到进一步放大，其输出用来控制液压执行元件，以带动负载。

在导弹伺服系统中，使用最为广泛的是双喷嘴挡板力反馈式两级电液伺服阀。它采用力矩马达作为电气—机械转换器，用双喷嘴挡板阀作为第一级液压放大器，用四通滑阀作为第二级液压放大器，用反馈弹簧作为第二级与力矩马达之间的力反馈元件。

两级电液伺服阀的结构原理图如图 6-5 所示。电液伺服阀利用极化磁通和控制磁通的控制作用，使喷嘴挡板偏转，产生滑阀两端的压差，该压差使滑阀移动，造成节流窗口开放，产生通向作动筒的高压流量。输入力矩马达的电流控制挡板位移，从而控制了喷嘴腔的油液压力，再以喷嘴腔油压的变化来控制滑阀的位移，从而控制了伺服阀的输出流量。

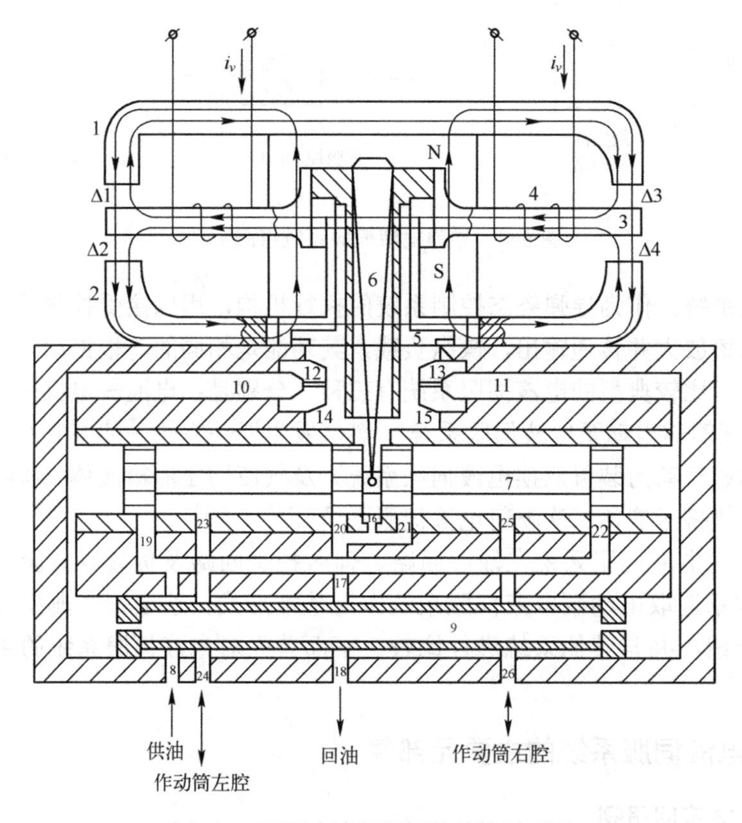

图 6-5　两级电液伺服阀的结构原理图

1—上导磁体；2—下导磁体；3—衔铁；4—控制线圈；5—挡板；6—反馈弹簧杆；7—滑阀；8—供油孔；9—油滤；10、11—喷嘴腔；12、13—喷嘴；14、15、16、17—回油路径；18—回油孔；19、20、21、22—滑阀节流窗口；23、24—通往作动筒左腔油路；25、26—通往作动筒右腔油路。

在图 6-5 中，上、下导磁体围绕衔铁构成磁路，并与衔铁两端形成 4 个工作气隙（Δ1、Δ2、Δ3 和 Δ4）。永久磁铁分别将上、下导磁体磁化为北极（N）和南极（S），产生极化磁通。

当控制线圈 4 中的电流 i_V 为零时，作用在衔铁 3 上的控制磁通为零，此时挡板处于喷嘴 12、13 的中间。从油泵经蓄能器来的高压油经供油孔 8，通过油滤 9 分为两路，分别进入喷嘴腔 10 和喷嘴腔 11，且在喷嘴出口处 12、13 的阻力相同，使喷嘴腔 10、11 内的油压基本相等，反馈弹簧杆处于自由状态，作用于滑阀 7 上的合力为零，滑阀处于中间位置，关闭四通滑阀通向作动筒的所有节流窗口。高压油经喷嘴从腔 14、15 回油，到腔 16、17，再从回油孔 18 流回油箱。此时，来自油源组件的高压油液与作动筒相隔离，作动筒活塞停在某一位置上，喷管也就停在某一相应位置。

当控制电流信号 i_V 按箭头所示的方向通入控制线圈时，便在衔铁上产生控制磁通。在 4 个工作气隙中，控制磁通与极化磁通叠加，使得其中的一对对角的气隙（Δ1 和 Δ3）的磁通量减少，另一对对角的气隙（Δ2 和 Δ4）的磁通量增加。由于气隙的磁通越大，产生的电磁力越大，因此在衔铁上产生力矩，此力矩使衔铁绕支承弹簧管的转动中心逆时针转动，从而引起挡板向右移动，挡板与右喷嘴之间的节流面积减小，液阻增大，喷嘴腔 11 和与之相通的滑阀右端腔压力升高；同时，挡板与左喷嘴之间的节流面积增大，液阻减小，喷嘴腔 10 和与之相通的滑阀左端腔压力减小，液压油施加在滑阀两端的作用力不平衡，推动滑阀向左移动，滑阀窗口 19、21 便打开，作动筒的左腔便通过腔 23、24 与高压油相通，与此同时，作动筒的右腔通过腔 26、25、21、17、18 形成回油通路。于是，电液伺服阀就输出流量使活塞杆运动，带动喷管摆动。随着滑阀的左移，由液体流动造成并作用在滑阀上的反作用力（液动力，其方向力图使窗口关闭）以及由反馈杆变形而作用在滑阀上的弹性恢复力不断增大。当滑阀移动到一定距离时，反馈杆作用在滑阀上的弹性恢复力、滑阀两端压差产生的力与滑阀的液动力达到平衡，滑阀便停止运动。由于滑阀的位移与控制电流成正比，而滑阀位移造成的窗口开启面积对应一定大小的伺服流量，即对应了作动筒活塞杆及喷管的一定运动速度。当控制电流 i_V 发生变化时，作动筒活塞杆的运动速度也相应发生变化。当外加控制电流信号 i_V 的极性相反时，电液伺服阀的工作过程正好相反。

电液伺服阀是具有复杂高阶非线性特性的器件。在实际应用中，通常可将其简化为一阶线性系统，即

$$Q_V = \frac{K_Q}{T_V s + 1} I_V \tag{6-1}$$

式中：Q_V 为电液伺服阀输出流量；K_Q 为电液伺服阀的流量增益；T_V 为电液伺服阀的时间常数；I_V 为控制电流。

6.2.1.2　伺服放大器

伺服放大器是驱动电液伺服阀的直流功率放大器，其前置级为电压放大，功率级为电流放大。伺服放大器的功用是将输入指令信号与系统反馈信号进行比较、放大和运算

后，输出一个与偏差电压信号成比例的控制电流给电液伺服阀的控制线圈，控制伺服阀动作。

导弹电液伺服系统一般不单独设置反馈元件。控制指令 δ_{C} 和反馈信号 δ_t 直接接入伺服放大器的两个输入端进行综合比较。控制误差由放大器进行放大，并变换为控制电流信号 i_{V} 对电液伺服阀实施控制。

如果忽略伺服放大器的时间常数，可以认为是纯比例环节，即

$$\Delta U = K_t(\delta_{\mathrm{C}} - \delta_t) \tag{6-2}$$

$$I_{\mathrm{V}} = K_{ui}\Delta U \tag{6-3}$$

式中：K_t 为反馈系数；K_{ui} 为伺服放大器的静态放大倍数；I_{V} 为伺服放大器的输出电流。

6.2.1.3 作动筒

作动筒是伺服系统中将液压能转换为机械能的执行元件，它将输入的伺服阀流量变换成具有一定速度的活塞杆的位移输出，用于控制发动机喷管的摆动，实现推力矢量控制。

在导弹伺服系统中，用得最多的是双作用作动筒。作动筒中的液体压力可以交替作用在往复两个方向，活塞杆可以带动负载往返运动，如图 6-6 所示。

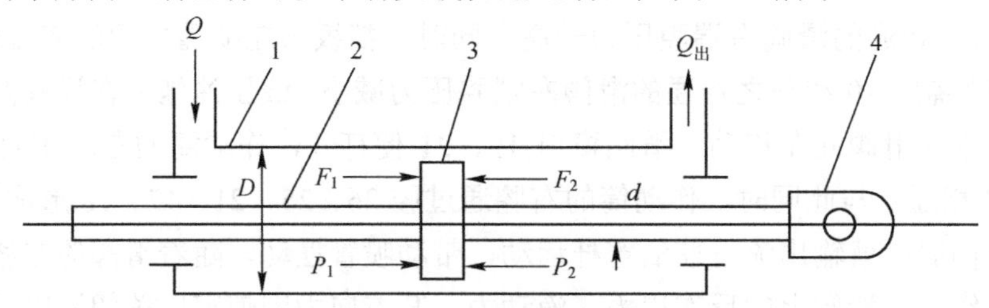

图 6-6 作动筒工作原理图

1—筒体；2—活塞杆；3—活塞；4—负载。

作动筒的工作原理是：若作动筒的左腔输入工作液，左腔的压力升高到足以克服外界负载时，活塞杆就开始向右运动；若连续不断地供给流体，活塞便以一定的速度运动，直到输入的流量等于零时为止。

根据流量平衡规律，电液伺服阀的输出流量等于作动筒活塞位移流量加上受压损失流量和泄漏量，即

$$Q_{\mathrm{V}} = ARs\delta + P_{\mathrm{L}}K_{\mathrm{M}}s + C_{\mathrm{L}}P_{\mathrm{L}} \tag{6-4}$$

式中：A 为作动筒活塞的有效面积；R 为有效摆动力臂长度；P_{L} 为作动筒活塞左右两腔的压差；$K_M = V_T / 4B$，V_{T} 为伺服阀输出槽口到作动筒的受压容积，B 为液压油容积弹性系数；C_{L} 为伺服阀和作动筒的总泄漏系数。

（1）作动筒的输出力。

作动筒的输出力是指克服其内部各种阻力所产生机械力 F 的大小。在理论上可建立力平衡式，即

$$F = P_1A_1 - P_2A_2 \tag{6-5}$$

式中：P_1为作动筒左腔压力；P_2为作动筒右腔压力；A_1、A_2分别为P_1和P_2作用的有效面积。

由式（6-5）可知，提高供油压力和增大活塞面积均可使作动筒的输出力增大。若要求输出力一定，则提高供油压力可减小作动筒的体积，这也正是推力矢量控制伺服系统向高压化发展的原因之一。

（2）作动筒的输出速度。

由图 6-6 可知，作动筒的有效活塞面积为

$$A = A_1 = A_2 = \pi(D^2 - d^2)/4 \tag{6-6}$$

则作动筒的输出速度v为

$$v = \frac{Q}{A}\eta_v \tag{6-7}$$

式中：Q为进入作动筒的流量；$\eta_v = (Q - Q_L)/Q$为泄漏影响系数，其中Q_L为作动筒泄漏流量。

（3）作动筒的输出位移。

由式（6-7）可知，作动筒的输出速度v与输入流量Q成正比，因此，作动筒的输出位移y与输入流量之间存在着积分关系，即

$$y = \frac{\eta_v}{A}\int Q\mathrm{d}t \tag{6-8}$$

通常，作动筒被称为积分元件。作动筒的活塞在任意大小的流量Q下都将不停地运动，使活塞停止的必要条件是输入流量Q等于零。但是，活塞停止的具体位置与输入流量无关，它是由系统的主令信号和反馈信号共同确定的。

（4）作动筒的输出功率。

作动筒利用液体压力来驱动负载，并利用液体流量来维持负载的运动速度，实现了从液压能向机械能的转变。

根据作动筒的输入参数，即输入作动筒的液体压力P_1和流量Q，可导出输入的液压功率为

$$W_{入} = P_1 Q \tag{6-9}$$

根据作动筒的输出参数，即作动筒的输出力F和输出速度v，可导出输出的机械功率为

$$W_{出} = Fv \tag{6-10}$$

由于活塞运动摩擦以及流量泄漏等影响，作动筒的输出功率通常小于其输入功率。作动筒的效率η等于其输出机械功率与输入的液压功率之比，即

$$\eta = \frac{Fv}{P_1 Q} \tag{6-11}$$

6.2.1.4　反馈元件

绝大多数导弹伺服系统都是闭环控制系统，因此必须设置反馈元件。在导弹电液伺服系统中，常采用位移电位器作为反馈元件。位移电位器的作用是将作动筒活塞杆

的位移线性地转换成直流电压，并反馈到伺服放大器的反馈信号输入端上。伺服系统的控制精度在很大程度上取决于位移电位器的精度，电位器的精度是系统控制精度的上限。

位移电位器的电原理图如图 6-7 所示。由图 6-7 可知，当忽略负载影响时，电位计的输出电压与位移之间的关系为

$$U = K_{\mathrm{F}} X \tag{6-12}$$

式中：$K_{\mathrm{F}} = E / L$为电位计增益。

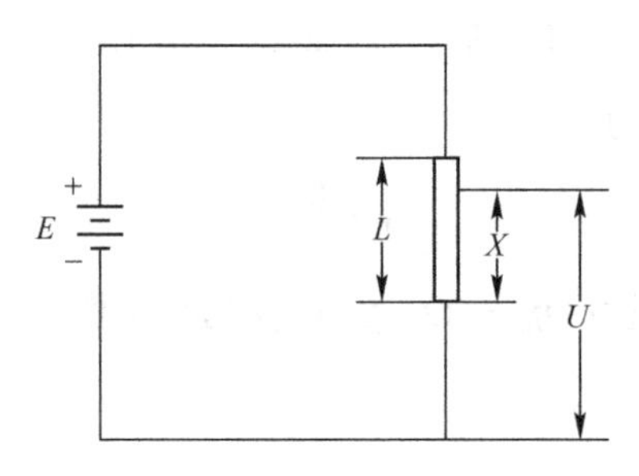

图 6-7　位移电位器的电原理图

6.2.1.5　电机

电机是实现电能向机械能转换的装置。受弹上电源的限制，导弹推力矢量控制伺服系统都采用直流电机，用于带动油泵，为导弹电液伺服系统提供动力源。

6.2.1.6　油泵

油泵是将电机输入的机械能转换为液体工质液压能的能量转换装置，可以为伺服系统提供一定压力和流量的油液。

6.2.1.7　蓄能器

蓄能器是导弹液压伺服系统中常用的一种能量储存装置，其主要用途是作为系统的辅助能源。蓄能器将系统小功率输出时的多余能量以气体压力的形式储存起来。当系统大功率输出时，蓄能器释放所储存的能量，向负载提供峰值功率。在设置蓄能器后，可减少油液脉动，吸收液压冲击。此外，蓄能器还可用来对油液进行预增压，改善油泵的吸油特性。

6.2.1.8　油箱

油箱的主要用途是贮存伺服系统工作所需要的油液，同时散发系统工作中产生的部分热量。导弹伺服系统油箱的特点是工作时间短、可靠性高、密封性好、体积小、质量小、环境温度变化范围大、工质温度高，并且能够对油面高度进行监测。

6.2.1.9　传感器

在导弹电液伺服系统中，传感器包括压力传感器（低压传感器和高压传感器）、油面电位器和压差传感器。其中，低压传感器用于监视和测量泵入口压力，高压传感器用于监视和测量蓄能器压力和伺服阀入口压力；油面电位器用于监视和测量油箱液面高度；压差传感器用于监视和测量作动筒两腔的压差。

6.2.2 电动泵电液伺服系统

6.2.2.1 组成

图 6-8 所示为典型的电动泵电液伺服系统，功能上可划分为动力装置、液压油源回路及伺服控制回路三个组成部分。图中也画出了控制对象——喷管。

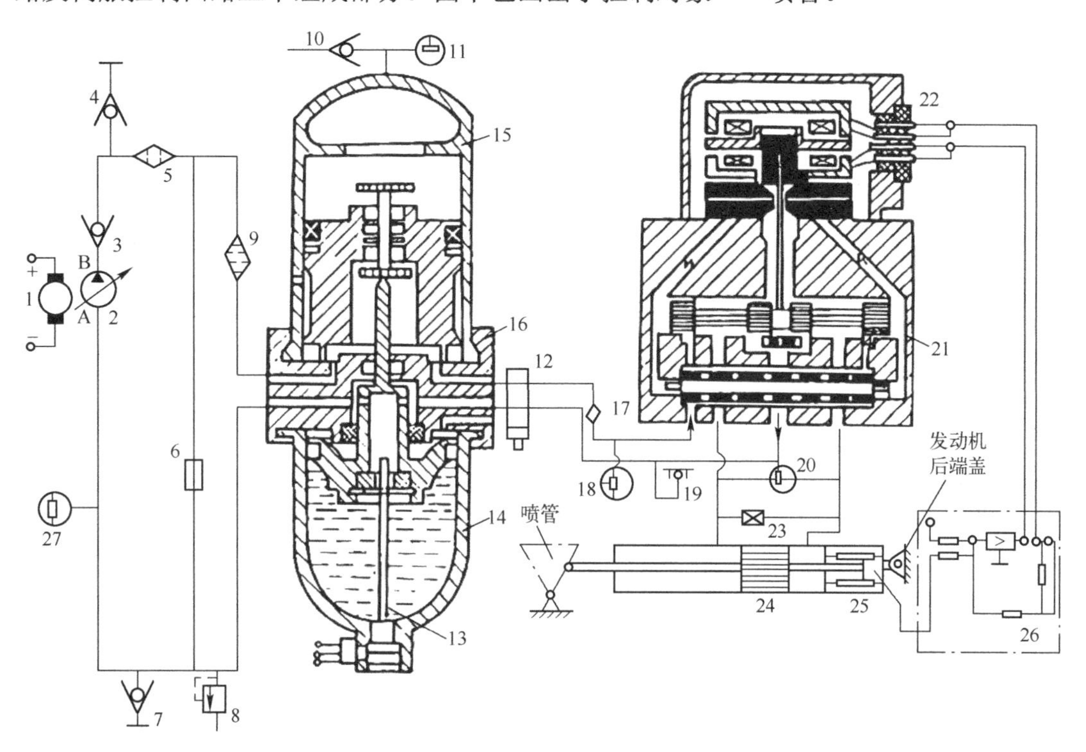

图 6-8　导弹电液伺服系统结构原理图

1—直流电机；2—油泵；3—单向阀；4—高压进出油嘴；5—过滤器；6—高压安全阀；7—低压进出油嘴；8—低压安全阀；9—磁性油滤；10—充气活门；11—高压传感器；12—清洗阀；13—油面指示器；14—油箱；15—蓄压器；16—大壳体；17—过滤器；18—高压传感器；19—放气活门；20—压差传感器；21—伺服阀；22—力矩马达；23—旁通阀；24—作动器；25—反馈电位器；26—伺服放大器；27—低压传感器。

（1）动力装置，包括电池、直流电机 1 及专用电缆。通常，电池与电机分开安装，两者用电缆连接。

（2）液压油源回路，包括油泵 2、单向阀 3，过滤器 5、9、17，增压油箱 14，活塞式蓄能器 15，清洗旁通阀 12，高压安全阀 6，低压安全阀 8，高压进出油嘴 4，低压进出油嘴 7，充气活门 10，放气活门 19，旁通阀 23，高压传感器 11，18，低压传感器 27，油面指示器 13 等。

（3）伺服控制回路，包括电子伺服放大器 26、双喷嘴二级力反馈电液伺服阀 21、力矩马达 22、直线双作用式作动器 24、反馈电位器 25、压差传感器 20 及专用连接器和相应电缆（图中未画出）等。

6.2.2.2 工作原理

1. 伺服控制回路

如图 6-9 所示，伺服控制回路接受导弹控制系统指令 δ_c（输入），作动器活塞杆跟随指令运动，按照 δ_c 的大小和极性控制喷管摆角 δ 的大小和方向（输出）。

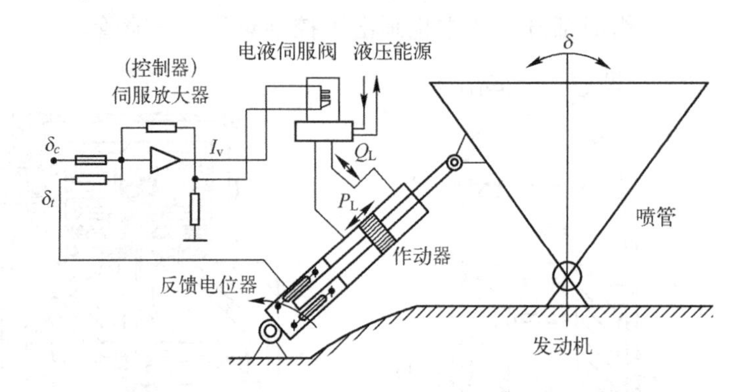

图 6-9 伺服控制回路的工作原理

具体工作过程如下：

当导弹程序转弯或克服干扰纠正姿态时，飞行控制系统向伺服控制回路输入电压指令信号 δ_c，该信号经伺服放大器变换放大成电流信号 i_V 输至伺服阀的力矩马达线圈，使伺服阀的阀芯产生位移，位移量的大小和极性与电流 i_V 的大小和极性相对应。阀芯位移打开了伺服阀的输出窗口，从而输出方向一定的高压流体，流体的流量 Q_V 的大小由电流 i_V 与系统负载压差 Δp_L 决定。高压流体进入作动器对应的一腔，推动活塞杆以与流量 Q_V 成比例的速度 $\dot{\delta}_t$ 运动。活塞杆带动喷管绕定轴摆动，形成转角 δ，从而产生侧向控制力，改变弹体姿态。

如图 6-9 所示，在作动器活塞杆摆动喷管的同时也带动反馈电位器滑动触点，使之产生一个与活塞杆位移成正比且具有规定极性的电压信号 δ_t。δ_t 负反馈至放大器，与输入指令信号 δ_c 进行综合比较，形成回路。由于伺服系统是一个闭环负反馈控制系统，δ_c 与 δ_t 比较后其偏差量 $\Delta\delta = |\delta_c - \delta_t| < |\delta_c|$，从而使力矩马达的电流 i_V、阀芯位移量及伺服阀流量 Q_V 都相应减小，活塞杆的运动速度也随之减小，喷管也以不断减小的速度持续摆动。由于作动器为积分元件，因而只有当 $\delta_t = \delta$，即 $\Delta\delta = |\delta_c - \delta_t| = 0$，$i_V = 0$，$Q_V = 0$ 时，活塞杆和喷管才停止，这时喷管就停在与指令 δ_c 相对应的摆角位置上，且 $\delta \approx \delta_c$。

当导弹程序转弯结束或姿态已被纠正时，控制系统主令信号 δ_c 不断减小到零，喷管摆角 δ 也就以上述同样的过程减小并最终恢复零位。总之，喷管在伺服控制回路的操纵下紧紧地跟随输入指令 δ_c 摆动，这便是伺服控制回路的工作原理。

2. 动力装置

由电池通过弹上专用电缆向电机供电，使电机带动油泵高速旋转，实现电能—机械能—液压能的转换。

3. 液压油源回路

液压油源回路是向伺服控制回路的伺服作动器组件（伺服阀与作动器）提供高压油液并使工质液压油循环而成闭路，其工作原理可参见图 6-10，它是图 6-8 中液压油源回路部分的简化示意图。

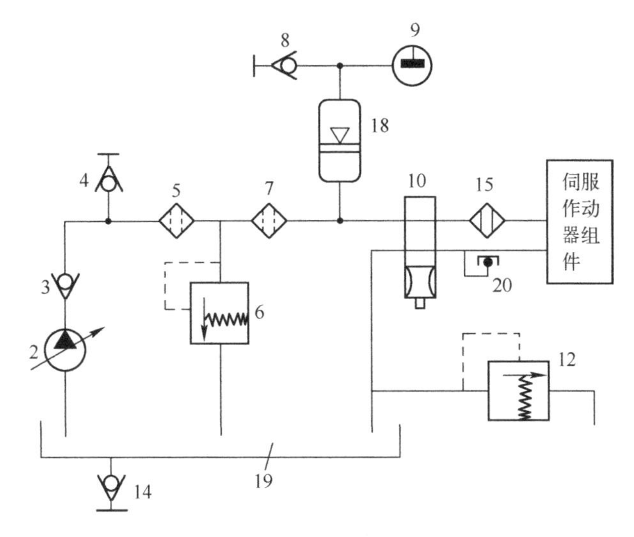

图 6-10　液压油源回路简化示意图

2—油泵；3—单向阀；4—高压进出油嘴；5—油滤；6—高压安全阀；7—磁性油滤；8—充气阀；9—气压传感器；10—手动清洗阀；12—低压安全阀；14—低压进出油嘴；15—油滤；18—蓄能器；19—油箱；20—放气阀。

油泵由电机拖动从油箱吸油并在泵内增压，高压油使蓄能器增压贮能，同时供给伺服控制回路的伺服作动器组件，用来摆动喷管。伺服作动器组件的回油流回油箱，构成一个闭式循环油源回路。

当系统无指令信号 δ_c 输入即不需要喷管摆动时，伺服阀控制电流 i_V 基本为零，伺服阀来自油源回路而输至作动器的输出流量 Q_V 基本也为零，油源回路高压油的压力 p_s 迅速上升并超过油泵工作压力，油泵变量机构工作使油泵输出流量下降到一个较小的量值，以仅仅维持油泵自身和系统内泄以及伺服阀的净耗流量。

当导弹需要摆动喷管即系统有指令信号 δ_c 输入时，伺服阀控制电流 i_V 不再为零，如果要求喷管快速摆动，伺服作动器需要较大的高压油流量，油源回路高压油压 p_s 便下降，油泵变量机构工作使油泵恢复到全流量输出。当油泵流量仍满足不了喷管摆动速度需要时，油压将继续下降，蓄能器也因此而排出油液、输送流量，与油泵一起向伺服作动器提供所需的峰值流量 Q_V 。

倘若要求喷管摆动速度不大，当油泵的输出流量能满足伺服作动器的工作需要时，油源回路高压油压 p_s 将基本维持在油泵工作压力值上，蓄能器不工作，也就不提供流量。所以，在此回路中油泵为主能源，蓄能器为辅助能源，它将系统低功率工作时所剩余的能量以气体压力内能的形式贮存起来。当系统高功率工作时，气体膨胀做功，输出功率，与油泵一起向负载提供瞬时峰值功率。

蓄能器除了作为系统辅助能源外，还有如下两个作用：一是作为液压系统的滤波器和阻尼系统的压力脉动。这种压力脉动有油泵柱塞排油脉动、负载突然停止造成的水锤现象、结构弹性与负载惯量的耦合造成的振动等。二是在图 6-8 所示系统中，实现系统启动前对油箱和系统中油液的增压。

油箱是液压油液回路的贮油装置，通常采用闭式增压油箱。闭式的目的是防止油液污染和挥发，以保持系统油液的定量和清洁。增压目的有两个：一是向油泵输送增压液体，使其吸油充分，提高泵的容积效率，改善油泵启动特性，并防止产生气蚀现象，从而提高泵的使用寿命。二是使系统内部油压略高于外部气压，保证系统良好的密封条件。

液压油源回路除了上述基本部分之外，还有其他辅助部件，包括用于防止污染的油滤和清洗阀，用于回路过压保护的高压和低压安全阀，用于系统操作使用的高压和低压进出油嘴，给蓄能器充气、补气用的充气阀，用于沟通作动器两腔的旁通阀，以及各种对系统状态进行监控的传感器，具体作用可以参考相关文献的内容，这里不再详细描述。

6.2.2.3 伺服控制回路数学模型

电液伺服系统控制原理框图如图 6-11 所示，下面简要介绍各个部分的数学模型。

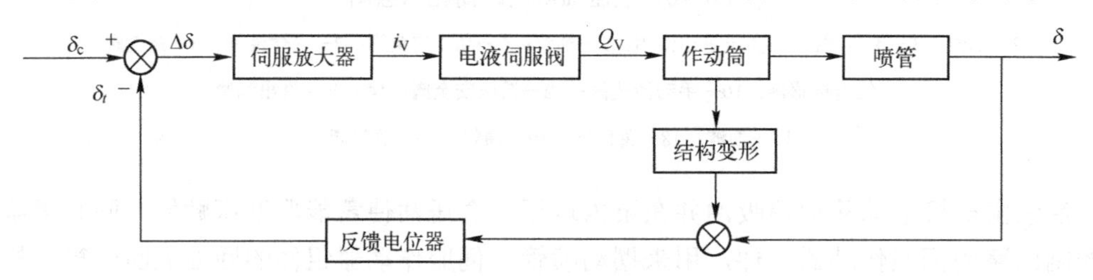

图 6-11　电液伺服系统控制原理框图

（1）信号综合（图 6-12）方程可表示为

$$\Delta u = K_t(\delta_c - \delta_t)$$

其拉普拉斯变换式为

$$\Delta u(s) = K_t(\delta_c - \delta_t) \tag{6-13}$$

式中：δ_c 为指令摆角（rad）；δ_t 为与反馈电位器位移相对应的反馈摆角（rad）；K_t 为反馈系数（V/rad）；Δu 为误差信号（V）；$\Delta u(s)$ 为误差信号的拉普拉斯变换式。

（2）伺服放大器变换（图 6-13）方程可表示为

$$i_V = K_{ui}\Delta u$$

其拉普拉斯变换式为

$$i_V(s) = K_{ui}\Delta u(s) \tag{6-14}$$

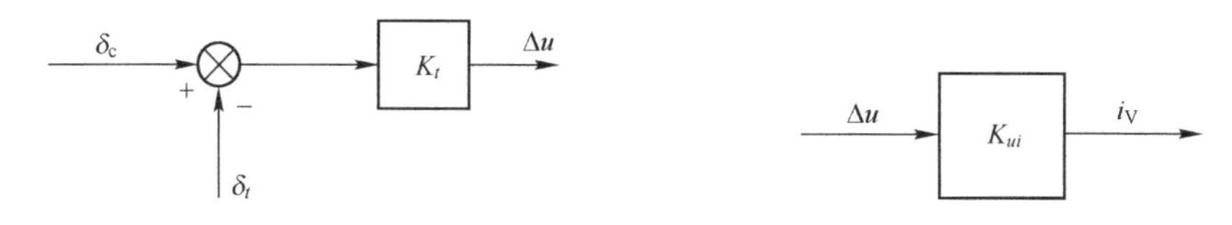

图 6-12　信号综合　　　　图 6-13　变换放大特性

式中：i_V 为放大器输出电流（mA）；K_{ui} 为放大器静态放大系数（mA/V）。

（3）放大器输出限幅特性方程可表示为

$$i_{V_e}=\begin{cases} i_{Vm} & i_V \geqslant i_{Vm} \\ i_V & -i_{Vm}<i_V<i_{Vm} \\ i_{Vm} & i_V \leqslant -i_{Vm} \end{cases}$$

$$i_{V_e}(s)=\begin{cases} i_{Vm}(s) & i_V \geqslant i_{Vm} \\ i_V(s) & -i_{Vm}<i_V<i_{Vm} \\ i_{Vm}(s) & i_V \leqslant -i_{Vm} \end{cases} \tag{6-15}$$

式中：i_{V_e} 为放大器实际输出电流（mA）；i_{Vm} 为放大器的限幅电流（mA）。

（4）电液伺服阀的类型多种多样，其数学模型各不相同，这里给出典型的双喷嘴挡板型电液伺服阀的数学模型。电液伺服阀机电部分简化的传递函数框图如图 6-14 所示，图中：i_{V_e} 为力矩马达输入电流；θ 为衔铁的角位移（rad）；x_f 为挡板位移；x_v 为阀芯位移；K_m 为力矩马达的中位力矩系数（N·m/A）；K_{an} 为力矩马达的纯刚度（N·m/rad）；ω_{mf} 为力矩马达固有频率（rad/s）；ζ_{mf} 为力矩马达阻尼比；K_f 为反馈弹簧杆刚度；K_{qp} 为双喷嘴挡板阀流量放大系数；r 、b 、A_v 为伺服阀结构参数。

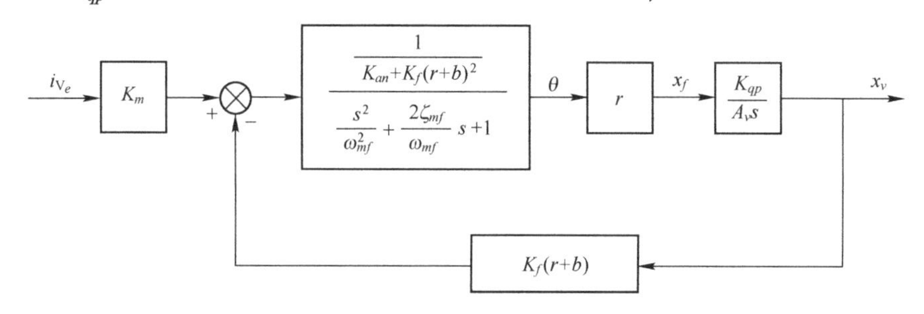

图 6-14　力反馈两级伺服阀简化方块图

对应的开环传递函数为

$$W(s)=\frac{K_{vf}}{s\left(\dfrac{s^2}{\omega_{mf}^2}+\dfrac{2\zeta_{mf}}{\omega_{mf}}s+1\right)} \tag{6-16}$$

式中：K_{vf} 为速度放大系数（rad/s），定义为

$$K_{vf}=\frac{r(r+b)K_f K_{qp}}{A_v(K_{an}+K_f(r+b)^2)} \tag{6-17}$$

其闭环传递函数为

$$\frac{x_v(s)}{i(s)}=\frac{\dfrac{K_t}{K_f(r+b)}}{\left(\dfrac{s}{K_{vf}}+1\right)\left(\dfrac{s^2}{\omega_{mf}^2}+\dfrac{2\zeta_{mf}}{\omega_{mf}}s+1\right)} \tag{6-18}$$

阀芯的行程存在限位特性，可表示为

$$x_{V_e}=\begin{cases}x_{Vm} & x_v\geqslant x_{Vm}\\ x_v & -x_{Vm}<x_v<x_{Vm}\\ x_{Vm} & x_v\leqslant -x_{Vm}\end{cases} \tag{6-19}$$

阀芯的位移，最终会导致伺服阀的流量（图 6-15）发生变化，其方程为

$$Q_V=C_q\sqrt{|p_d|}\text{sign}(p_d)x_v$$

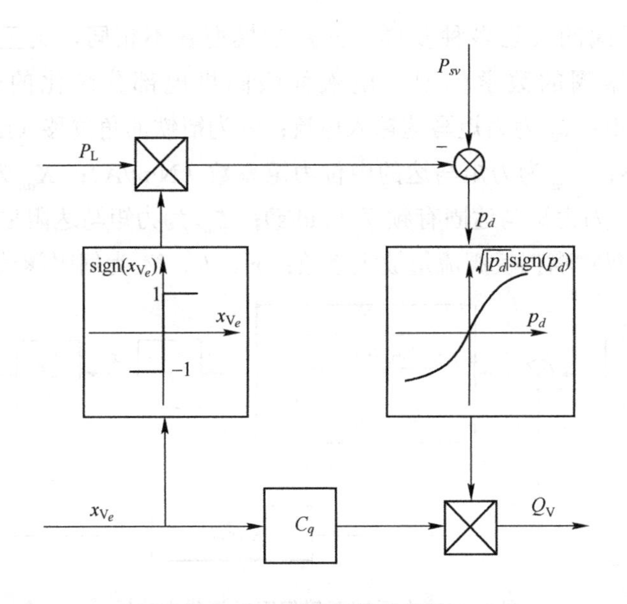

图 6-15　伺服阀流量特性

其拉普拉斯变换为

$$Q_V(s)=C_q\sqrt{|p_d|}\text{sign}(p_d)x_v(s) \tag{6-20}$$

式中：C_q 为伺服阀单位阀窗口开度下的窗口液导；$p_d=p_{sv}-p_L\text{sign}(x_v)$，其中 p_{sv} 为阀入口压力，p_L 为阀负载压差。

（5）流量分配（图 6-16）方程可表示为

$$Q_{\mathrm{V}} = AR_{\delta}\frac{\mathrm{d}}{\mathrm{d}t}\delta_t + \frac{V_{\mathrm{T}}}{4B}\frac{\mathrm{d}}{\mathrm{d}t}p_{\mathrm{L}} + C_e p_{\mathrm{L}}$$

其拉普拉斯变换为

$$Q_{\mathrm{V}}(s) = AR_{\delta}(s)s\delta_t(s) + \frac{V_{\mathrm{T}}}{4B}sp_{\mathrm{L}}(s) + C_e p_{\mathrm{L}}(s) \tag{6-21}$$

式中：A 为作动器活塞有效面积（m^2）；R_{δ} 为有效摆动力臂长（m）；V_{T} 为阀输出槽口起至作动器（包括作动器）的受压容积（m^3）；B 为液压油容积弹性模数（MPa/rad）；C_e 为阀、作动器有关部分内外总泄漏系数（m^3/（s·MPa））。

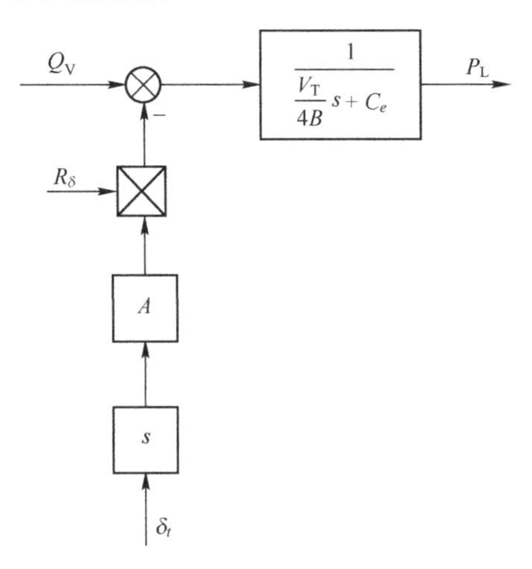

图 6-16　流量分配特性

（6）结构变形（图 6-17）方程可表示为

$$AR_{\delta}p_{\mathrm{L}} = J_m\frac{\mathrm{d}^2}{\mathrm{d}t^2}\Delta\delta + B_m\frac{\mathrm{d}}{\mathrm{d}t}\Delta\delta + K_m\Delta\delta$$

考虑到 $\Delta\delta = \delta_t - \delta$，其拉普拉斯变换为

$$\delta_t(s) = \delta(s) + AR_{\delta}p_{\mathrm{L}}(s)\frac{1}{J_m s^2 + B_m s + K_m} \tag{6-22}$$

式中：J_m 为作动器及有关部分相对转轴的转动惯量（$\mathrm{kg\cdot m^2}$）；B_m 为作动器及有关部分的黏性阻尼系数（N·m·s）；K_m 为等效结构刚度（N·m/rad）；δ 为喷管摆角（rad）。

（7）传动机构摆动力臂非线性（图 6-18）方程可表示为

$$R_{\delta} = R\cos|\delta|$$

其拉普拉斯变换为

$$R_{\delta}(s) = R(s)\cos|\delta| \tag{6-23}$$

式中：R 为摆动力臂零位长度（m）。

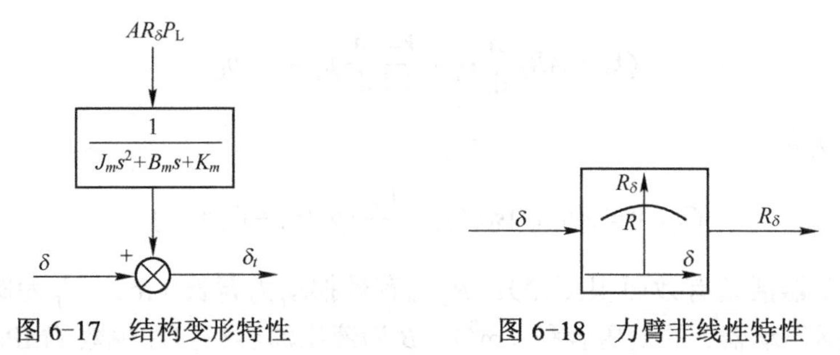

图 6-17　结构变形特性　　　　图 6-18　力臂非线性特性

（8）喷管运动（图 6-19）方程可表示为

$$\left(I\frac{\mathrm{d}^2}{\mathrm{d}t^2}+n\frac{\mathrm{d}}{\mathrm{d}t}+K_\delta\right)\delta=AR_\delta p_\mathrm{L}-M_{f0}\mathrm{sign}\frac{\mathrm{d}}{\mathrm{d}t}\delta-M_{fa0}\mathrm{sign}\frac{\mathrm{d}}{\mathrm{d}t}\delta_t\pm(M_{d0}\pm M_{dt})$$

其拉普拉斯变换为

$$\begin{aligned}(Is^2+ns+K_\delta)\delta(s)=AR_\delta p_\mathrm{L}(s)-M_{f0}\mathrm{sign}(s\delta(s))-\\ M_{fa0}\mathrm{sign}(s\delta_t(s))\pm(M_{d0}\pm M_{dt})\end{aligned} \tag{6-24}$$

式中：I 为喷管及有关部分绕摆轴的转动惯量（$\mathrm{kg\cdot m^2}$）；n 为喷管及有关部分的黏性阻尼系数（N·m·s）；K_δ 为位置力矩系数（N·m/rad）；M_{f0} 为喷管运动干摩擦力矩（N·m）；M_{fa0} 为伺服系统活塞杆运动干摩擦力矩（N·m）；M_{d0} 为恒定负载力矩或恒定干扰力矩（N·m）；M_{dt} 为随机干扰力矩（N·m）。

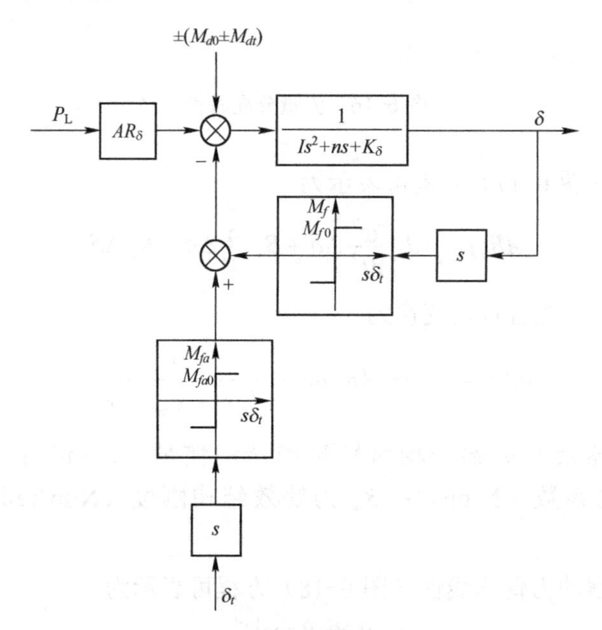

图 6-19　喷管运动特性

根据上面的数学模型，可画出如图 6-20 所示的电液位置伺服系统的简化传递函数框图。除了电动泵摆动喷管电液伺服系统外，常见的还有燃气动力装置双摆电液伺服系统及冷气挤压液体二次喷射电液伺服系统，它们之间的主要区别在于能源系统，相关的能源回路的详细数学模型可参考相关文献，由于本书的重点是控制原理，这里就不做详细介绍了。

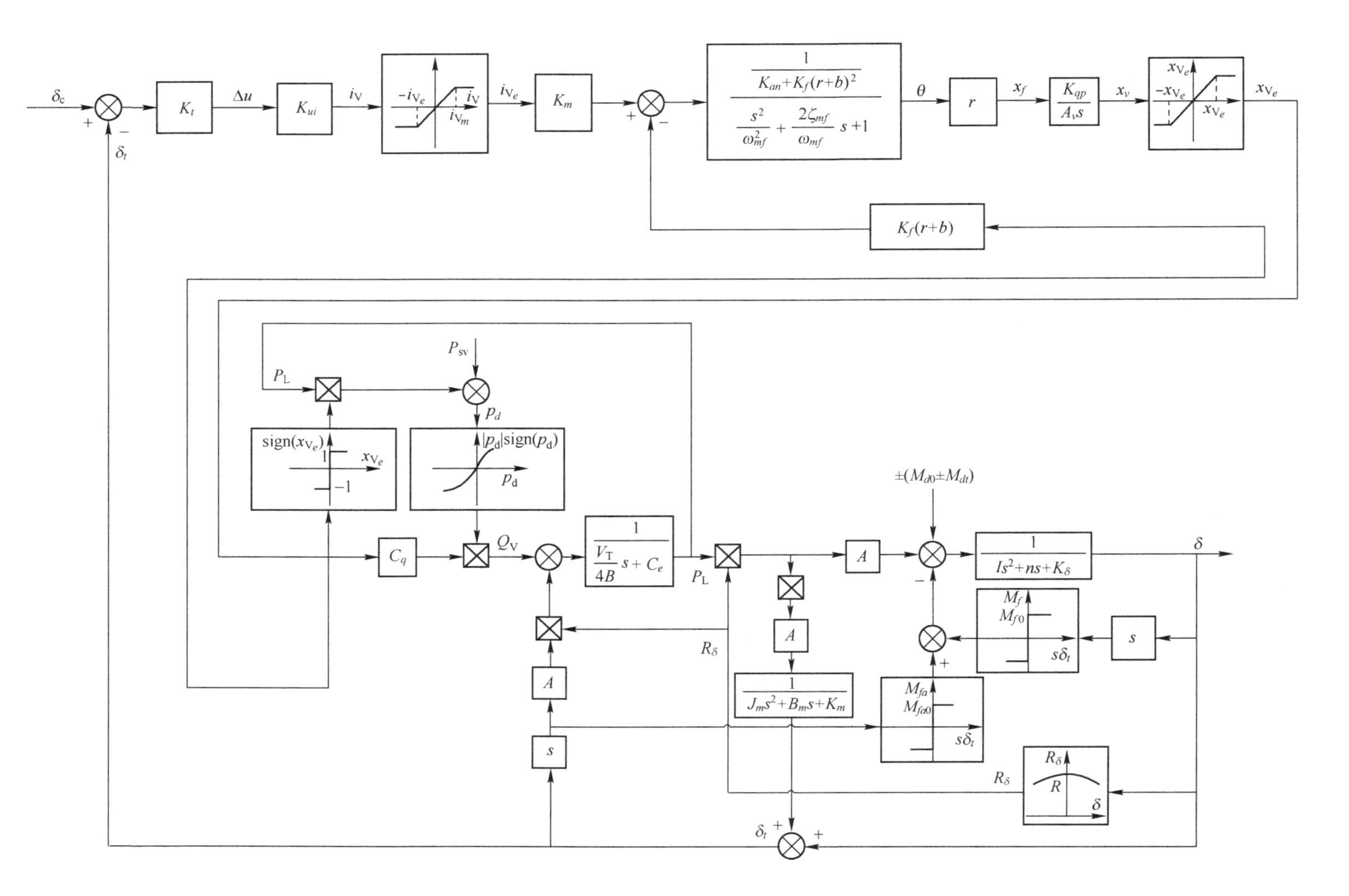

图 6-20　电液位置伺服系统传递函数框图

6.3 电动伺服系统

电动伺服系统与电液和燃气伺服系统的最大区别在于能量传递的介质不是通过液体和气体来转换，而是由电机或电气将电能转换成机械能来驱动负载。电动伺服系统的优点是可靠性高、成本低、耐贮存和使用维护简单；缺点是力矩惯性比小。早期电动伺服系统主要用于小功率、小负载的场合，如战术导弹的舵面控制、弹道导弹的滚动姿态控制等。随着微电子技术、电力电子技术、传感器技术、计算机技术、先进控制理论、稀土永磁材料的快速发展以及交流电动机结构及制造工艺的不断提高，大功率电动伺服系统得到快速发展。

6.3.1 电动伺服系统的组成

电动伺服系统的结构如图 6-21 所示。

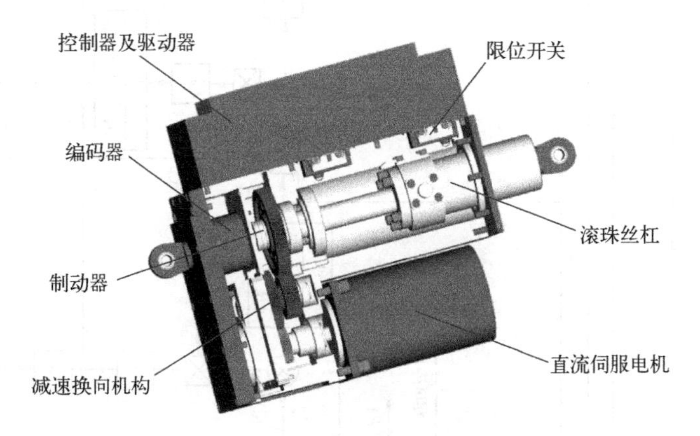

图 6-21 电动伺服系统结构图

电动伺服系统主要由伺服控制器、伺服驱动器、机电作动器、伺服动力电源等部分组成，如图 6-22 所示。

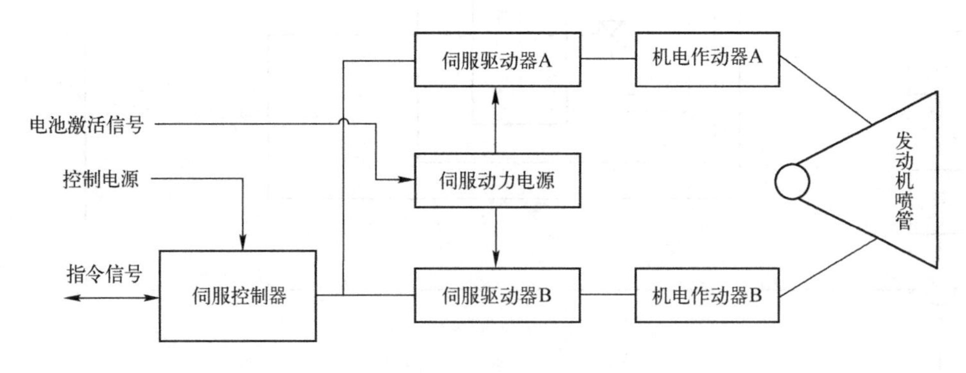

图 6-22 电动伺服系统组成框图

6.3.1.1　伺服控制器

伺服控制器由智能数字处理电路（如 DSP）、逻辑控制电路等组成。伺服控制器接收弹载计算机发送的数字控制指令，并接受伺服系统工作状态反馈信号，经过智能数字处理电路进行控制算法运算，送伺服驱动器，控制伺服驱动器按特定指令工作，其工作原理框图如图 6-23 所示。

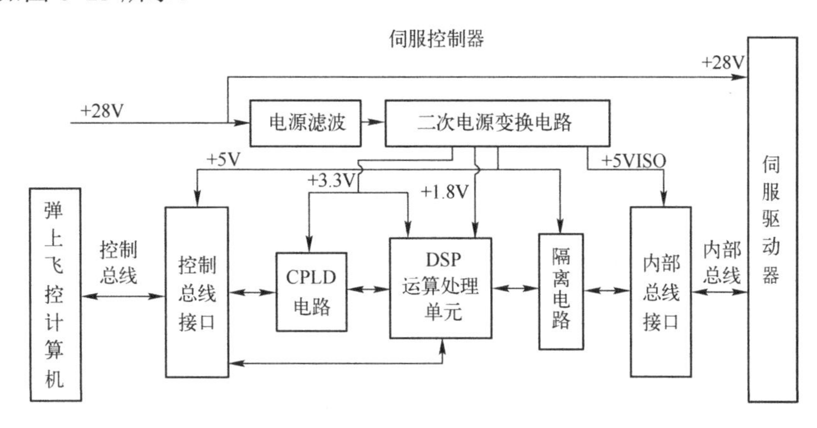

图 6-23　伺服控制器工作原理框图

6.3.1.2　伺服驱动器

伺服驱动器主要由信号测量与调理电路、DSP 信号处理电路、功率驱动电路、功率主电路等部分组成。伺服驱动器接收伺服控制器的指令信号，产生脉冲宽度调制（Pulse Width Modulation，PWM）信号，进行功率放大并驱动伺服电机运转，其工作原理如图 6-24 所示。

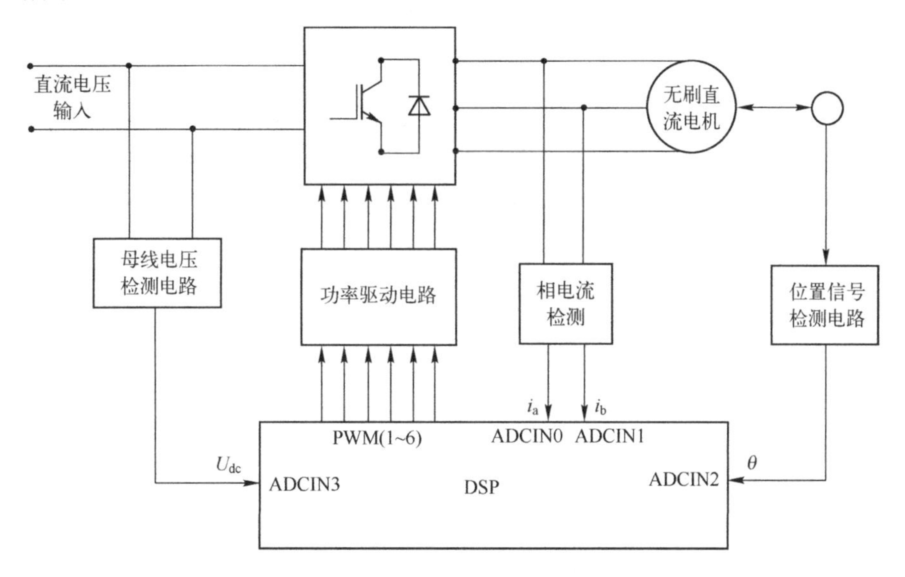

图 6-24　伺服驱动器的工作原理图

6.3.1.3　机电作动器

机电作动器由电机、滚珠丝杠、线位移传感器以及前后连接支耳等组成。机电作动器接收伺服驱动器的控制信号，驱动电机转动，带动滚珠丝杠作直线位移，推动喷管或舵机摆动，线位移传感器将测量的位移信号反馈伺服控制器。电动伺服系统机电作动器结构如图 6-25 所示。

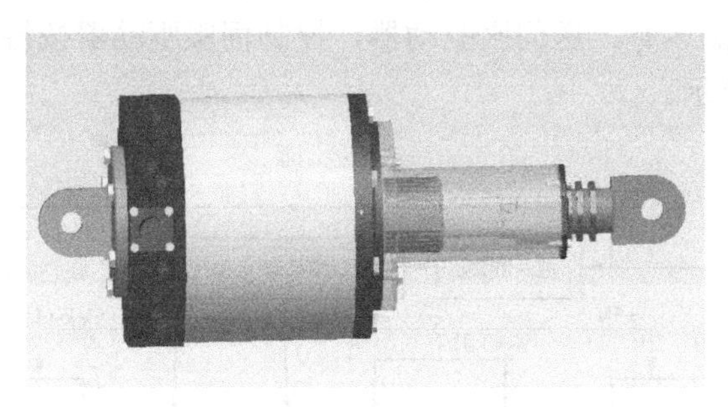

图 6-25　电动伺服系统机电作动器结构图

机电作动器中的滚珠丝杠实际上是一种高效传动减速装置，用作电动伺服系统的传动机构，可以明显提高伺服系统的传动效率，降低伺服系统的消耗功率，减小体积和质量。滚珠丝杠一般主要由丝杠、螺母、滚珠及滚珠循环返回装置 4 个部分组成。滚珠丝杠在丝杠与螺母之间放入适量的滚珠作为中间传动体，使丝杠与螺母之间由滑动摩擦变为滚动摩擦，借助滚珠循环返回装置，构成滚珠可在闭合回路中反复循环运动的螺旋传动。当螺母（或丝杠）转动时，在丝杠与螺母间布置的滚珠依次沿螺旋滚道滚动，为了防止滚珠沿螺纹滚道滚出，在螺母上设有滚珠循环返回装置（返向器），构成一个滚珠循环通道。借助于这个返回装置，可以使滚珠沿滚道面运动，经通道自动返回到其工作的入口处，形成一个闭合循环回路，继而做周而复始的循环运动。滚珠丝杠具有摩擦损耗小、传动效率高、使用寿命长的特点，如图 6-26 所示。

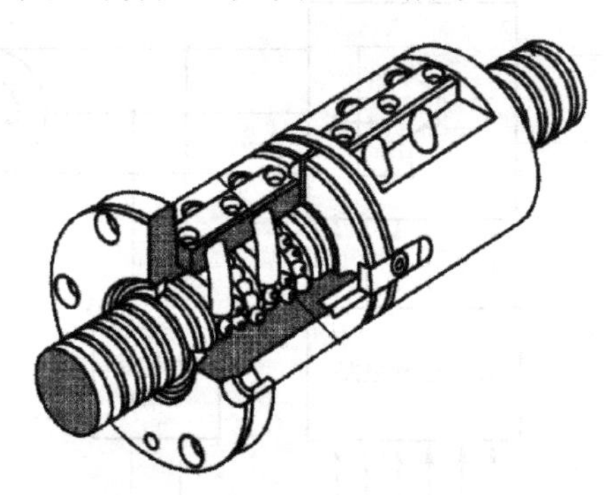

图 6-26　滚珠丝杠结构图

6.3.1.4　伺服动力电源

导弹伺服系统的伺服动力电源通常采用独立电池供电，导弹电动伺服系统电池通常为一次激活电池（如银锌电化学电池等）。

6.3.2　电动伺服系统的工作原理

导弹电动伺服系统的工作原理是：伺服控制器接收弹载计算机送来的控制指令，与伺服系统的位置、速度反馈信号综合，按照一定的控制算法进行计算，形成伺服控制信号，送伺服驱动器；在伺服驱动器中生成 PWM 控制信号，并进行功率放大，形成大功率驱动信号，带动伺服电机转动；电机带动滚珠丝杠转动，将旋转运动变为直线运动，推动喷管或舵机摆动，达到推力矢量控制的目的。

下面以位置闭环电动伺服系统为例，分析闭环电动伺服系统的工作原理，建立电动伺服系统各元件数学模型，给出电动伺服系统的工作原理方框图，如图 6-27 所示。

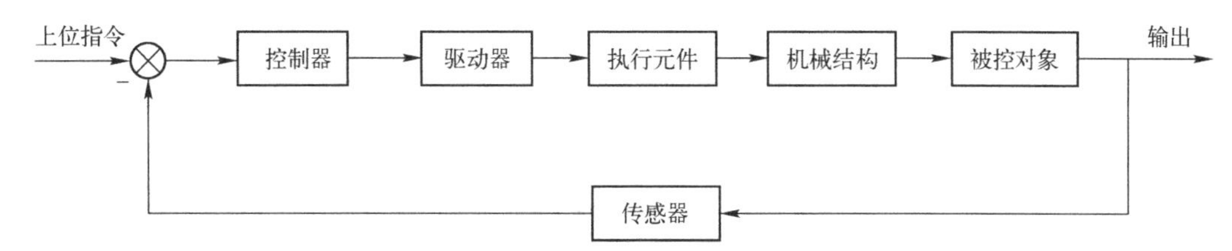

图 6-27 闭环电动伺服系统工作原理方框图

6.3.2.1 位置闭环电动伺服系统数学模型

（1）控制器。

假设采用 PID 控制器，则控制器的传递函数为

$$G_{\mathrm{c}}(s)=\frac{\alpha s+\beta+\gamma s^2}{s} \tag{6-25}$$

式中：α，β，γ 为 PID 控制器的可调参数。

（2）驱动器。

驱动器一般为功率放大器，且具有饱和特性，如图 6-28 所示。

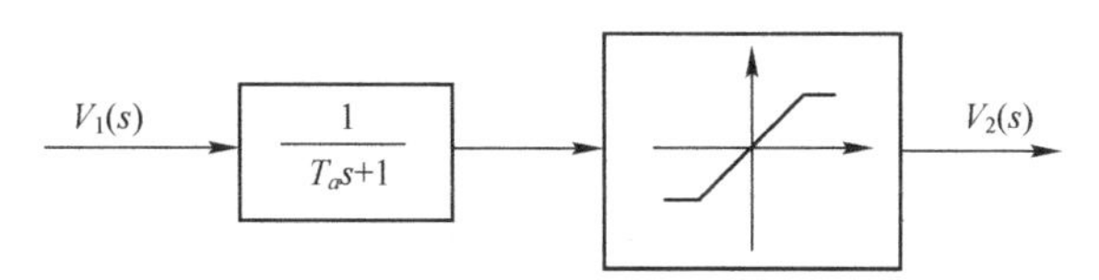

图 6-28 驱动器饱和特性

驱动器的数学模型可描述为

$$V_1(t)=\frac{1}{K_a}\left(T_a\frac{\mathrm{d}V_2(t)}{\mathrm{d}t}+V_2(t)\right) \tag{6-26}$$

$$V_2(t)=\begin{cases} K_aV_1(t) & |V_1(t)|\leqslant V_{10}^- \\ K_aV_{10}\mathrm{sign}V_1(t) & |V_1(t)|>V_{10}^+ \end{cases} \tag{6-27}$$

式中：$V_2(t)$ 为驱动器输出电压；K_a 为驱动器电压放大系数；T_a 为驱动器时间常数；V_{10}^- 为饱和特性的线性区范围的下限；V_{10}^+ 为饱和特性的线性区范围的上限。

（3）执行元件电压、力矩方程和伺服系统负载力矩方程。

执行元件、机械结构与被控对象一起，依靠执行元件（电动机）电压方程、负载力矩方程相互作用，电能和机械能相互转化，从而控制被控对象的位置。以无刷直流电动机为例，电压及力矩方程可表示为

$$
\begin{cases}
V_2 = Ri + L\dfrac{\mathrm{d}i}{\mathrm{d}t} + E \\
E = K_e\delta \\
T_e = K_\mathrm{T} i
\end{cases}
\tag{6-28}
$$

式中：V_2为驱动器输出电压；R为电动机绕组电阻；L为电动机绕组电感；E为电动机感应电动势；i为电动机绕组电流；δ为电动机转速；K_e为电动机速度常数；T_e为电动机输出转矩；K_T为电动机力矩常数。

在伺服系统数学建模中，经常将伺服系统的整体负载折算到电机轴上，从而可以建立负载力矩方程为

$$
T_e = T_\mathrm{L} + b\delta + J\frac{\mathrm{d}\delta}{\mathrm{d}t} \tag{6-29}
$$

式中：T_L为伺服系统等效负载转矩；b为伺服系统等效黏滞系数；J为伺服系统等效转动惯量；E为电动机感应电动势。

综上，执行元件、机械结构与被控对象的结构原理方框图如图 6-29 所示。

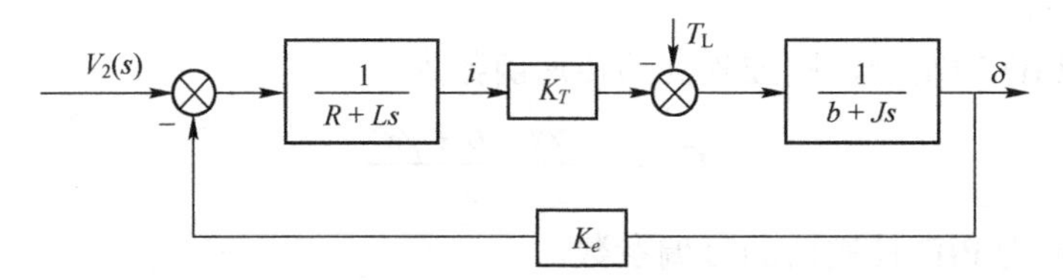

图 6-29　执行元件、机械结构与被控对象结构原理方框图

（4）机械结构减速比可描述为

$$\delta \longrightarrow \boxed{N} \longrightarrow \dot{y}$$

图中：N为机械结构减速比；$\dot{y}$为被控对象速度。

（5）传感器比例系数可描述为

$$y \longrightarrow \boxed{K_s} \longrightarrow V_y$$

图中：V_y为和位置y对应的电压值；K_s为传感器比例系数。

6.3.2.2　电动伺服系统原理框图

通过前述分析，可以得到图 6-30 所示的全闭环位置电动伺服系统工作原理方框图。

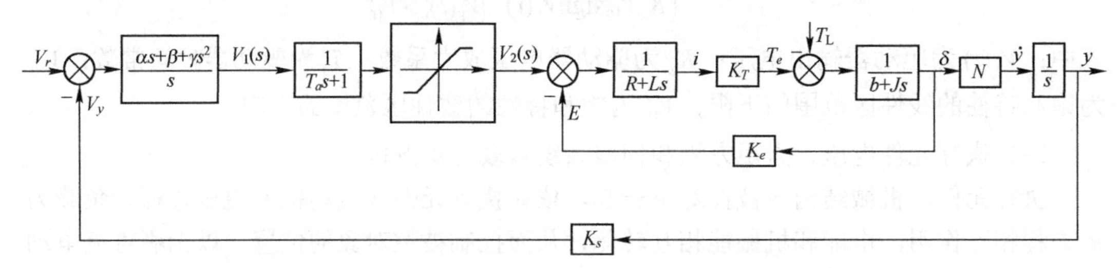

图 6-30　全闭环位置电动伺服系统结构原理方框图

图 6-30 中，V_r 为期望位置。由图 6-30 可见，全闭环位置电动伺服系统是一个非线性系统，假设驱动器工作在线性段，且等效负载为零，则可得系统的传递函数为

$$\frac{V_r(s)}{y(s)}=\frac{K_aK_TNA}{T_as^5+Bs^4+Cs^3+Ds^2+K_TK_sK_aN\alpha s+K_TK_sK_aN\beta} \tag{6-30}$$

$A=\alpha s+\beta+\gamma s^2, B=T_a(RJ+bL)+JL, C=T_aRb+K_TK_e+RJ+bL, D=Rb+K_TK_e+K_TK_sK_aN\gamma$

该系统是一个 5 阶系统，属高阶系统，单纯依靠一个 PID 控制器将很难获得满意的响应特性，工程中常用的办法是采用双闭环或者三闭环的控制策略，利用电流环、速度环和位置环的不同响应速度，按照转矩—加速度—速度—位置的顺序进行控制，即符合控制对象的物理结构。当然，也可以分步设计，减少设计难度。

6.4 燃气伺服系统

燃气伺服系统利用高温高压的燃气作为工质，通过推力喷管、涡轮、叶片马达等，将燃气的能量直接转变为机械能输出。导弹燃气伺服系统具有功率重量比大、结构简单、成本低、使用维护方便的优点。目前，小功率、短时间工作的燃气伺服系统已在战术导弹上广泛采用。对于弹道导弹，燃气伺服系统常用于弹体和弹头的滚动控制。

6.4.1 组成与结构

典型的导弹燃气伺服系统的结构原理如图 6-31 所示。

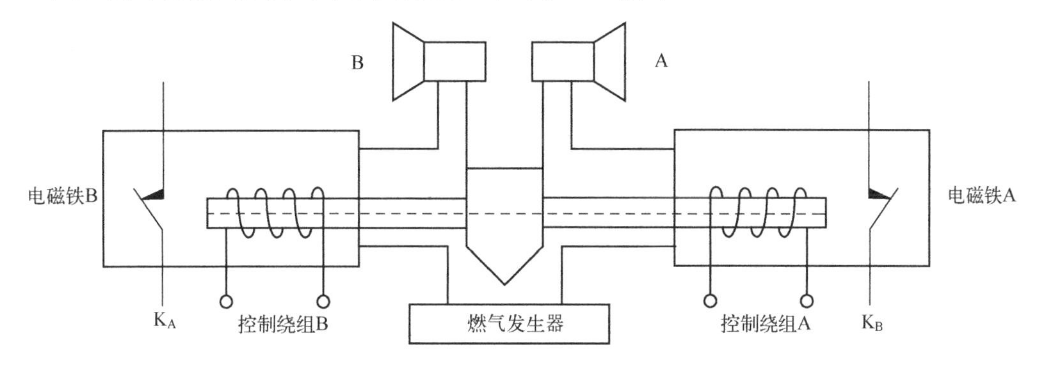

图 6-31　导弹燃气伺服系统的结构原理图

这类燃气伺服系统通常用于弹体的滚转控制，主要由燃气发生器、燃气流量分配阀、直流驱动电磁铁、监测传感器、推力喷管 5 个部分组成。具体情况如下。

（1）燃气发生器。

燃气发生器是伺服系统的动力源，由固体低温缓燃推进剂、发生器壳体、点火器等组成。燃气发生器一经点火，固体推进剂燃烧，产生大量高温高压燃气作为系统的工质。

（2）燃气流量分配阀。

燃气流量分配阀由两个背对背的菌状阀组成。燃气发生器产生的高温高压燃气由燃

气流量分配阀按控制系统指令信号分配到推力喷管。

（3）直流驱动电磁铁。

直流驱动电磁铁是燃气流量分配阀的驱动装置，电磁铁按控制系统指令推动燃气分配阀动作。直流电磁铁一般是螺管线圈式的，可以由两个电磁铁分装在燃气阀的两边，每个电磁铁只完成“推”的动作；也可以做成一个“推挽”式的，装在燃气阀的一边，完成“推”和“拉”两个动作。

（4）监测传感器。

燃气伺服系统是一个开环系统。为了研究和监测阀芯运动的全过程，尤其是动态过程，燃气伺服系统需要采用位移传感器。传感器不作反馈元件使用，只起监测作用。

（5）推力喷管。

推力喷管设计成拉瓦尔喷管形式。燃气发生器产生的高温高压燃气经燃气分配阀分配至推力喷管后，在推力喷管中加速，产生伺服系统所需的推力。

6.4.2 工作原理

控制单喷管发动机固体导弹的滚转姿态，必须配置两套滚控燃气伺服系统，其安装示意如图 6-32 所示。

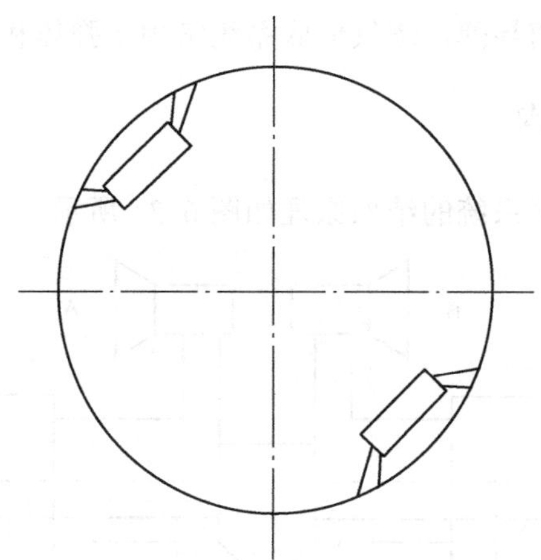

图 6-32　滚控燃气伺服系统安装示意图

滚控燃气伺服系统进入工作状态后，燃气经推力喷管的加速产生推力。此时若弹体有滚转姿态偏差，控制系统便向滚控燃气伺服系统发出指令信号，两个燃气分配阀分别向各自的一对推力喷管分配高温高压燃气，并产生推力。由于两个产生推力的喷管安装在弹体两侧，而且两个推力方向相反，使弹体产生滚转控制力矩 M_0，即

$$M_0 = F_p L_0 \tag{6-31}$$

式中：M_0 为滚控燃气伺服系统输出力矩（N·m）；F_p 为单个推力喷管输出的推力（N）；L_0 为一对推力喷管轴线间的距离（m）。

如果弹体有反方向滚转姿态偏差，则燃气流量分配阀根据反向控制指令向另一对推力喷管分配高温高压燃气，并产生推力，使弹体产生反向滚转姿态控制力矩。

图 6-33 是该燃气伺服系统控制电路原理框图。当没有控制信号时，因三角波振荡器输出的正、负对称的三角波，脉宽调制解调器输出正负脉冲宽度相等的脉冲信号，使得燃气发生器控制绕组 A、B 对输出的燃气进行同频率同时长控制。当控制电路存在控制信号时，脉宽调制器输出的正负脉冲宽度将随着输入控制信号而改变，控制电磁铁绕组 A、B 的控制脉冲正向脉宽和负向脉宽将不相等。这样，燃气从发生器喷口 A、B 输出控制力的时间将不相等，从而产生控制力。

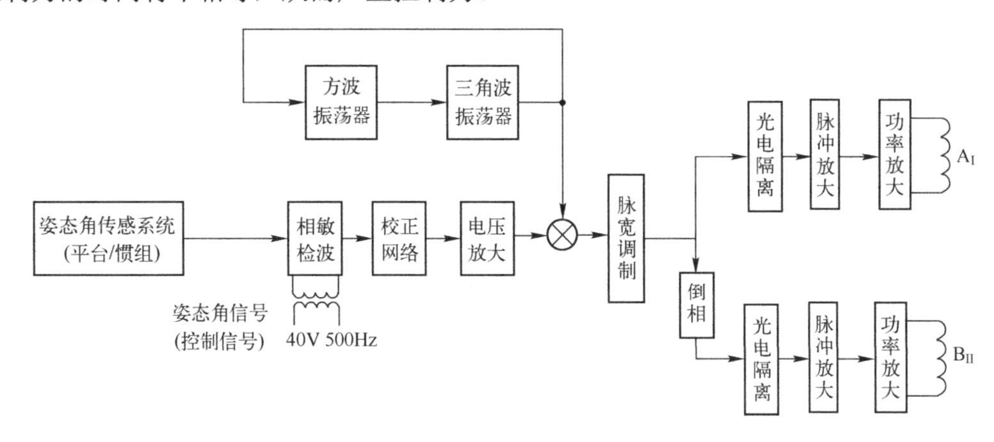

图 6-33 燃气伺服系统控制电路原理框图

6.5 本 章 小 结

本章首先介绍了伺服系统的作用、组成和分类等基础知识，然后分别介绍了电液伺服、电动伺服、燃气伺服三种典型伺服系统的组成和工作原理，最后对三种伺服系统的优缺点进行了分析比较，并对未来伺服系统的发展趋势进行了简要分析。

第 7 章　弹道导弹时序控制系统

如果一个控制系统的动作可以分解成几个独立的控制动作，且这些动作必须严格按照一定的先后次序执行才能保证生产过程的正常运行，那么，系统的这种控制称为顺序控制。顺序控制是工业生产过程、工程机械设备等领域中的一种典型控制方式，在工业生产和日常生活中应用十分广泛，例如搬运机械手的运动控制、包装生产线的控制、交通信号灯的控制等。分析这类系统的控制特点可以看出，顺序控制是指根据预先规定好的时间或条件，按照预先确定的操作顺序，对开关量实现有规律的逻辑控制，使控制过程依次进行的一种控制方法。顺序控制有三个要素：转移条件、转移目标和工作任务。

根据生产工艺规定的时间顺序或逻辑关系编制程序，对生产过程各阶段依次进行控制的装置，称为顺序控制系统。按照顺序控制系统实现顺序控制的特征，可以将顺序控制划分为时间顺序控制、逻辑顺序控制和条件顺序控制三类。时间顺序控制是指以执行时间为依据，每个设备的运行与停止都与时间有关；逻辑顺序控制是指按照逻辑先后顺序执行操作指令，与执行时间无严格关系；条件顺序控制是指按照条件是否满足执行相应的操作指令。本章主要介绍时序控制系统的相关知识。

7.1　概　　述

时序是指在导弹飞行过程中按预先确定的顺序和时间接通或断开相应电路的时间控制指令串。而实现时序指令发送的系统称为时序控制系统（Sequential Control System），用于控制时序信号产生器产生脉冲，并控制机器按照脉冲产生顺序执行。

弹（箭）在起飞过程和飞行中的主要程序动作是严格按照时间指令进行的，这些程序动作包括发动机点火、飞行俯仰转弯、级间分离、头体分离、允许飞行安全自毁等。飞行时间指令是较多的，根据导弹（运载火箭）飞行时间的长短和火箭级数的不同，弹（箭）的时间指令有几十个，大型导弹的时间指令数甚至多达上百个。

这些时间控制指令的特点和要求是：严格的时间顺序；固定的和浮动的时间点；准确的时间间隔和时间指令精度。因为这些时间指令是有序的时间指令串，所以一般称为时序指令或时间串。

时序控制系统的复杂程度和技术先进程度是随着弹（箭）技术的发展而发展的。对于单级导弹，时序控制要求比较简单，往往用一个简单的时序装置就可以实现；而对于多级弹（箭），时序控制要求则复杂得多。

7.1.1　组成

时序控制系统功能结构如图 7-1 所示。不论是简单的还是复杂的时序装置，都具有定时、定序、分配、输出和执行的功能。其中，定时部分具有存储时序指令的时间数据或信息的功能，它能以某种方式实现这些数据或信息的预先装定和存储。

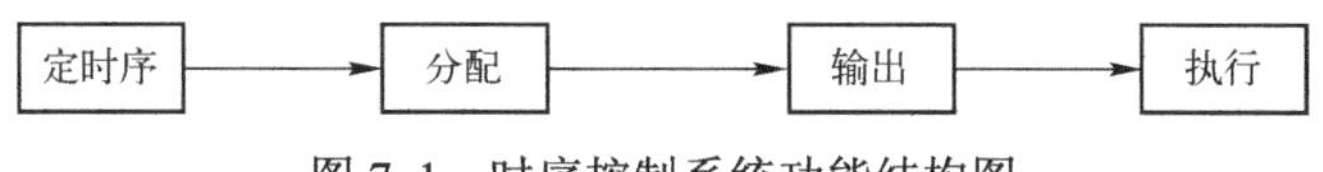

图 7-1　时序控制系统功能结构图

定序部分具有选择某些时序的计时零点和允许发出某些指令的功能。这些特殊顺序要求，一般是在定时的同时实现的——不同的时间显然就确定了发出指令的顺序。因此，这两部分也可以合起来称为定时序部分。

分配部分具有将时序信息（脉冲、数码、凸轮角度和安装位置等形式）分配到相应通道的功能，其中包括同一个定时信息分配到几个通道的功能。

输出部分具有隔离（主要是对于各通道所使用的电源要保证相互隔离）、功率放大和形成开/关指令，以及对相应的执行部件实现有效控制（接通或断开）等功能。常见的执行部件有各种电点火的火工品、电动活门、电动气活门和继电器等。

7.1.2　任务

时序控制系统的任务主要来源于三个方面。

1. 弹（箭）总体提出的飞行程序控制任务

（1）Ⅰ级发动机的允许关机和关机。

（2）Ⅱ级及其后级发动机的预启动、点火、允许关机和关机。

（3）抛掉头罩。

（4）助推器关机与分离。

（5）级间分离，头体分离。

（6）各种反推或正推小火箭的点火。

（7）推进剂管理小喷管的启动和关闭。

（8）各级推进剂储箱增压或补压控制。

（9）各级飞行段姿态稳定系统的启控与停控。

（10）各级飞行段姿态程序转弯。

2. 控制系统提出的时序控制任务

（1）按既定时间改变姿态稳定系统的动/静态参数。

（2）各级定时关机。

（3）断掉已完成预定任务的电路，接通允许自毁等安全控制。

（4）飞行过程中的电路转接、信号切断以及一些设备的启动或断电控制。

3. 由用户提出的时序控制任务

（1）弹（箭）末级/有效载荷的定向启控和停控。

（2）弹（箭）末级/有效载荷的起旋/消旋时间控制。

（3）其他时序控制。

7.1.3 主要技术指标

时序控制系统的主要性能指标包括如下几项：

（1）时序指令容量，即时序装置可以实现的最多时序指令数。

（2）指令承载能力，即时序装置输出部件可以承受的功率，一般在阻性负载时，可以用控制电压、电流通断时间和次数表示。

（3）时序指令长度，即时序指令可以装定的最长时间。

（4）时序精度，即时序指令的时间准确度，一般用时间绝对误差来表示。

（5）时序指令密度，即时序装置可以实现的两时序指令之间的最小间隔时间。

（6）灵活性，即时序装置在交付使用过程中改变定时、定序或计时零点的难易程度，改变越容易，就越能适应弹（箭）时序控制的变更，灵活性就越好。

7.2 机械时序系统

7.2.1 结构与组成

机械时序装置的定时、定序、指令分配和放大输出等主要功能都是用机械部件实现的。它的基本原理结构如图 7-2 所示。

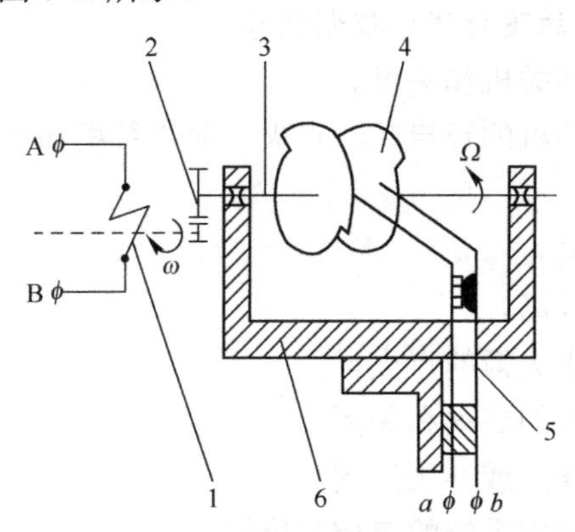

图 7-2 机械时序系统基本原理结构图

1—驱动部件；2—传动机构；3—主轴；4—凸轮组；5—触点组；6—基座。

（1）驱动部件。

驱动部件是恒定转速输出一定力矩的动力源，通过传动机构带动轴转动。目前常用的驱动部件有直流电机、步进电磁铁和步进电机。

（2）传动机构。

传动机构一般是齿轮组或棘轮 / 齿轮组。它将驱动部件的输出转速 ω 转变为凸轮的转速 Ω。

（3）主轴。

主轴也称为凸轮轴，它是安装凸轮组并带动凸轮组以转速 Ω 旋转的工作主轴。

（4）凸轮组。

凸轮组是实现时序信号装定的主要部件，如图 7-3 所示。每个凸轮控制一对触点组簧片，每两个凸轮组成一对凸轮组，分别控制触点组的上簧片和下簧片，以实现触点的接通与断开。

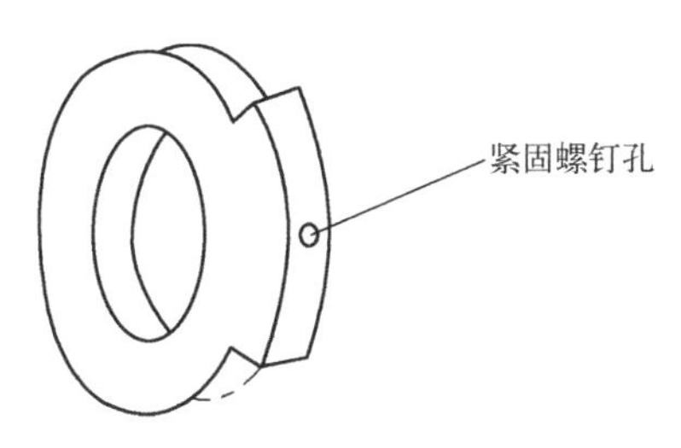

图 7-3　凸轮示意图

（5）触点组。

触点组是时序指令输出部件，它由安装在基座上的两簧片组成。两簧片中间以及簧片与基座之间有良好的绝缘，各触点组之间有一定的距离，以保证各触点组之间的绝缘。在图 7-2 中，与引线端子口相连的簧片是下簧片，与基座 6 相连的是上簧片，两簧片端头均有半片弯角部分，在弯角附近铆装两个银触点，下簧片是平面触点，上簧片是球面触点。

簧片具有良好的弹性，其弯角端头以足够的压力搭在凸轮弧面上，在凸轮沿箭头方向（图 7-2）转动时利用凸轮的凸凹控制触点的接通与断开，下簧片在凸面，上簧片由凸面跳到凹面时触点接通。下簧片由凸面跳到凹面时触点断开。

（6）基座。

基座是整个时序装置的骨架，支承和安装各种零部件。基座必须有足够的刚度。

此外，还有罩盖、减振器等部分。

7.2.2　工作原理

机械时序装置定时序功能由凸轮组实现，指令的分配、隔离、放大和输出功能由触点组来实现。这些功能是根据定时序原理实现的，因此，本节主要围绕定时序原理对机械时序系统的基本工作原理进行简要介绍。

（1）时序信息的装定、储存和分配。

当触点组上簧片弯角端头从凸轮凸部后椽落下时，触点组便接通；当下簧片弯角端头从凸轮凸部后椽落下时，触点组便断开。而触点的接通或断开时间就是预先装定和储存到时序装置中的时序信息。

当凸轮轴的零位置确定之后，如果将凸轮凸部后椽调整固定在 θ 角位置，那么它就装定并储存了一个相应时序的时间信息 t 。由于轴是匀速转动的，因而 θ 和 t 的关系可表示为

$$\theta = \Omega t \tag{7-1}$$

式中：t 为要求装定的时序指令时间；Ω 为凸轮轴转动角速度，通常是常数；θ 为凸轮凸部后椽离开零位的角位移。

只要给定一个 t，就可计算一个 θ，将相应的凸轮凸部后椽调整并固定在 θ 角位置，便实现了时序信息的装定和储存，见图 7-4。

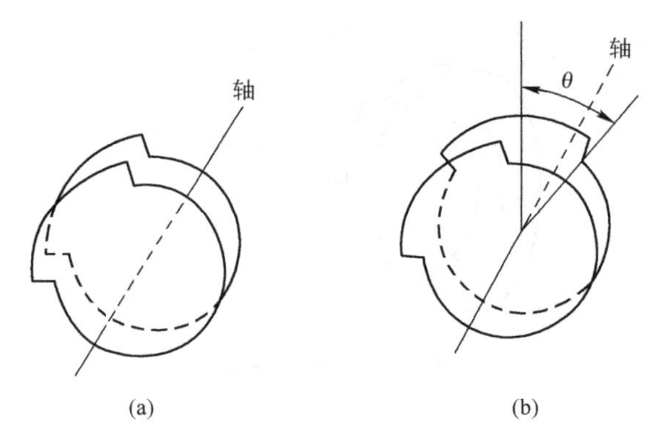

图 7-4　时序装定示意图

（a）零位凸轮；（b）装定凸轮。

时序指令的分配是由控制系统设计决定的，如果某对指令触点是用来关闭发动机的，那么在系统中就通过电缆网将该指令触点与关闭发动机的执行部件连接，并在时序装置调整时按系统所确定的关闭发动机时间装定到该对触点组。

（2）凸轮角度的选择。

允许装定的指令时间的最大、最小值是由凸轮角度决定的，因此，应适当地选择凸轮角度。所谓凸轮角度，是指凸轮凸部所对应的圆心角，见图 7-5，图中 A 表示凸轮角度。

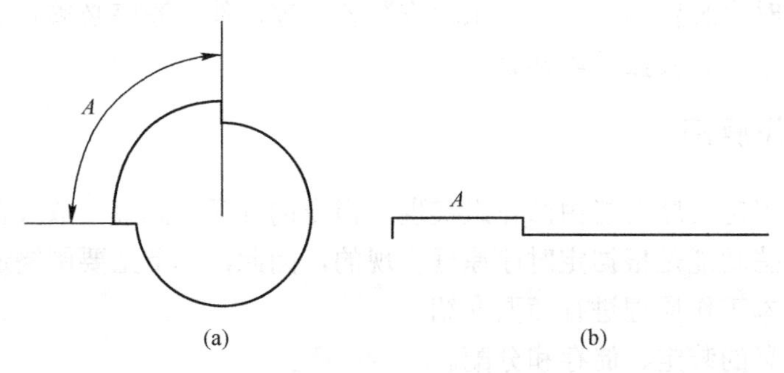

图 7-5　凸轮角度

（a）凸轮原形；（b）弧面展开图。

用图 7-5（b）所示的弧面展开方法表示凸轮角度是非常简便的，图 7-6 就是用这种方法表示的两片凸轮组成的一个凸轮组，A_1 和 A_2 分别为上簧片和下簧片的凸轮角度。

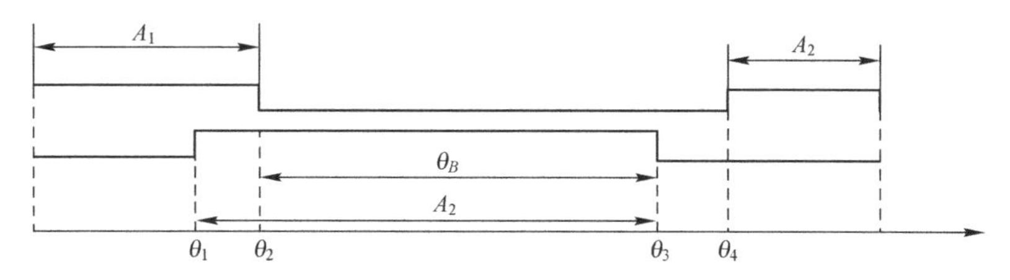

图 7-6　时序指令凸轮组

这是一个装定了时序指令信息的凸轮组。θ_2 装定存储了指令触点组接通的时间；θ_3 装定储存了指令触点断开的时间；θ_1 是下簧片凸轮凸部前椽的角位置，它是为触点组的接通准备必要条件；θ_4 是上簧片凸轮凸部前椽的角位置。θ_1、θ_3 称为角指令长度，它们所装定的时间相应称为时间指令长度。前者以弧度为单位，后者以秒为单位。θ_2 到 θ_3 是指令触点保持接通状态的角度，用 θ_B 表示。

从图 7-6 可以清楚地看到，实现指令保持要求必须满足下列条件：①上簧片弯角端头位于凸轮凹部；②下簧片弯角端头位于凸轮凸部。

由此可得出选配凸轮角度的基本原则是：①上簧片凸轮角度的选择，应保证凸轮凹部角度大于或等于指令保持角与簧片过渡角之和；②下簧片凸轮角度则应大于或等于指令保持角与簧片过渡角之和。

（3）过渡角和簧片弯角。

为了结构紧凑，触点组簧片沿凸轮切线方向安装，而且凸轮通过簧片弯角端头控制簧片摆动（图 7-2）。

在选配凸轮角度时，如果不考虑过渡角，则有可能导致指令触点应该接通（当上簧片从凸轮凸部后椽跳下时，下簧片尚在过渡范围内）而不能接通的情况。因此，必须考虑过渡角，而且只有当下簧片弯角端头完全通过过渡角后，爬上凸轮凸部前椽弧面才能达到要求的接触压力，实现可靠的接通，如图 7-7（a）所示。同样，当指令触点应当断开前，可能由于上簧片已经进入过渡角范围造成提前断开，如图 7-7（b）所示。

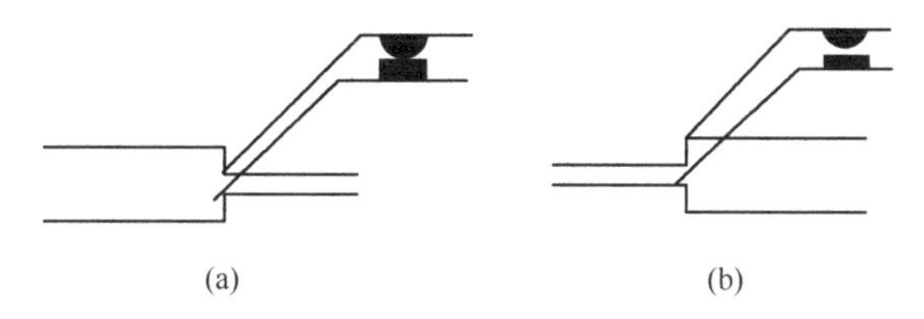

图 7-7　过渡现象

（a）延迟接通；（b）提前断开。

这种过渡现象不仅会引起很大的时序输出误差，而且更重要的是，由于这种接通或断开是缓慢的，其触点接触压力是由零逐渐过渡到额定值或由额定值逐渐减小到零，相应地，接触电阻则由无穷大逐渐减小到额定值或由额定值逐渐增向无穷大，从而引起触点烧蚀，严重时可使触点烧结在一起，造成致命性失效。因此，在选配凸轮角度时，必须考虑过渡角，以保证不发生由于过渡而引起的时序输出误差或指令触点烧蚀（或烧结）等故障。

过渡角的大小影响到时序装置的一些重要技术参数，如指令保持范围和凸轮轴转速设计等。因此，过渡角是机械时序装置的一个重要技术参数。由图 7-8 所定义的过渡角如是极限值，实际的过渡角如虚线所示。两者的差别很小，而且取极限值进行工程估算也是符合工程设计原则的。

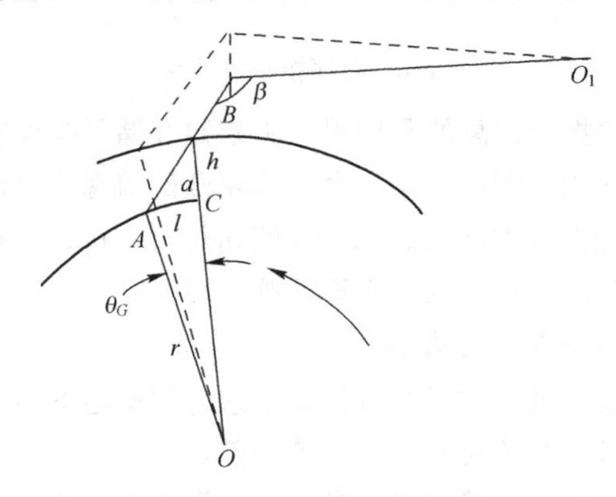

图 7-8　过渡角簧片弯角

当 $A_1-\theta_B<\theta_G$ 时，有可能发生延迟接通情况；当 $2\pi-A_1-\theta_B<\theta_G$ 时，有可能发生提前断开的情况；当两个条件都具备时，则两种情况都可能发生。

（4）簧片弯角的最佳值。

簧片弯角的最佳值是根据凸轮前椽控制力对簧片产生的最大摆动力来选择的。略去详尽的推导，下面直接给出过渡角（即簧片弯角端头从凸轮凹部爬到凸部占用的角度）的计算公式，即

$$\theta_G = h/r \tag{7-2}$$

（5）指令保持角可扩展角 θ_k。

把 θ_B 定义为指令保持接通的最小值时，在不改变凸轮角度的情况下，尚可延长的部分为 θ_k。表面看来，θ_k 可以任意选择，而且越大越好，但实际上是不能随便选的。图 7-9 描述了 θ_k 选得过大的情况，它造成了多余时序的出现，引起指令触点不应有的第二次接通和断开。这是不允许的。

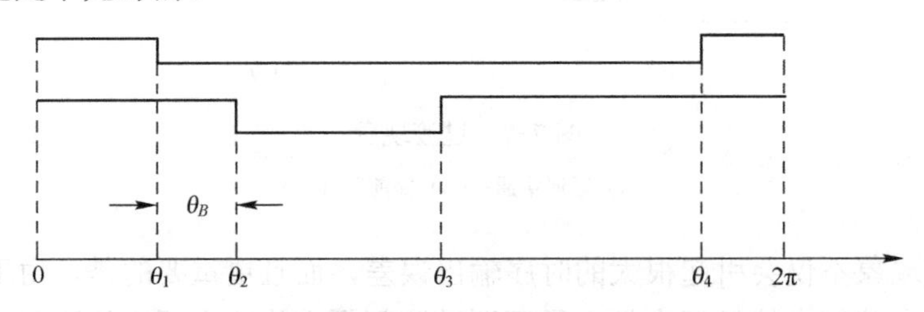

图 7-9　θ_k 过大引起的误时序动作

图 7-9 中 $\theta_1\sim\theta_2$ 是正常的接通保持角度，如果 θ_k 选得过大，引起 $\theta_1\sim\theta_4$ 角度内的指令触点误接通动作。由于接通和断开都是过渡性质的，所以危害极大。要做到没有误输出，就得建立 θ_k 的优选条件，以确定 θ_k 点最大值，即 θ_K 最佳值。

从图7-9可以看出，当满足

$$\theta_3-\theta_2 \geqslant \theta_4-\theta_2+\theta_G \tag{7-3}$$

时，就可以保证不出现误时序动作。实际上有

$$\begin{aligned}\theta_3-\theta_2 &= 2\pi - A_2 \\ &= 2\pi-(\theta_B+\theta_G+\theta_K)\end{aligned} \tag{7-4}$$

$$\begin{aligned}\theta_4-\theta_2 &= 2\pi - A_1-\theta_B \\ &= 2\pi-[2\pi-(\theta_B+\theta_G+\theta_K)]-\theta_B \\ &= \theta_K+\theta_G\end{aligned} \tag{7-5}$$

将式（7-4）、式（7-5）代入式（7-3）得

$$2\pi-\theta_B-\theta_G-\theta_K \geqslant \theta_K+\theta_G+\theta_G$$

$$\theta_K \leqslant \pi-\frac{1}{2}(\theta_B+3\theta_G) \tag{7-6}$$

（6）凸轮轴转速Ω的选择。

在式（7-1）中已经说明，时序装定的基本原理就是将时间信息转变为角位移量，实现这一转变才能实现装定、贮存和分配。而这种转变的关键就是要确定恒定的凸轮轴转速Ω，再利用式（7-1）即可算出角位移。而Ω由时序装置最大累计运转时间确定，即

$$\Omega \leqslant 2\pi/T_0 \tag{7-7}$$

式中：$T_0=\sum_1^n T_i$为累计运转时间；T_i为第i次启动后的运转时间；n为启动总次数，含归零启动。必须指出，上述时序指令装定的角位移以及保持角度均指累计值。

综上所述，可将凸轮角度正确选配的步骤和方法归纳如下：①根据系统给定的T_0，用式（7-7）确定Ω；②根据系统要求的各时序指令的接通和断开时间，用式（7-1）计算出相应的角位移，并求出θ_B；③选定结构参数h和r后，根据式（7-2）计算θ_G；④用式（7-6）计算θ_K；⑤选配各凸轮组凸轮角度；⑥为了减少凸轮种类，实际设计中还要在保证各个θ_K均不小于零的条件下，适当调整计算出来的凸轮角度。

7.3　电子/机械时序系统

机械式时序系统构造简单，维护容易，但寿命和动作频率均有限，不易实现复杂功能。电子/机械时序系统是时序装置在数字化发展过程中的一种过渡状态。所谓电子/机械时序系统就是将机械式脉冲电源改用电子脉冲电源，其余各部分与机械时序系统基本相同。

电子脉冲电源由时钟电路、分频电路和功放电路组成，如图7-10所示。

图7-10　方波电子脉冲电源方框图

（1）时钟线路有两类：一类是独立时钟振荡电路；另一类是用弹上其他的高精度交流电源。后者由于简单，所以多被采用。

（2）分频线路是用适当的分频次数将时钟频率分频为步进电磁铁所需要的频率。提高脉冲频率可以提高时序精度，但不能高于步进电磁铁的工作频率。采用电子脉冲电源，由于放电电流的存在，采用限宽脉冲电源（脉冲电源的空占比大于 0.5）时，可以获得比空占比为 0.5 时更高的步进电磁铁工作频率，如图 7-11 所示。

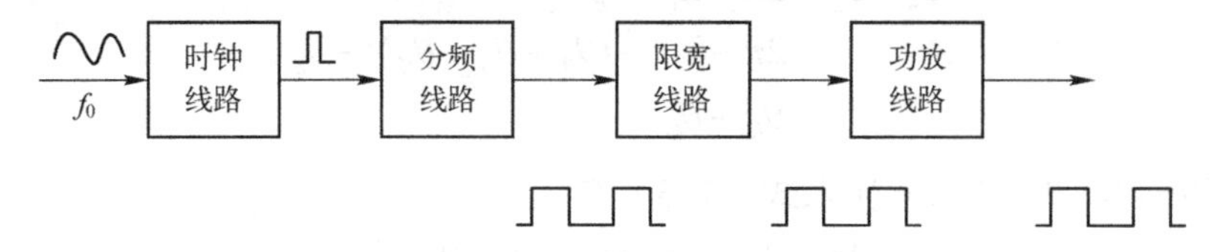

图 7-11　限宽脉冲电源框图

在图 7-11 中，限宽电路有各种形式，其中单稳限宽电路虽然简单，但抗环境能力和抗干扰能力较差。采用数字逻辑限宽电路是一种较好的方案。图 7-12 所示为一种实用限宽脉冲电源的逻辑图。从高精度晶体换流器来的 40V、500Hz 的 f_0 信号，经施密特整形电路 D_7 变为前后沿很好的方波信号。通过触发器 D_0 分频后成为 250Hz 方波信号 f_1，送到由触发器 D_1～D_3 组成的计数器，即分频器。当计数器状态为 010 时，与门 D_4 输出一个脉冲，将触发器 D_6 置成“0”，功放 N 导通，使电磁铁吸合。当计数器状态为 101 时，与门 D_5 输出一个脉冲，将 D_6 置成“1”，则功放截止，电磁铁释放。从 010 到 101 状态，增量为 3 个 f_1 脉冲。250Hz 脉冲周期是 4ms，因此 D_6“0”脉冲宽度为 12ms，也就是说脉冲源的脉冲宽度为 12ms。从 101 再回到 010 状态，增量为 5 个 f_1 脉冲，时间为 20ms。因此，功放输出的脉冲周期是 32ms，脉冲宽度为 12ms，频率为 31.25Hz，空度比为 0.625。

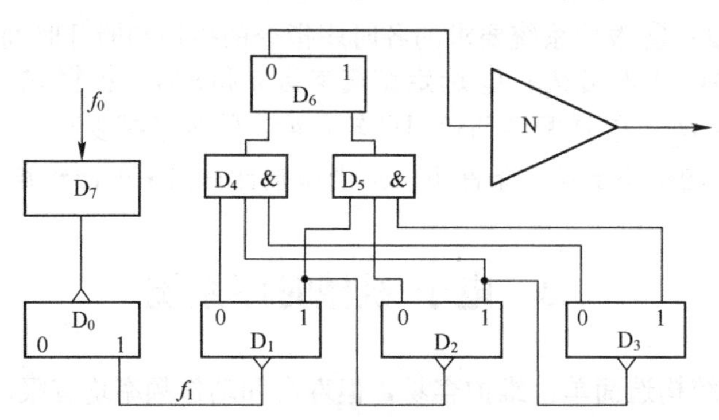

图 7-12　限宽脉冲电源逻辑图

电子/机械时序系统的驱动装置为步进电机，步进电机是一种兼有直流电机和步进磁铁优点的驱动部件，它需要三相方波脉冲电源，相位差 120°，按六拍步进即 A-AB-B-BC-C-CA-A，输出形式与直流电机相似工作频率高达 300～500Hz。当单相或两相通以常值电流时，具有锁紧功能，体积、重量也很小。步进电机所需要的三相脉冲电源，一般用电子线路实现，具体原理可参考相关文献。

电子/机械时序装置的技术性能指标略高于纯机械时序装置，尤其是用步进电机作驱动部件时，由于工作频率较步进电磁铁高 4～5 倍，因而其精度有所提高，但仍属同一量级。其他技术性能指标与机械时序装置相同。但是，由于电子技术的飞速发展，电子脉冲电源工艺性和适应性好，使得电子/机械时序装置得到了广泛应用，基本上取代了机械时序装置。

7.4　数字/电子/机械时序系统

自从小型计算机成功地用于导弹控制系统以来，时序装置数字化问题就提上了日程。这是因为机械时序装置和电子/机械时序装置时序修改很麻烦，应变能力和适应性较差。而在实际应用中，总体参数的变更、发射有效载荷的性质不同等因素，经常对时序装置的时序提出改变时间甚至改变顺序的要求。用机械时序装置或者电子/机械时序装置不仅修改起来很麻烦、很慢，而且允许修改的次数有限。而数字化以后，则可以通过计算机软件的修改来完成时序装定的修改，不仅容易、快速，而且修改次数不限，大大提高了时序系统的应变能力和适应能力。

7.4.1　组成

数字/电子/机械时序装置（时序系统）框图如图 7-13 所示。计算机不是专为时序装置配置的，而是在完成导弹制导控制任务的同时兼用的。根据预先编制的飞行软件，计算机能够用分时方法完成制导、控制和时序任务。

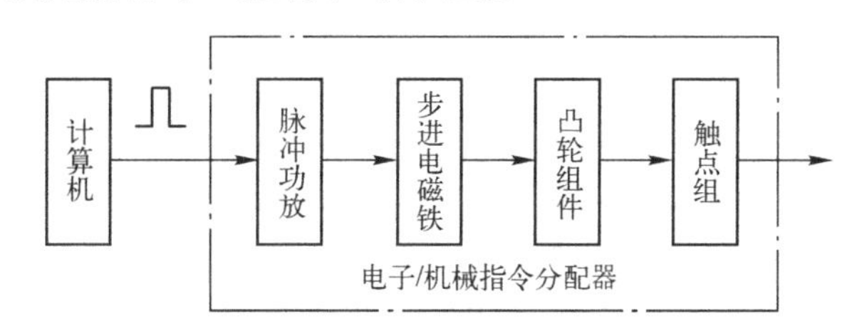

图 7-13　数字/电子/机械时序装置框图

弹载计算时序数据在导弹起飞前与制导、控制数据一起通过数传接口装入计算机内，起飞后弹载计算机以起飞零秒时刻为基准，按装定的时间顺序发出时序脉冲信号，如图 7-14 所示。

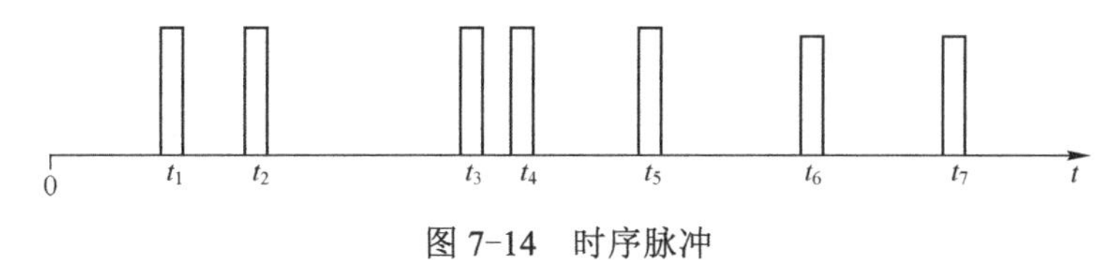

图 7-14　时序脉冲

这种时序系统，由于制导、控制和时序均在同一台计算机上用一套飞行软件，因此，允许关机、改变控制系统静态参数等时序可在计算机内部完成，不必输出时序脉冲，这类时序称为内时序。另一类时序控制必须使相应的执行部件工作，才能最终完成时序控制任务，如分离、增压等。这一类时序以脉冲信号的形式，用时序接口送给电子/

机械指令分配器，其组成和工作原理与电子/机械时序装置相似。其区别仅在于以下几方面：

（1）指令脉冲功率放大器取替了脉冲电源。

（2）由匀速连续转动改为步进，其凸轮轴和凸轮组构成的凸轮组合件只有分配指令的功能，而无时间信息的装定和存储功能。按照步序装定分配信息和凸轮装定的角位移量可表示为

$$\theta = N\theta_0 \tag{7-8}$$

式中：θ 为应装定的凸轮凸部后椽位移量；θ_0 为脉冲当量角；N 为脉冲个数，相应时序脉冲在时序脉冲序列中所排的号，是正整数。

（3）由于步进工作，凸轮转一周的步数较机械时序装置大大减小，一般不再使用减速传动装置，而是将棘轮直接安装在凸轮轴上，这就必然导致当量角很大，步进电磁铁输出的脉冲功率也很大。

7.4.2 特点

数字/电子/机械时序装置是一种有效地利用弹载计算机潜力并使时序装置在技术上取得根本性进步，而又充分继承电子/机械时序装置高可靠性等主要优点的新型时序装置，它有以下特点。

（1）在时序装定、浮动时间基准选用方面实现了数字化，而且将部分时序指令转变为内时序方式，使得时序装置硬件得到很大简化。更为重要的是，由修改装置硬件转变为修改软件（数据），从而大大提高了时序装置的适应性和应变能力。

（2）将各级关闭发动机的指令信息作为浮动基准的同时，也在时序脉冲序列里按顺序输出。通过指令分配器的输出部件——触点组去控制关机执行部件，使计算机去掉了多个关机指令输出电路和功率放大器，而代之以简单的小功率的时序脉冲输出接口电路。在指令分配器中也省去了脉冲电源，代之以简单的脉冲功率放大器。这使数字/电子/机械时序装置在电子电路方面较电子/机械时序装置大为减少，因而提高了可靠性。

（3）电子/机械指令分配器不需要用停转等待浮动基准信号，而是以再启动方式来实现时序时间按浮动基准装定和储存，从而使得指令触点的有效利用率达到 100%，也使得时序装置的体积和质量都有所减小。

（4）电子/机械指令分配器可多个并行工作，其脉冲放大器输入端都直接并联在计算机的时序脉冲输出端上，改善了由串行接力工作方式所带来的不便，而且并行的各分配器触点都可以在任意步序上装定使用，大大方便了系统设计。

数字/电子/机械时序系统既充分继承了机械时序装置的优点（高可靠性，高抗干扰能力），又用先进的数字化技术克服了机械时序装置的不足。它可以适应各种弹载计算机控制系统，特别是飞行时间长（指令时间长度长）、浮动基准多、时序指令间隔小、指令数量多的弹道导弹。

7.5　数字/电子时序系统

数字/电子/机械时序系统相对电子/机械时序系统虽有很大的进步，但还不够理想，例如：机械式分配器体积还大，质量也不小；指令步序的改变还要靠重新装调凸轮来实现；机械指令触点（接通或断开）还存在颤动现象以及产生火花干扰等。数字/电子时序装置就是为了解决这些问题而研制的。

图 7-15 为某弹道导弹使用的技术方案。在该方案中，计算机除了要装定储存时间参数外，还要装定、储存与总时序数相同数量的地址码，其输出接口是地址码锁存器。与数字/电子/机械时序装置的区别在于，当装定的时序时间到来时，计算机通过锁存器送出的是相应时序的地址代码，而不是一个脉冲。这种地址代码是通过地址码总线送到数字分配器去的，总线的位数取决于分配存储器的容量。此方案的分配存储器容量是 256×32，因此选用的是 8bit 总线。

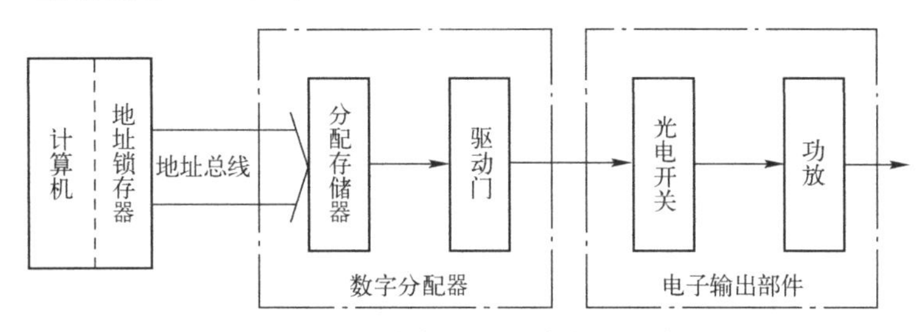

图 7-15　数字/电子时序装置方案

分配存储器的字长取决于需要的输出指令路数。因为此方案的字长是 32bit，每个比特控制一路驱动门，进而控制相应的光电隔离开关和功放管导通或截止，并输出信号。

光电开关和功放电路组成了电子输出部件，采用光电隔离的原因是功放级必须按照系统需要使用不同的电源，这些电源一般是不允许连在一起的，必须隔离，以防止各种电源线带来的干扰。

光电开关的发光二极管由驱动门驱动，采用计算机（分配器）的+5V 电源，而光敏三极管与大功率管接成复合功放，采用系统规定的电源，而且这个电源就是执行部件所用的电源，如图 7-16 所示。

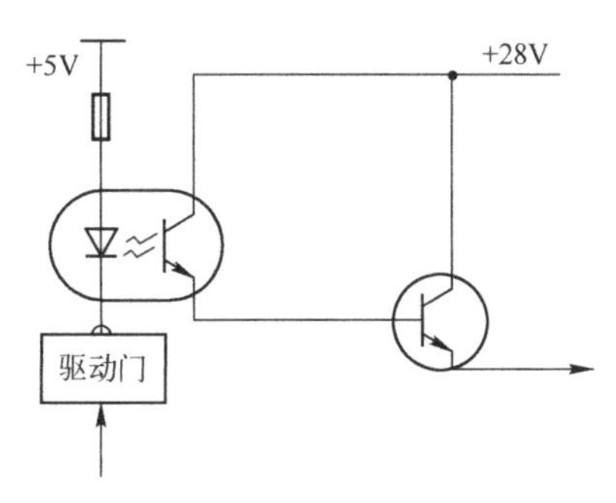

图 7-16　电子输出部件原理图

功率管是专制的大管芯、小管壳的功率管，由于各路的电路参数完全相同，因此也可将光电开关和功率管集成做成一个固体块，以减小整机体积或质量。

此方案的数字分配器是可编程只读存储器（PROM），其容量等于时序容量。指令分配信息是通过 PROM 编程写入存储器的。一般是使时序的排序号与地址号一致，编程方法是：凡是在某个时序发出后要保持（或开始）接通的指令，这个时序时间所送出的地址单元的指令控制位要写入“1”，否则写入“0”。

数字/电子时序系统的特点是扩大了可编程范围，大大提高了适应性和应变能力，体积小、质量小、精度高。虽然仍有一些不足，但数字/电子时序系统是时序控制的技术发展方向，目前在许多正在设计的控制系统中均被选定为主攻方向。

7.6 本章小结

本章首先介绍了顺序控制系统的定义和分类，然后讲述了时序控制系统的基本概念、组成和基本工作原理，最后以时序控制系统的技术发展为主线，介绍了时序控制系统的几种具体实现方案。

第 8 章　弹道导弹电源配电系统

导弹控制系统各仪器在工作时，需要多种电源，而这些电源的种类、参数、精度及通电时间各不相同。电源配电系统是对飞行控制系统的能源、供电进行控制并负责各控制装置间一些信号传输的系统。它按照仪器工作的先后顺序、工作时间区间，适时为控制系统各仪器供电，并按要求接通或断开弹上控制系统的有关线路。导弹电源配电系统的特点是可靠性高、外形尺寸小、质量轻，并能在振动大、加速度大、温度压力变化大的情况下稳定工作。

电源配电系统的基本功能包括：提供控制系统工作所需要的各种电源；完成地面电源和弹上电源的转换；将各个控制装置连接成一个整体完成控制任务。电源配电系统包括电源系统、配电系统和电缆网，是导弹控制系统的重要组成部分。

电源系统分为一次电源和二次电源。一次电源是将化学能转化为电能的设备，其电能通过配电器经不同供电母线送至弹上设备，包括控制系统电子设备供电电池、火工品电池、安全电池等。二次电源是将电池电源经稳压器、高频换流器、三相换流器和脉冲放大器等转换为弹上控制系统仪器所需要的各种不同频率、电压和精度的电源。

配电系统是将一次电源和二次电源按时间顺序配给控制系统各仪器，主要包括配电器和程序配电器。配电器是给弹上仪器设备供电的控制设备，按飞行的工作程序将电源和用电设备接通。导弹上配电器的数量，根据导弹级数、供电种类和其他要求一般有 2～3 个，如程序配电器、主配电器、副配电器等，这些配电器分别控制导弹各级不同用途的供电母线。程序配电器按照弹载计算机的时间序列和制导、控制指令，启爆发动机火工品、级间分离火工品及转接一部分控制电路来进行时间控制和作动器控制。

电缆网是将弹上控制装置连接成系统，完成信号传输和配电任务。通常电缆首先按电源配电、二次电源、信号线、火工品电路、控制线路进行分组和分束，然后用接插件将各电缆束连接而成。弹载电缆网通过电缆把一次电源、二次电源和各种用电器件连成一体。

导弹上的一次电源馈电在起飞前由地面电源提供，它通过弹—地电缆经弹上配电器分配控制。当导弹临射“点火”之前，由配电器按照地面发射控制指令将地面供电切断，并同时转换为弹上自供电。图 8-1 是一种弹上电源配电系统框图。

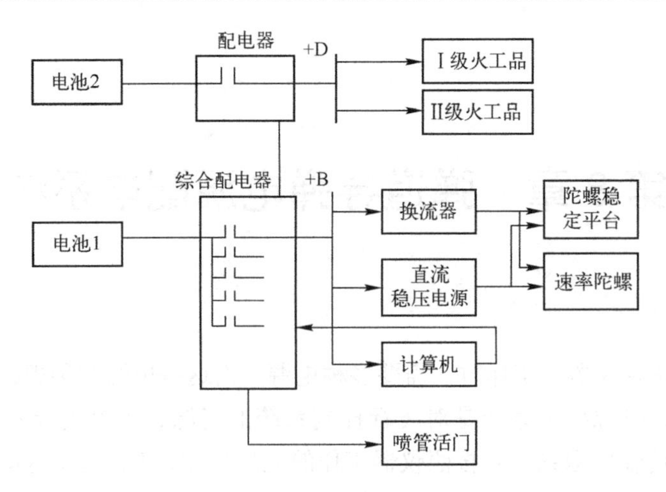

图 8-1　弹上电源配电系统原理框图

8.1　功能与基本要求

8.1.1　电源系统

导弹上的电源类型包括一次电源和二次电源。

电池是一次电源，也是控制系统工作的能源，电池输出的电压经过配电器而供给各用电装置。有的系统只有一个电池供电，有的系统是由多个电池分别给各装置供电。多个电池供电可以减小各装置通过电源而造成的相互影响，特别是对一些用电量大或变化大的用电装置单独供电，可以保证其他装置的供电品质。对电池的要求是电压应控制在规定的范围内，而最大输出电流值应大于所有用电装置的电流之和，总容量（放电电流与放电时间之积——安时）应大于用电装置飞行中的总用电量，并留有一定的余量。常用的有银锌电池、镉镍电池等。在低温环境使用时，电解液体制电池设有温控电路，对于飞行时间不长的情况，温控电路一般由地面电源供电，起飞之后不再加温，而由电池的保温绝热壳体保温。电池有两种使用方式：一种是在电池装入弹体之前给电池加注电解液或充电；另一种是快速激活式，将电解液贮存在一个与气体发生器相通的贮箱内，发射前给气体发生器通电产生高压气体，将电解液压入电池，即可提供电压输出。要求机动性高的导弹一般选用快速激活式。近些年来，随着技术的发展，热电池作为一种新的一次电源在导弹上也得到了广泛应用。与电解液体制电池相比，热电池更易于贮存，且激活时间短，是未来弹载一次电源的重要发展方向。

二次电源的电能由一次电源变换而来，将电池的输出电压转换为系统中不能直接使用电池的用电装置所需要的各种类型电源。根据用电装置的不同要求，有各种不同功能的二次电源。例如，将直流电变为一种或几种特定频率的交流电；将直流电分成若干路各自独立的稳定电压；将直流电变成具有一定重复周期的电脉冲等。二次电源有的在用电装置内部，是用电装置的一个组成部分；有的单独做成一个装置，供多个用电装置共用。常用的用电装置共用的二次电源有直流稳压电源、交流电源和脉冲电源。

二次电源的参数应当满足电压精度和稳定度、频率精度、功率等要求。它的输出线路一般应与输入电源隔离，因而二次电源一般都采用将输入电源换流经变压器进行隔离线路方案。

直流稳压电源提供稳定而精确的直流电压，供电子线路、直流传感器等用电。常用串联或开关稳压电路实现稳压。串联稳压效率比较低，但稳压频带较宽；而开关稳压效率高，但稳压频带较串联稳压窄。

脉冲电源作为步进装置的电源，一般用分频电路对由晶体振荡器同步的交流电源或其他频率源进行分频和功放而取得。

交流电源是陀螺马达、交流传感器、调制器、解调器及其他交流用电装置的电源。由于陀螺马达转速的精确度直接影响惯性器件的测量精度，所以作为陀螺马达电源的频率应是高精度的，一般都采用晶体振荡器作为频率基准。一个系统中可能有多种频率的交流电源，选择频率值时应注意：

（1）作为传感器电源的频率应大于传感器所测信号最高频率的 5 倍以上，以保证能较好地解调出被测信号。

（2）不同频率交流电源的频率（包括倍频）之差应足够大，以免形成低差频信号，干扰系统的工作。

（3）提高电源的频率，有利于减小用电装置的体积。

交流电源有变流机和换流器两种。变流机是一个直流电机带动的交流发电机，随着电子器件的发展，为了进一步减轻质量和避免滑动接触带来的问题，变流机逐步被电子换流器代替。换流器是将直流电压转换为固定频率的单相或多相交流电压的电子装置。在一个系统中有多台同频率的交流电源时，为防止因电源频率间的差异而形成低差频干扰，可用一个频率基准同步多台相同标称频率的换流器。交流电源的波形一般为正弦波，有时亦用准方波的换流器作为陀螺马达的电源。三相准方波换流器的输出线电压波形不是正弦波，而是正负半周各为 120° 宽的方波。当陀螺马达为星形连接时，这种波形电压的 5 次谐波分量最大，为基波的 20%，但因为陀螺马达多采用磁滞电机，其功率因数较低（只有 0.4 左右），呈现较大的感抗，所以高次谐波电流值并不大。例如，当马达功率因数为 0.35 时，5 次谐波电流值只是基波电流的 4%，对马达的工作并无大的影响。准方波电源具有效率高、输出阻抗低和动态性能好的特点，但由于波形是功率较大的方波，因而在上升及下降边会形成干扰尖脉冲。

对系统中相同电源类型的多个用电装置采用集中供电或分散供电方案，应视系统的具体情况而定，但需考虑下列因素：

（1）配电的方便性。若两个用电装置位置相近，则由一个电源集中供电；但若两个用电装置位于不同的导弹子级，则分别各由一个电源供电会更为有利。

（2）是否会通过电源产生相互影响。例如，当功率相差比较大的两个用电装置使用一个电源供电时，大功率的用电装置状态变化时往往会影响小功率的用电装置。

（3）地面测试检查时是否需要同时通电工作。若不需要同时通电，则分散供电有利，可延长用电装置的工作寿命。例如，制导系统进行测试或校准时，姿态控制系统无必要工作，两者最好分别供电。

集中供电可节省设备，对一个具体的系统要权衡多方面的因素，确定哪些部分应分散供电、哪些部分应集中供电。

8.1.2 配电器

配电器的功能是将电池电压按要求分配给二次电源和其他用电装置，并实现地面—弹上电源转换，其具体要求为：

（1）起飞前应使用地面电源代替弹上电池，并按要求分别给各控制装置供电。

（2）发射时应由地面电源转为弹上电池供电（转电）。

（3）“转电”前后应始终保持所有用电装置可靠供电，不允许产生瞬间断电。

（4）“转电”后应能由地面控制断电。

配电器一般用继电器线路实现，也有用凸轮—触点结构的。供电的路数越少，配电器线路就越简单，确定供电路数时需考虑下列情况：

（1）地面测试和检查时为减少控制装置的工作时间需要分别启动的情况。

（2）有的控制装置要求按一定的顺序和间隔时间供电，否则就不能正常工作。例如，陀螺稳定平台必须先给陀螺马达供电，等马达转速基本稳定后才能给陀螺稳定平台的稳定回路供电或使其闭合。

用电装置所需要的电流都通过继电器的接点，继电器接点的额定电流应大于所供用电装置的总电流。在进行电路容量设计时需注意下列两个问题：

（1）为提高可靠性而使用多个接点并联时，应选择并联接点的单个接点的容量与需要值一致，否则会因并联接点不同步而造成在接通与断开时某接点的瞬时过载而受损坏。

（2）有的用电装置，例如二次电源，电源输入端并有很大的滤波电容，以消除电源中波纹的影响。给这种装置供电的继电器接点工作在容性负载状态，接点闭合瞬时的充电电流值很大，对继电器接点有损伤作用，严重时会使接点损坏，因此应要求继电器接点能适应容性负载。

8.1.3 电缆网

电缆网是将安装于弹体各部位的控制装置连接成一个整体。对信号线和易产生干扰的线路屏蔽线，一般都采用“双线制接地屏蔽”方式，每个控制信号的信号线和信号零线皆有单独的传输线，而信号线和信号零线的屏蔽层与地（弹体）连接，不与信号零线连接。这种方式比较可靠。

火工品的起爆电路中一般串入一个电阻，其作用是：

（1）调整电流值，满足电爆管安全起爆电流的要求。

（2）防止电爆管爆后短路而影响其他电爆管起爆。

（3）在地面测试时可通过测量电阻上的电压来检查电爆管电路是否正常。

电缆网应根据系统的布局和电磁兼容性的要求进行分束、走线，力求线路简、短。通常情况下，可采用双点双线、环形走线等方法提高线路的可靠性。导线不应选得过细，应考虑长时间的弯、拉使用状态。

8.2 工 作 原 理

8.2.1 一次电源工作原理

一次电源的电能由其他能源产生，通常有化学电源和物理电源两种。化学电源包括蓄电池和燃料电池等，常用的有银锌电池、镉镍电池、热电池等。其中：蓄电池的结构简单，使用方便，可靠性好和比能量（电池能量与重量之比）较高（银锌电池比能量为100～200w·h/kg、镉镍电池比能量为 20～35w·h/kg，锂热电池比能量为 75～130w·h/kg），能够在短时间内提供较大的放电电流；燃料电池通过燃烧剂和氧化剂的化学反应产生电流，其比能量、比功率更高，但结构复杂，贮存期短。物理电源包括涡轮发电机、带原子能加热器的热发电机和光电发电机（太阳能电池）等，这种电源能满足导弹长时间飞行的供电要求。

8.2.1.1 银锌电池

银锌电池是 20 世纪 40 年代开始研制的一种实用型高比能量、高比功率电池，具有其他电池无可比拟的优越性能，广泛应用在导弹、火箭、鱼雷上，为动力、仪表、计算机、舵机、控制、遥测、安全等系统供电。其发展可追溯到两个世纪以前，早在1800 年春季，意大利科学家伏打（Volta）发明的著名“伏打电池”就是一种银锌电池堆。1883 年克拉克（Clarke）的专利中描述了第一只完整的碱性锌氧化银原电池。1887年邓恩（Dun）和哈斯莱彻（Hasslacher）的专利中首次提出了锌氧化银蓄电池。但直到 1941 年法国的亨利•安德列（H. Andre）提出使用半透膜（如玻璃纸）作为隔膜后，才实现了可实用的银锌电池。20 世纪 50 年代 Yardney 设计制造出实用的可充电银锌电池，之后，导弹和航天飞行器的研制工作促进了银锌电池的发展。在 20 世纪 90 年代的银锌电池生产中，美国每年消耗银约 40t，估计全世界年耗银量在 100t 以上。银锌电池在飞机、潜艇、浮标、导弹、空间飞行器和地面电子仪表等特殊用途中，始终保持着长盛不衰的态势。

弹上各类一次电源的组成和工作原理完全相同，其区别仅在于容量的大小不同。弹上电池主要由电池组件、贮液器、电加热器以及气体发生器等组成，如图 8-2所示。

导弹控制系统使用的一次电源通常采用一次激活电池（如银锌贮备电池组）。自动激活银锌贮备电池又称为一次银锌电池，仅可使用一次。装配好的电池在干态下贮存，电解液贮存在贮液器内，通过有一定强度的易破裂膜使电解液和单体隔开。当使用时，用气体压力或气体发生器的压力打开易破裂膜，电解液通过分配系统均匀地进入每个单体电池内，电解液和电极接触，电池进入工作状态。

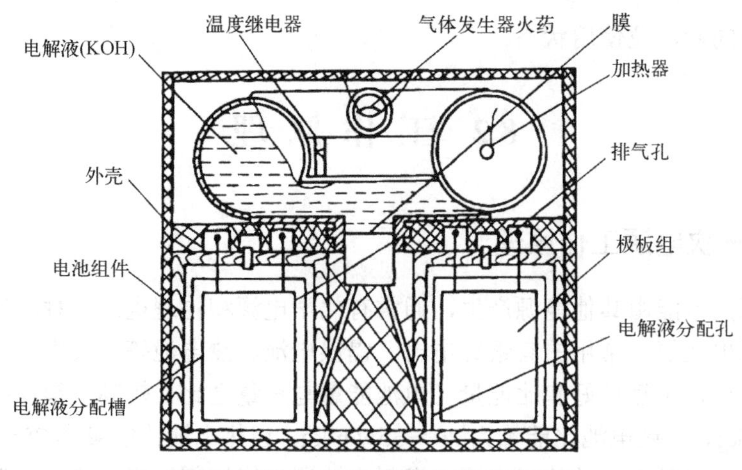

图 8-2　弹上一次电源结构组成示意图

弹上一次电池为自动激活银锌贮备电池组，由外电源加热，采用的是锌—过氧化银电化学体系，即正极主要是过氧化银（AgO），负极是海绵状锌，用氢氧化钾（KOH）水溶液作为电解液。如果让 Zn、KOH 水溶液和 AgO 三种物质直接接触，就会发生强烈的氧化还原反应。相应的化学反应方程式为

$$2AgO + 2Zn + H_2O \rightarrow 2Ag + ZnO + Zn(OH)_2 \qquad (8\text{-}1)$$

弹上一次电池在使用时，首先给气体发生器电阻通电，引燃气体发生器内的火药，燃烧产生气体，冲破隔膜，将氢氧化钾电解液推入电池组件内，立即进行化学反应。在电池组内部发生化学反应后的一定时间内，能够向外部稳定地输出直流电压（通常为 28V），即电池处于激活状态以供使用。

8.2.1.2　热电池

热电池是一种使用电池本身的加热系统把不导电的固态盐类电解质加热熔融成离子型导体而进入工作状态的热激活一次储备电源，具有大功率放电、高比能量、高比功率、使用环境温度宽、储存时间长、激活迅速可靠、结构紧凑等特点，因此是现代武器（导弹、核武器、火炮等）十分理想的电源，在军用电源中占有十分重要的地位。

热电池由第二次世界大战时德国人 Erb 博士发明，1946 年热电池技术传入美国，战后美国成功将第一块热电池用于武器的引信系统，并成为核武器的主要电源。由于热电池相对于锌银电池具有较高的比能量和比功率、使用环境温度宽、贮存时间长、激活迅速、造价低廉、用途广泛等优势，很快受到普遍关注，成为各国竞相研发的重点。

我国热电池研究始于 20 世纪 60 年代，起初采用钙—铬酸钾电化学体系，功率较小、工作时间短，主要用于空空导弹和反坦克导弹；70 年代，研制成功了大功率热电池，采用的是钙—铬钙电化学体系，但这种热电池存在电噪声和热失控等问题；70 年代后期至 80 年代开始，攻克了原材料、工艺、电极性等方面的技术难题，使热电池产品与世界先进水平并驾齐驱，已用于导弹、核武器和火炮等多种型号武器系统。

1966 年第一个完整的片型热电池投产，此后片型 $Ca/CaCrO_4$ 热电池成为美国使用在核武器上的主要能源，使它的比能量、比功率得到很大提高，特别是大大延长了电池的使用寿命（从 5min 延长到 60min）。

总之，20 世纪 60 年代和 70 年代初期是热电池特别是 $Ca/CaCrO_4$ 热电池大发展的时期。钙系热电池具有放电时间长、工作电压高、激活可靠、使用安全、能耐苛刻环境条件的特点，片型工艺的出现及一些高效绝热材料的应用，使热电池的比能量、比功率得到很大提高，特别是大大延长了热电池的工作寿命，使其工作寿命达到 1h 左右。但 $Ca/CaCrO_4$ 体系热电池还存在一些致命缺点：首先，该电池易形成 Li-Ca 合金。该合金电池工作温度下是可流动的液体，因而容易引起电池短路和产生电噪声；其次，钙阳极与 $CaCrO_4$ 往往发生难以预测的放热反应引起电池热失控，从而导致电池寿命提前结束；再次，电池在放电过程中，钙阳极表面产生一层惰性复盐膜（$KCa\text{-}Cl_3$），引起电极严重极化。

为了克服这些缺点，1970 年英国海军部海上技术研究中心研究锂作阳极、硫作阴极的热电池，但由于硫在高温时易挥发，后来改用 FeS_2 和熔点高的锂合金作为阳极材料。20 世纪 70 年代美国 SAND 国家实验室利用美国海军对锂合金阳极材料实验的研究成果和阿贡实验室对二次 $LiMx/FeS_2$ 蓄电池的研究成果，研制出片型化的小型长寿命 $LiMx/FeS_2$ 热电池，各项技术指标大大超过过去任何一个电化学体系的热电池，这是热电池发展史上又一重大技术突破。

目前常用的热电池一般由单体电池、加热部分、激活部分、保温层、电池壳、电池盖组成。热电池的结构按单体电池的结构，分为杯型和片型两种结构。早期热电池结构采用杯型结构，主要由正极片、电解质片、负极片以及镍杯等组成，其结构如图 8-3 所示。杯型单体电池的一个主要特征是有一个双层的负极（Ca 或 Mg），即负极活性物质放在一个中心集流片的两边。

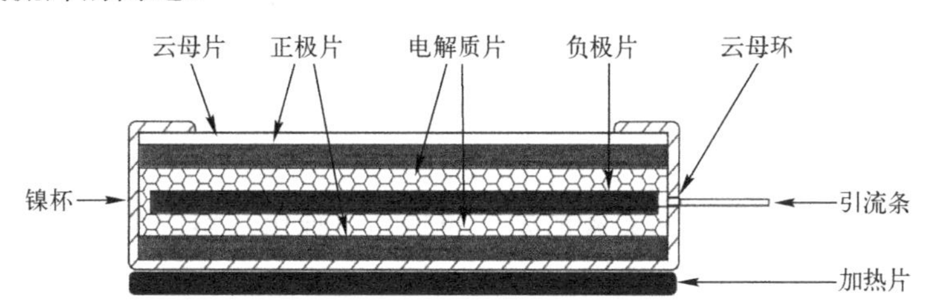

图 8-3　单体电池——杯型结构

随着热电池的发展，杯型结构早已被片型结构所代替。片型结构的单体电池又可以根据不同电池的特点将加热片、正极片、电解质片、负极片、集流片进行不同变化。锂合金/二硫化铁热电池的一种片型结构单体电池如图 8-4 所示。它由加热粉、正极粉、隔离粉、负极粉和石棉圈组成。

图 8-4　四合一单体电池结构

目前，热电池通常采用片型一体结构的单体电池、两端固定的电堆结构。单体电池采用二硫化铁为正极，锂硅合金为负极，采用氯化锂—氯化钾熔融盐为电解质，氧化镁为电解质黏结剂，电解质—黏结剂混合物组成隔离层。采用铁粉—高氯酸钾混合物为加热部分。采用电点火头和引燃纸构成激活部分。采用保温材料组成保温层阻止电池内部热量的损失。采用不锈钢电池壳和电池盖使电池密封并保持坚固外形。

热电池的激活方式主要有两种：机械激活和电激活。机械激活，就是利用机械产生一个力，使撞针具有一定冲击力，撞击火帽，使其发火，从而完成激活电池的使命。电激活，就是在封闭电路中，通过电流，使电阻丝产生热量，点燃烟火药，再点燃引燃纸，完成激活电池的任务。

激活部分依附于电池盖和电堆，如图 8-5 所示。电激活的激活过程为：激活信号使与电池盖组装在一起的电点火头发火，先点燃电堆上部的引燃垫，再点燃紧贴引燃垫的加热片；加热片引燃紧贴电堆的引燃条；引燃条引燃电堆中的单体电池和其余加热片，电池上升到一定的工作温度而被激活。

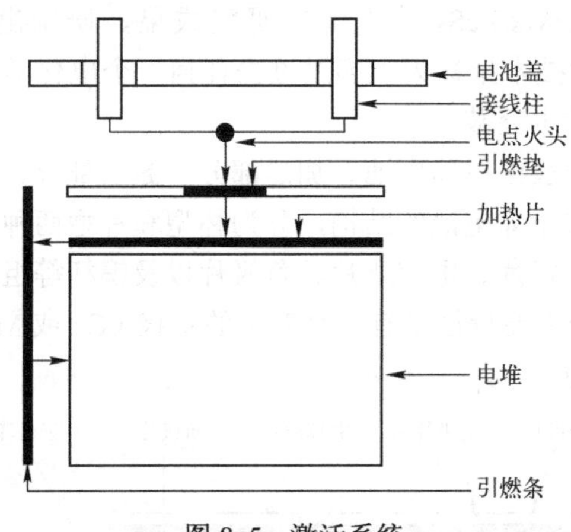

图 8-5 激活系统

两端固定的电池堆结构如图 8-6 所示。电堆由单体电池串联或并联组成，单体电池之间由集流片连接，电流由引流条引出。电池堆中含有加热片、保温材料，以调整电堆热量分布。电堆中含有绝缘材料防止短路，保温层包围在电堆周围。

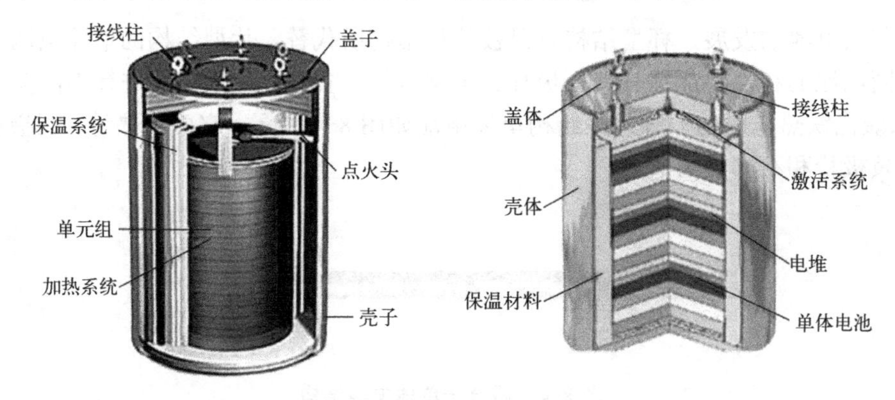

图 8-6 热电池结构示意图

自热电池问世以来，其技术发展非常迅速。目前热电池的电化学体系已经形成了几个品种，现在较为成熟的电化学体系包括：$Mg/LiCl-KCl/V_2O_5$；$Mg/LiCl-KCl/WO_3$；$Ca/LiCl-KCl/PbSO_4$；$Ca/LiCl-KCl/CaCrO_4$；$Li(Al)/LiCl-KCl/FeS_2$；$Li(Si)/LiCl-KCl/FeS_2$；$Li(Si)/LiCl-LiBr-LiF/FeS_2$；$Li(Si)/LiCL-LiBr-LiF/CoS_2$。

尽管热电池的电化学体系很多，但它们的反应原理大同小异。以典型的 $FeS_2/LiSi$ 体系热电池为例，其电化学方程式如下：

负极反应：$Li \longrightarrow Li^+ + e$

正极反应：$FeS_2 + 2e \longrightarrow FeS + S^{2-}$

$FeS + 2e \longrightarrow Fe + S^{2-}$

总反应：$4Li + FeS_2 \longrightarrow 2Li_2S + Fe$

8.2.2　二次电源工作原理

二次电源设备主要包括稳压器、高频换流器、三相换流器和脉冲放大器，下面分别对其工作原理进行简要介绍。

8.2.2.1　稳压器

稳压器将控制系统电子设备供电电池输出的（28±3）V 直流电压经过变换、稳压后，形成相互隔离的多路稳定直流电压输出，供控制系统部分设备使用。

稳压器主要由直流—交流（DC/AC）变换器、整流滤波电路和稳压电路组成，如图 8-7（a）所示。稳压器首先将直流电压通过变换器变换成交流电，然后通过整流、滤波和稳压，变换为弹上所需要的具有一定精度要求的多路稳定直流电源输出。稳压器还可由直流—直流（DC/DC）变换器组成，其工作原理框图如图 8-7（b）所示。

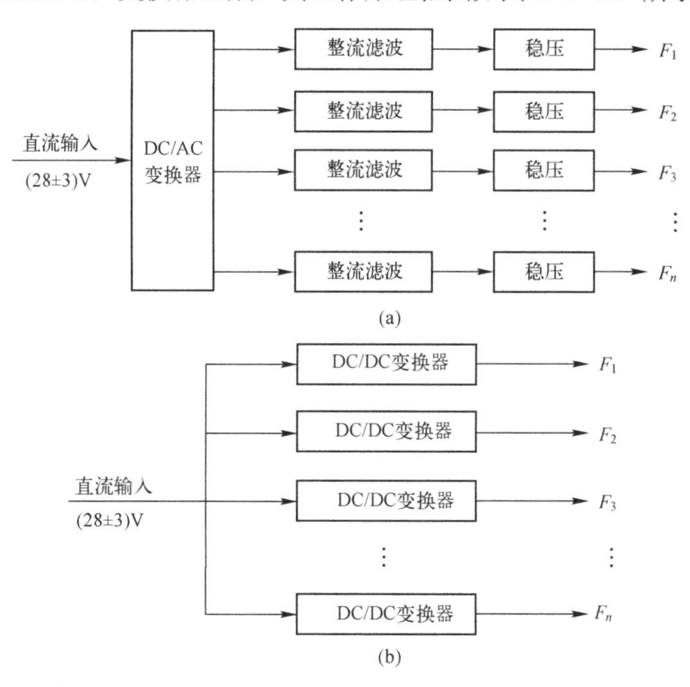

图 8-7　稳压器工作原理框图

稳压器测试主要检查其输出的多路直流电源的电压值和纹波。在输入电压为（28±3）V、空载或负载条件下，要求稳压器输出的各路直流电源的电压值在规定范围内，纹波小于某一规定值。

8.2.2.2 高频换流器

高频换流器将直流（28±3）V电源变换为不同频率和幅值的交流电源，为平台、陀螺、惯性制导组合中的传感器激磁供电。

高频换流器的实现方式有很多种，图8-8给出了两种典型的实现方式。在图8-8（a）中，LC振荡器将直流（28±3）V电压转换为一定频率的交流信号，经放大、脉宽调制和功率放大后，输出所需要的高频交流信号；输出信号同时反馈给宽度调节器控制晶体管放大器的导通角，从而使仪器的输出电压能稳定在一定范围，保证输出电压的精度。在图8-8（b）中，直流信号经振荡分频电路后变成一定频率的方波，再经选频稳幅电路和功放电路后，输出需要的高频交流信号。

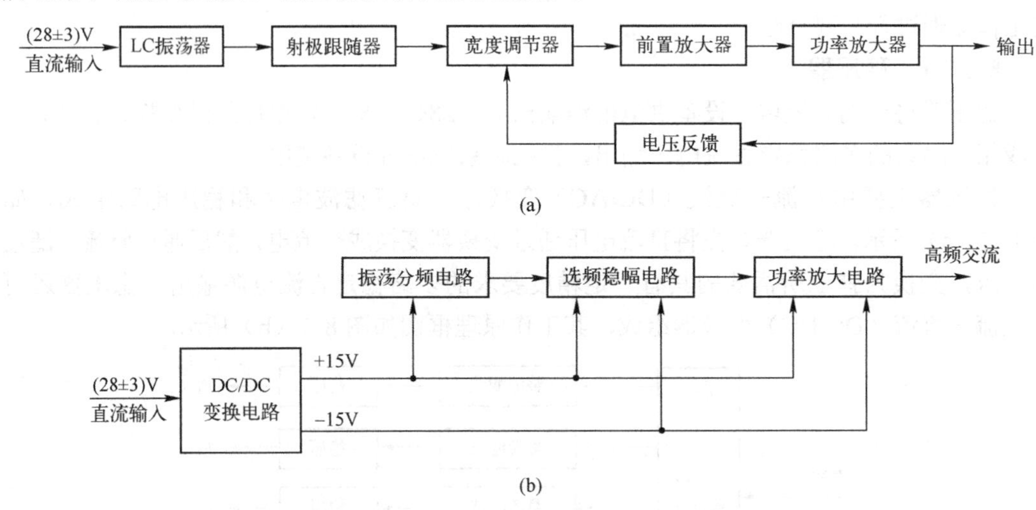

图8-8 高频换流器方框图

高频换流器的主要测试项目有输入消耗电流、输出电压、输出失真度和输出电压的频率。在输入电压为直流（28±3）V、空载或负载条件下，要求高频换流器的输入消耗电流、输出失真度均小于规定值，输出电压、频率在规定的范围内。

8.2.2.3 三相换流器

三相换流器将直流（28±3）V电源转换为三相交流电和单相交流电，为平台、惯性制导组合、速率陀螺的力矩马达供电。

三相换流器的工作原理如图8-9所示。在图8-9中，由晶体振荡器产生的基准方波，经过分频电路后输出一定频率的方波，经积分器得到三角波，经过放大器放大后，输出两路：一路经比较器、激励放大器、功率放大器得到A相和C相交流输出；另一路经移相器、带通放大器、比较器、激励放大器和功率放大器得到B相交流输出。

三相换流器的测试项目主要有输入消耗电流、相电压、失真度、周期与相序等。在空载或负载情况下，要求三相换流器的输入消耗电流小于规定值，输出电压在规定范围内，输出电压的失真度小于一定范围。

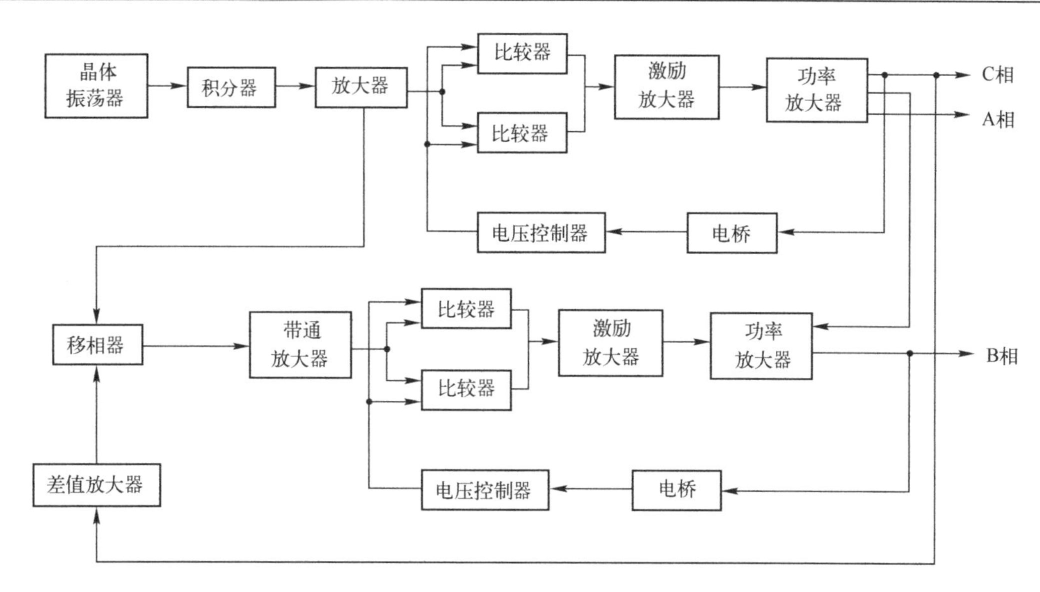

图 8-9　三相换流器的原理框图

8.2.2.4　脉冲放大器

脉冲放大器接收弹载计算机输出的程序脉冲信号，通过隔离、功率放大，供给程序机构步进电磁铁使用，通过稳定系统控制导弹按预定程序飞行。

脉冲放大器主要由光电隔离输入、射极跟随器、前置放大器、功率放大器和稳压电源等部分组成，如图 8-10 所示。

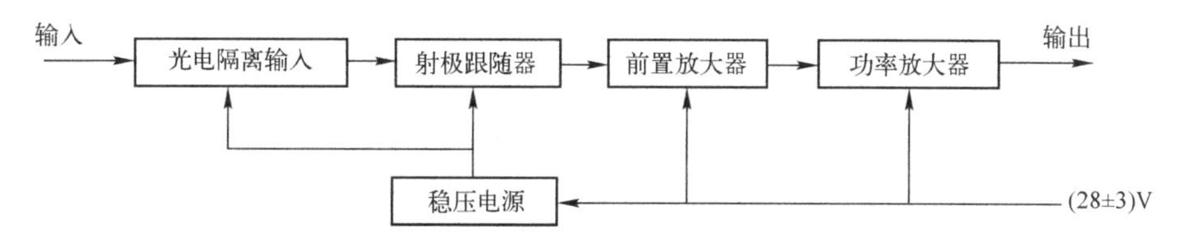

图 8-10　脉冲放大器方框图

脉冲放大器的主要技术指标是输入脉冲和输出脉冲的波形、脉冲幅度和脉冲宽度。脉冲放大器的测试项目主要有输入消耗电流（满载/空载）、输出电压值、脉冲周期、脉冲占空比和步进周期。在对脉冲放大器进行测试时，要求输入消耗电流小于某一规定值，输出电压值、脉冲周期和步进周期在一定范围，步进周期为某一规定值。

8.2.3　配电系统工作原理

配电系统的主要作用是按预先要求的时间程序发出时间指令，控制弹上相应的电路接通或断开，保证控制系统按预定的程序工作。配电器有机械式、电子式和计算机等三种。早期的配电器主要采用机械式，其工作原理是：直流电动机通过齿轮减速器带动凸轮轴，凸轮轴上安装有一特制凸轮，在这些凸轮的作用下，配电器的接点以接通或断开的方式输出程序指令信号。

图 8-11 是用继电器实现的几种配电器原理图。图 8-11（a）表示由地面直接分 B_1，

B_2，…，B_n 路向各用电装置供电，配电器只是用继电器 K_K 的接点使各用电装置与电池电压母线+M 断开。“转电”时，由地面通过控制线 Z 启动继电器 K_Z，其接点闭合将电池电压加到继电器 K_K 上，K_K 继电器吸合，其接点闭合，从而使电池电压供给各用电装置。K_Z 继电器通过自己的接点自保持于电池电压上，这样与地面脱开之后仍会保持供电状态。当需要切断电池供电时，由地面通过控制线 Q 启动继电器 K_Q，其常闭接点 K_Q 断开，使断电器 K_Z 释放，从而使继电器 K_K 释放，电池电压被切断。该线路比较简单。但由于各路是由地面单独直接供电，地面电源的调压点只能接在地面电源输出端，各路电路和电缆阻抗不同，供到弹上的各路电压值可能不同。

图 8-11（b）比图 8-11（a）多了继电器 K_{P_1}、K_{P_2}、…、K_{P_n}，地面电源通过母线+B 供到配电器后，由继电器 K_{P_1}、K_{P_2}、…、K_{P_n} 的接点接往各路用电装置，这样地面电源的调压点接在配电器端，可保证各路供电电压的一致性和精度。地面供电时通过控制线 P_1、P_2、…、P_n 控制。

图 8-11（c）与图 8-11（b）的区别是继电器 K_{P_1}、K_{P_2}、…、K_{P_n} “转电”后亦由继电器 K_Z 的接点供电保持在吸合状态，这样+B 母线也可以用于一路供电及各路通过 K_P 与 K_K 继电器的接点构成了多通路供电，比较可靠。

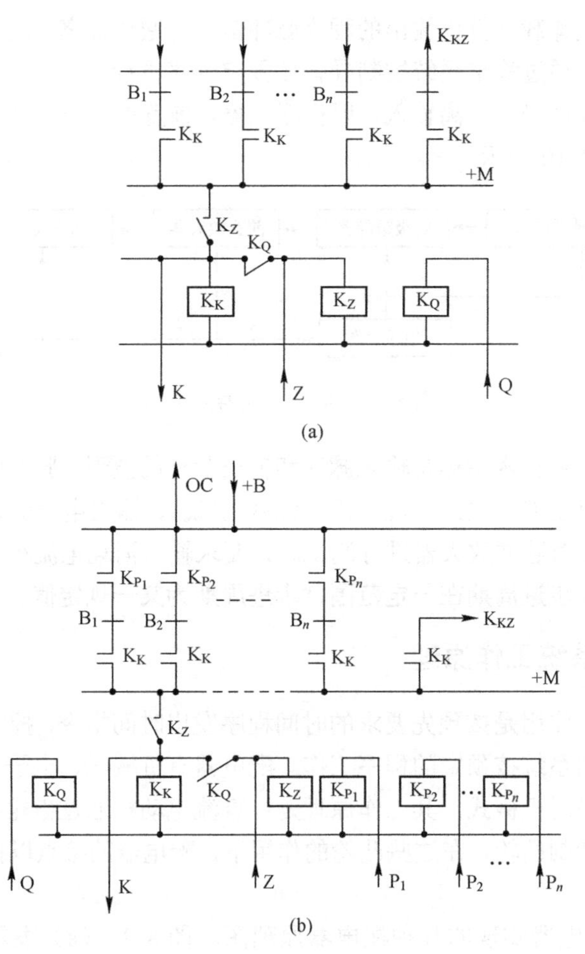

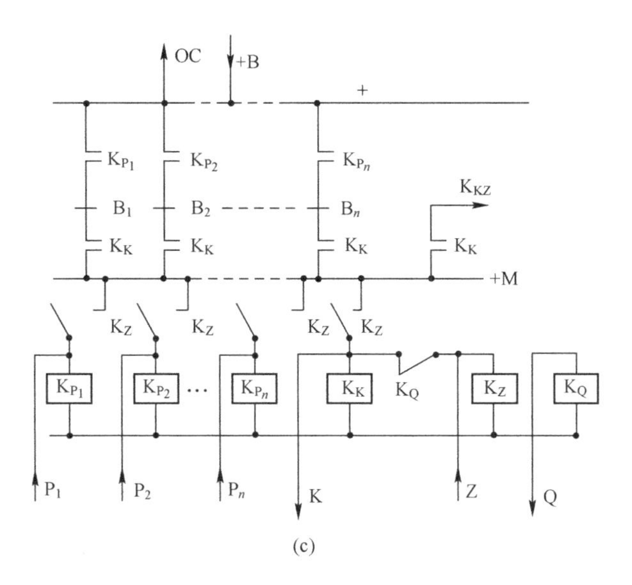

图 8-11　配电器原理图

（a）由地面分路供电式；（b）由地面集中供电、弹上分路控制式；（c）冗余供电方式。

一个系统中可能有多个电池和配电器，有的二次电源的输出亦由配电器进行分路配电。多配电器时，可只在一个配电器中设置“转电”用继电器 K_Z 和断电用继电器 K_Q，其他配电器需要的“转电”控制信号可由图中的 K 控制线供给或用 K_K 继电器的接点提供控制电压。有的用电装置安全性要求高，只在“转电”后才允许接通电源，可用继电器 K_K 的接点单独供电，如图 8-11（b）、（c）中 K_{KZ} 所示。

从配电器线路设计上亦可采用预充电的方法来减小电容器的充电电流，图 8-12 是图 8-11（c）所示电路增加预充电电路之后的电原理图。充电线路上的电压通过电阻 R 和二极管 V 向负载电容充电。当继电器 K_{P_1} 接点闭合时，电容器上已经充有一定的电压，因而可以降低通过 K_{P_1} 接点向电容器充电电流的峰值。预充电电流值可由电阻 R 值调节，预充电电流的大小应兼顾预充电效果和地面充电电路所容许的电流值。

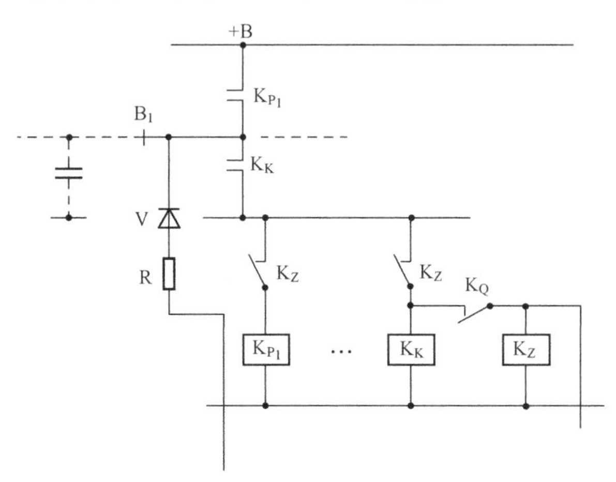

图 8-12　预充电配电器电原理图

电子式程序配电器的工作原理是：对时钟信号进行整形、分频，形成各种时间单位，这些时间单位在编码器中互相组合产生所需要的时间信号；将这些时间信号送入寄存器构成所需要的各种程序指令信号，经放大后推动相关继电器输出程序指令。电子式程序配电器的工作原理如图 8-13 所示。

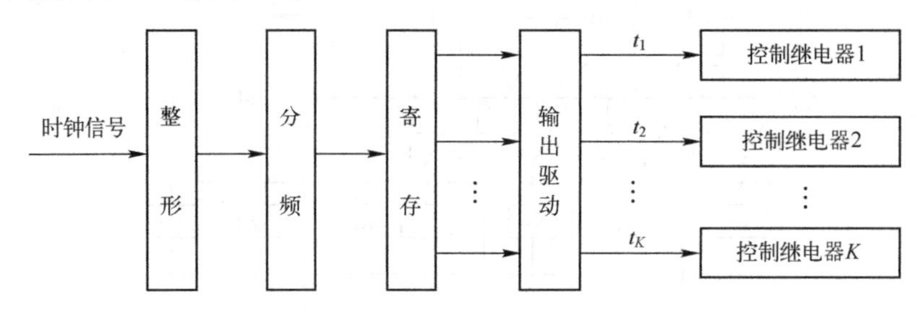

图 8-13　电子式程序配电器原理框图

计算机程序配电器的工作原理是计算机直接根据系统时钟在特定的时刻发出指令信号，经放大后推动指定继电器工作，控制对应的设备供电或断电。计算机程序配电器的工作原理如图 8-14 所示。

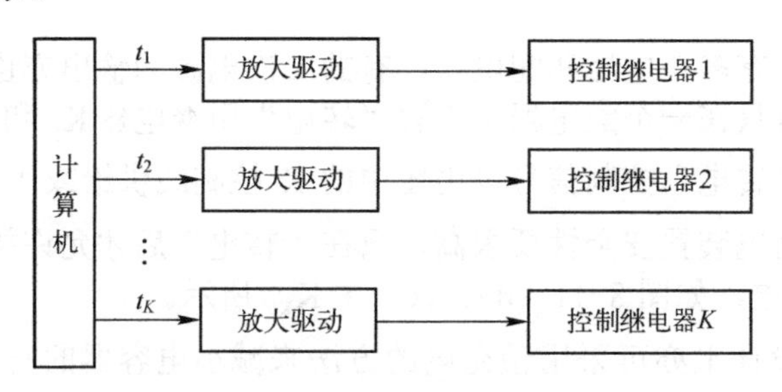

图 8-14　计算机程序配电器原理框图

8.3　本章小结

本章介绍了电源配电系统的组成与功能等基本概念，从设计的角度介绍了电源配电系统的基本设计原则，重点介绍了一次电源、二次电源、配电系统的组成和工作原理，给出了典型的实现方式。

第9章　弹道导弹安全自毁系统

导弹无论是研制试验、定型或装备使用阶段，都有一定的故障率，早期的型号研制故障率甚至高达30%～40%。现代导弹设计技术逐渐成熟，但并不意味着不会出现飞行故障，即便是可靠性最高的导弹，定型后的成功飞行率也无法达到100%。弹道导弹射程远、载重量大，特别是早期的洲际液体弹道导弹，推进剂重量达到了100t以上，例如美国的“大力神2”导弹起飞重量达150t，它们在低空时消耗的推进剂很少，若发生故障不在空中炸毁而落到地面，其带来的伤害是非常巨大的。如果发生故障的导弹带有战斗部，特别是核战斗部，因故障导致弹头落地产生核爆，后果更加不堪设想。在弹道导弹飞行试验阶段，在进行最大射程能力飞行试验时，受到国土纵深条件的限制，不可能采用最大射程的正常弹道程序，通常采用特殊弹道，例如高弹道、低弹道以及各种程序弹道或提前关机来实现，但如果飞行中出现弹道程序性故障或不关机故障，使射程比原定程序射程大大增加，或者导弹出现重大偏离故障，则会造成导弹飞越国境，引起国际纠纷。即便导弹没有飞越他国上空，且落点位于公海，但因导弹故障不会落在预定落点，也存在导弹残骸被敌获取，导致技术秘密泄露的风险。对于潜艇发射的潜地弹道导弹，如果I级发动机不点火，导弹可能出水不久又落下，将威胁到艇上人员的安全，甚至把潜艇砸毁。为了保证安全，减少不必要的损失，需要一个在导弹出现故障之后，能对故障进行判断、控制，并完成炸毁故障弹任务的装置或系统，这个系统就是安全自毁系统。

导弹的安全自毁装置出现于20世纪40年代初，德国在研制V-2导弹的过程中，出现了很多因导弹故障导致的不可控飞行。为消除落地爆炸对地面产生的伤害，最初是用类似对付飞机的办法，在地面用高炮将其在空中击毁，在空中爆炸。后来，德国总结了V-2导弹飞行故障导致严重后果的教训，探索为其安装自毁装置，使导弹在飞行出现故障后自行引爆。德国战败投降后，美苏在德国V-2导弹的基础上开始了自己的导弹研制，同时也继承了安全自毁的设计理念，在导弹上都安装了安全自毁装置。我国的弹道导弹技术起源于对苏联导弹的仿制，同时也继承了安全自毁的基本设计思想。

安全自毁系统的任务就是判断故障，发出指令，使导弹在空中自毁，以保证发射首区和航区的安全。在研制阶段飞行试验时，要防止故障弹飞越国界造成事端，需要实施超程自毁控制；在作战时，要在导弹飞行过程中出现致命故障时控制导弹自行炸毁，防止故障弹残骸被敌方截获造成失密。由此可见，安全自毁系统应该在导弹正常飞行时不误炸，而当导弹在飞行中出现故障后，能准确地按要求在空中炸毁故障弹，这是对安全自毁系统的基本要求。此外，有的弹道导弹根据控制系统设计要求，安全自毁系统还需要发出部分备保指令。

9.1 组成、分类与设计原则

9.1.1 组成

安全自毁系统是一个独立的系统，通常由测量判断、控制及执行三个部分组成。测量判断部分用于测量、判断导弹的故障，并给出相应的信号，一般由弹载惯性器件及其他有关传感器或无线电外弹道测量系统完成；控制部分用于接收故障信号，进行自毁条件综合，判断自毁的时机、条件是否符合自毁的条件，如果符合则发出自毁指令，通常由安全程序控制器完成；执行部分用于实现故障弹的自毁，一般由保险引爆器及各种爆炸器完成。此外，还包括安全自毁系统电池以及将这些仪器设备连接起来成为一体的电缆网。其系统框图如图 9-1 所示。

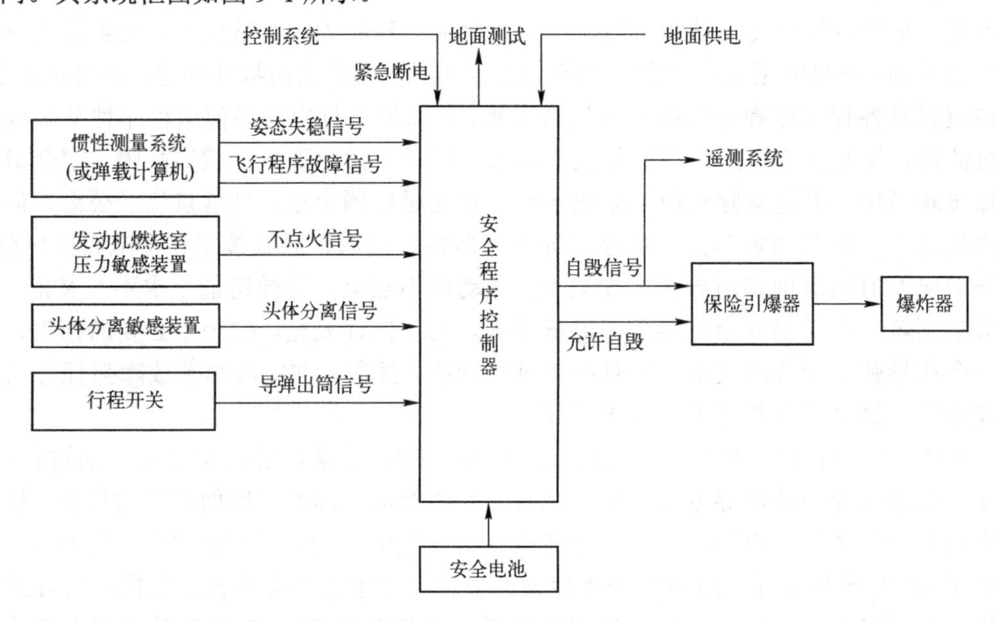

图 9-1　安全自毁系统框图

安全自毁系统弹上仪器主要有安全自毁信号测量装置、安全程序控制器、安全自毁系统电池、保险引爆器、安全起飞零点敏感装置、自毁爆炸装置和安全弹上电缆网。地面设备主要有安全地面电源和相关的安全测试装置等。下面重点介绍安全程序控制器、安全自毁系统电池和自毁爆炸装置。

1. 安全程序控制器

安全程序控制器是安全自毁系统的核心设备，完成安全控制、延时和程序配电任务，给出各种程序信号，完成供电、配电及断电的控制，接收故障信号，发出自毁指令，并送出遥测信号。遥测信号用于地面故障分析和进行检测。安全程序控制器由程序配电和控制电路以及继电器组成，其原理方框图如图 9-2 所示。

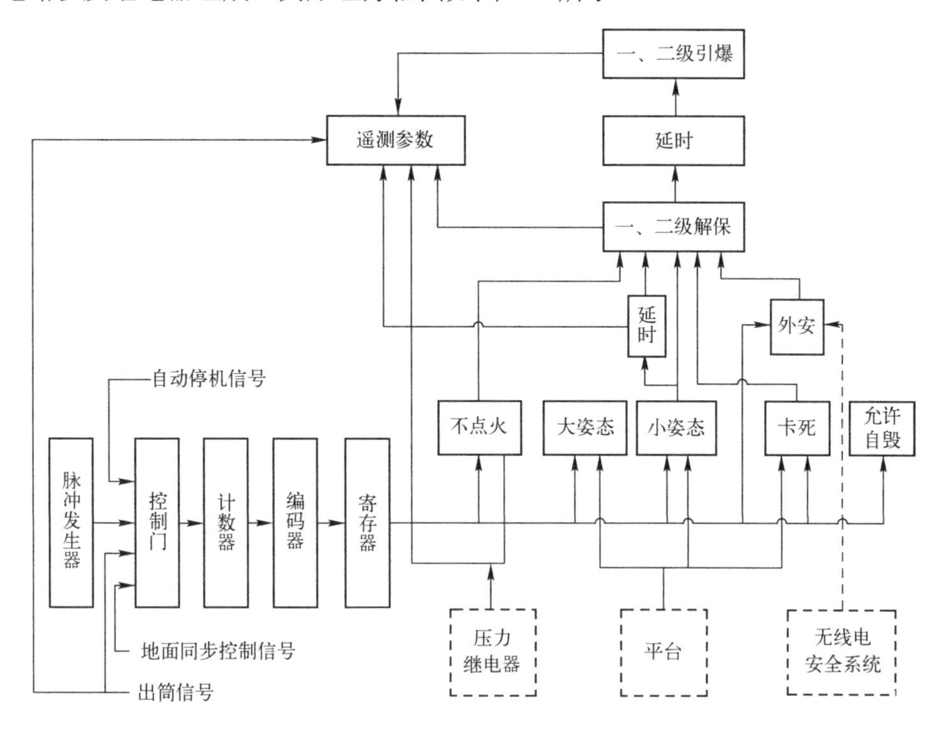

图 9-2　安全程序控制器原理方框图

程序配电和控制电路有脉冲发生器、控制门电路、计数器、编码电路、寄存器电路、安全控制电路、延时电路、解保引爆电路、归零电路等。脉冲发生器产生具有一定幅值精度的频率稳定的脉冲标准信号，供计数器用作基准信号。控制门电路按照一定条件控制信号“通过”或“不通过”，它有 4 个输入信号：脉冲发生器送来的标准脉冲信号；导弹出筒继电器工作信号；地面同步信号（系统测试时）；程序工作一段时间后的自动停机信号。计数器用作分频器，它将脉冲发生器送出的脉冲标准信号进行分频，获得周期不同的脉冲信号送给编码电路。编码电路将计数器输出的脉冲组合，以组成各种程序时间，为程序配电器提出所预定的时间控制。寄存器电路用来寄存程序信号。前述电路给出了程序配电信号，为了在发射过程中保证绝对安全，安全控制电路对程序配电进行安全控制，也就是保证按预定的程序、预定的时间接通程序配电信号。若干继电器用于转接和执行与电源有关的信号和指令。

2. 安全自毁系统电池

安全自毁系统电池一般为一次电池（如银锌电池、热电池），主要特点包括：抗震性能好，使用时不怕倒置；不用维护，不需加注电解液和预放电；激活时间快，使用方便。

3. 自毁爆炸装置

自毁爆炸装置可按导弹安装要求，设计成圆柱形、圆饼形以及其他特殊外形的各种爆炸器，能实现定向爆炸。例如，聚能线性爆炸器，能切割机械强度较高的厚钢板，比较适合切割固体发动机壳体；聚能爆炸索是一种柔性爆炸器，可围绕弹箭壳体安装，使用安装较为方便。自毁爆炸装置爆炸过程如图 9-3 所示。当电桥丝接通电源加热到引火药的点燃温度而发火，点燃起爆药，再引爆装药，完成爆炸。

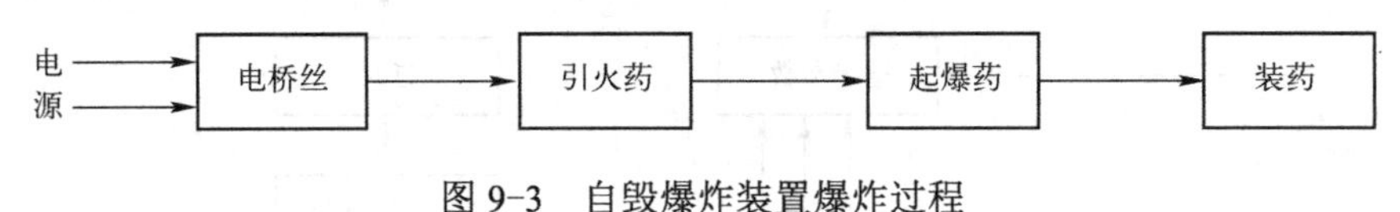

图 9-3　自毁爆炸装置爆炸过程

9.1.2　分类

安全自毁系统按测量方式的不同，可分为无线电遥控式安全自毁系统和自主式安全自毁系统两类。

9.1.2.1　无线电遥控式安全自毁系统

无线电遥控式安全自毁系统在执行任务时，由地面雷达实时地测量导弹在空中的位置和速度，地面计算机通过实时处理，将导弹的实际飞行参数与理论上要求的弹道参数相比较，若偏差值大于允许的范围，由地面操作人员向装在弹上的安全指令接收机发出自毁指令，再由安全指令接收机向安全程序控制器发送故障自毁信号，将导弹炸毁。该系统由地面的雷达或其他外测设备、计算机和弹上安全自毁装置组成，其工作原理框图如图 9-4 所示。

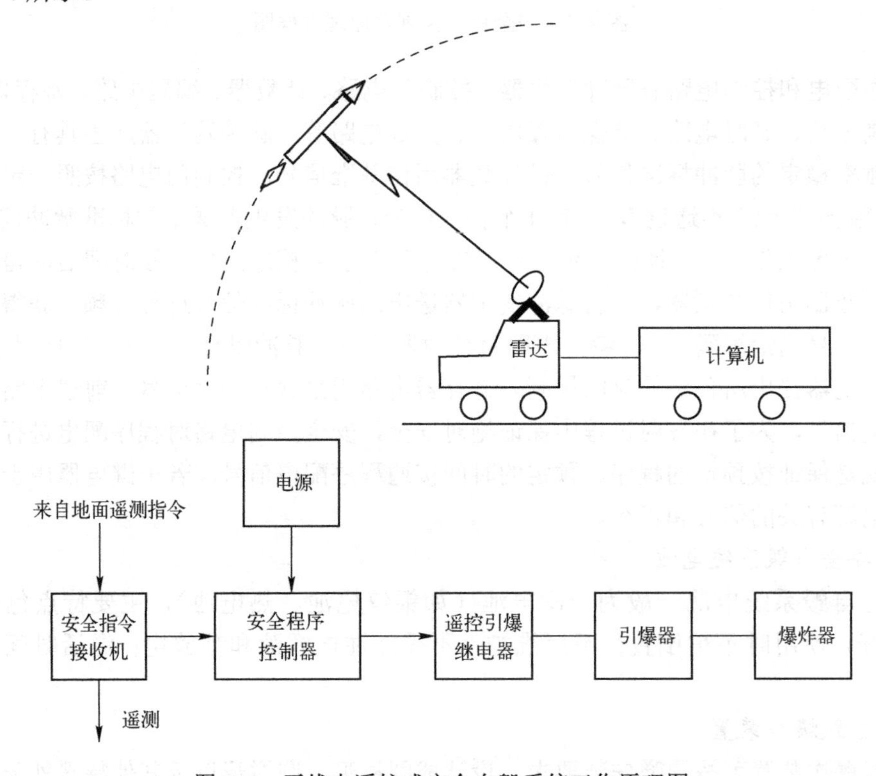

图 9-4　无线电遥控式安全自毁系统工作原理图

这种方式的优点是测量方法完善，可以人工控制，有选择自毁时间和地点的适应能力；缺点是弹载和地面设备庞大，易受干扰，受使用区域的条件限制及地面人员判断决策困难。

9.1.2.2　自主式安全自毁系统

导弹发射（或潜艇上发射）初期的飞行高度较低，雷达易受地面杂波（海面杂波）干扰的影响，不易捕捉到目标，需要等到飞行一定时间、导弹达到某一高度后，雷达才能正常跟踪导弹。在发射初期阶段的故障，如 I 级发动机不点火、初始大姿态失稳以及程序卡死故障，仅用无线电遥控式安全自毁系统难以完成炸毁导弹的任务。

自主式安全自毁系统利用弹载敏感元件测量导弹的飞行状态，并把故障信号送给安全程序控制器。安全程序控制器对故障类型进行判断，按预定的时间程序发出自毁指令，给爆炸装置送出引爆信号，使保险引爆器动作，炸毁导弹，从而达到安全自毁的目的。其工作原理框图如图 9-5 所示。优点是测量设备与控制系统共用，弹载设备少，飞行中与地面无关，系统简单可靠。缺点是不能人工实时选择自毁时间与地点。

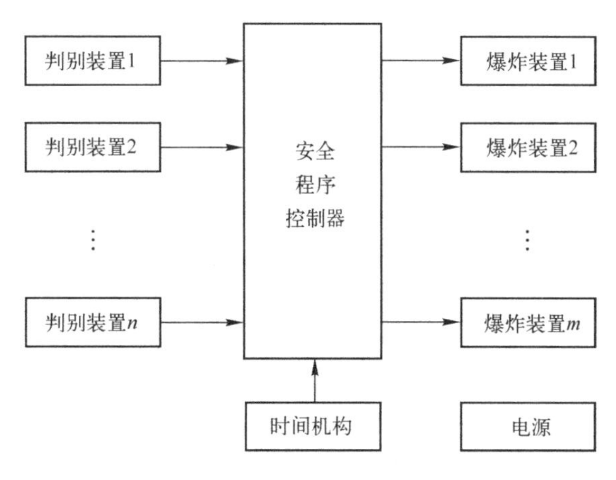

图 9-5　自主式安全自毁系统工作原理框图

虽然有两种安全自毁系统实现方案，但在实际的飞行中，地面无线电遥控自毁使用的概率比较小，更多的是导弹飞行故障触发弹上安全自毁系统实施自毁。虽然地面无线电遥控安全自毁在实际的飞行中使用较少，但为了更好地保护地面重点目标，设计中也给予了通过地面无线电遥控选择自毁后残骸坠落地点的控制路径。具体的做法是，当敏感装置敏感到故障，并通过与预先装定的参数比较确认是不可恢复的故障后，视各种不同故障与飞行时段，采取不同延迟时间后才发出自毁指令，一般延迟时间为 3～15s。在延迟时段内，地面安全控制人员可根据弹道选择落点，择机发出无线电自毁指令，从而实现对落点的控制。

9.1.3　设计原则

由于弹道导弹的发射方式、动力装置、控制方式等的特殊性，使安全自毁系统呈现两个主要特点：一是突出低空自毁方案，一旦出现Ⅰ级发动机不点火或出水大姿态失稳故障时，使故障弹在适当的低空自毁，将潜艇和发射场的危害减少到最低程度；二是采用小型化设备，以适应固体导弹仪器舱空间小的特点。

安全自毁系统设计一般需要考虑以下原则：

（1）确保不炸毁正常弹，且不漏炸必须炸毁的故障弹。平衡好可靠自毁和不误炸正常弹之间的关系，既不能过度可靠自毁，也不能过度可靠安全。

（2）评估好弹头自毁、固体发动机自毁的安全性等级，确定在导弹飞行段不同区间内自毁安全性能够得到最大保障。

（3）系统组成应尽可能简单，不应因设置安全自毁系统而给导弹增加太多设备和软件，降低导弹发射和飞行的可靠性及研制成本。

（4）系统应尽可能独立于弹上其他系统之外，不能因其他系统的故障导致安全自毁系统功能失效。

（5）试验弹一旦超程出国进行炸毁时，不允许碎片全部出国。

（6）试验过程中导弹发生故障时，安全自毁方案实施之前，尽可能多地获取试验数据。

（7）试验时，出现惯性器件或计算机等其他弹上无法实施自毁的故障时，由地面安全控制系统进行安全控制。

安全自毁系统设计一般分为遥测弹安全自毁系统设计和战斗弹安全自毁系统设计，导弹在研制过程中需要开展遥测弹状态飞行试验，这一阶段由于弹上产品的技术状态尚未固化，为确保飞行试验中的首区和航区安全，需要考虑不点火自毁、出水大姿态自毁、姿态失稳自毁和超程自毁等多种自毁方式，同时为确保安全自毁系统可靠性，遥测弹飞行试验期间还应增加地面安全自毁系统，结合遥测飞行试验过程中的外弹道测量结果，在导弹飞行异常情况下，可在地面通过人员手动遥控无线电安全自毁装置，与弹上自毁系统冗余，实现对故障弹在规定时间和空间范围内的自毁操作。

一旦导弹定型，其弹上产品技术状态完全固化，导弹飞行可靠性也得到了有效验证，且战斗弹飞行试验弹道与发射点和射前装定的目标点参数相关，因此战斗弹安全自毁系统一般比较简单，只需考虑不点火自毁、出水大姿态自毁和姿态失稳自毁即可，不用考虑超程自毁模式，因此也不需要地面安全自毁系统配合。

9.2 典型安全自毁方案原理

安全自毁系统有姿态失稳自毁、程序故障自毁、超程自毁、一级不点火故障自毁等多种方案。根据导弹的特点和使用要求，可以选择一种或者多种方案达到安全自毁的目的。表 9-1 所列为导弹飞行中经常出现的几种典型故障。

表 9-1　导弹飞行中的几种典型故障

系统设备	故障点	后果	措施
动力装置	发动机熄灭，矢量控制失灵，控制电路故障，关机失控	姿态失稳，超程	姿态失稳自毁，超程自毁
陀螺仪	仪表故障，仪表性能变坏，漂移过大	姿态失稳，偏离弹道	姿态失稳自毁，无线遥控炸毁
加速度表	仪表故障，仪表性能变坏，误差增大	可能超程或横偏过大	超程自毁，无线遥控炸毁
程序机构	线路或机构故障	偏离预定弹道	程序故障自毁
计算机	姿态部分故障，错误控制；制导部分故障，错误控制	姿态失稳，可能超程	姿态失稳自毁，超程自毁
陀螺稳定平台	伺服控制线路故障；框架结构损坏	姿态失稳	姿态失稳自毁
配电设备	电池断电，配电线路故障	姿态失稳	姿态失稳自毁
伺服机构	机械或线路故障	姿态失稳	姿态失稳自毁
弹体结构	结构破坏	姿态失稳	姿态失稳自毁

9.2.1　姿态失稳自毁方案

导弹的姿态失稳，是指导弹飞行的姿态角已超出姿态控制系统设计的控制范围，致使导弹飞行姿态角发散，导致导弹偏离预定弹道。从表 9-1 中可以看出，导弹飞行中姿态失稳是故障中表现较多的一种故障形式。无论是动力装置、惯性测量器件、弹载仪器还是配电设备、伺服机构、弹体结构的故障，都可能导致在飞行中的姿态失稳。姿态失稳自毁是利用惯性测量装置测得的导弹姿态角与预先装定的安全角比较，一旦姿态角达到或超过安全角，就发出自毁指令，将导弹在空中炸毁。

根据导弹飞行阶段的特点，姿态失稳自毁角分为大姿态自毁角和小姿态自毁角。潜地导弹在水下发射时，发射基是活动的，易受潜艇运动和水流等外干扰的影响，在出水瞬间容易造成初始大姿态角。如果大姿态角在给定范围内，则在一级发动机工作后，控制系统具有纠正这种大姿态角的能力，使导弹恢复到所允许的范围内。如果初始大姿态角超出允许范围，则控制系统不能将导弹初始大姿态角纠正到要求的姿态角范围内，这时就出现了导弹的大姿态失稳故障。

如果大姿态角很快变小，则导弹在正常姿态范围内飞行。倘若其他系统设备突然发生故障，则导弹的姿态角可能会超过正常允许变化范围，而偏离极限值不能纠正，这时导弹就发生了小姿态失稳故障。

当导弹在飞行中出现大姿态失稳故障或小姿态失稳故障时，都要求炸毁导弹。但小姿态失稳故障可以采用延时炸毁导弹。

以平台式惯性测量系统为例，敏感导弹飞行姿态的框架角传感器上有安全自毁触点。当导弹姿态角达到或超过小姿态或大姿态自毁角时，将给出姿态失稳自毁信号。姿态失稳的信号直接来自平台，利用装在平台外环、内环和台体上的安全触点，当平台的任何一个轴转角超过极限值时，其安全触点就接通，发出姿态自毁指令。安全程序控制器根据故障信号，按要求进行控制，在安全控制的时区内炸毁故障弹。

按姿态失稳自毁指令的来源不同，姿态失稳自毁可分为惯性器件发出指令方式和计算机发出指令方式。

9.2.1.1 惯性器件发出指令方式

该方式分为捷联惯性仪器发出指令和惯性平台发出指令两种形式。

（1）捷联惯性仪器发出指令。

位置捷联惯性系统一般由两个二自由度陀螺仪组成，其中垂直陀螺仪敏感导弹的偏航角和滚动角，水平陀螺仪敏感导弹的俯仰角。为取得姿态自毁的自毁指令，在水平陀螺仪的外环轴和程序机构上，以及垂直陀螺仪的内、外环和对应的轴上分别安装安全触点装置，如图 9-6 所示。

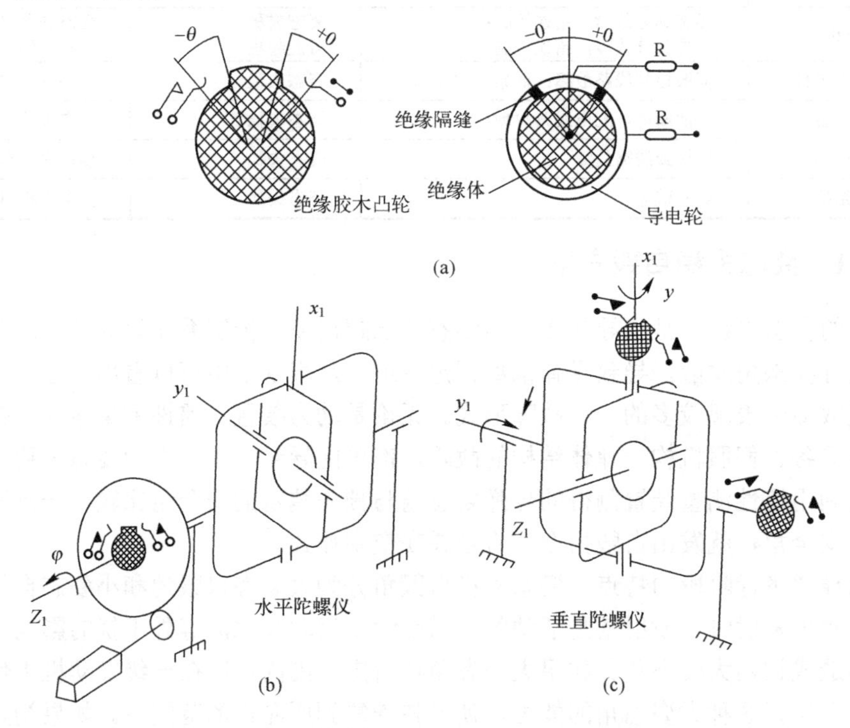

图 9-6 位置捷联惯性仪器安全触点安装示意图

（a）两种安全角触点形式；（b）水平陀螺仪的安全触点；（c）垂直陀螺仪的安全触点。

自毁判断条件可表示为

$$\begin{cases}|\varphi-\varphi_{cx}|\geqslant\theta_{\Delta\varphi}\\|\psi|\geqslant\theta_{\psi}\\|\gamma|\geqslant\theta_{\gamma}\end{cases}\tag{9-1}$$

式中：$\theta_{\Delta\varphi}$、θ_{ψ}、θ_{γ} 分别为导弹的俯仰安全角、偏航安全角和滚动安全角。式（9-1）中任一式成立，姿态安全触点即闭合，发出自毁指令，传给安全控制器。

（2）惯性平台发出指令。

陀螺稳定平台有台体、内框架和外框架。台体上装有两个二自由度陀螺或三个单自由度陀螺，由三套伺服回路闭路控制，使台体稳定在惯性空间。在惯性平台的三个输出轴上，各设置安全触点装置，如图 9-7 所示。

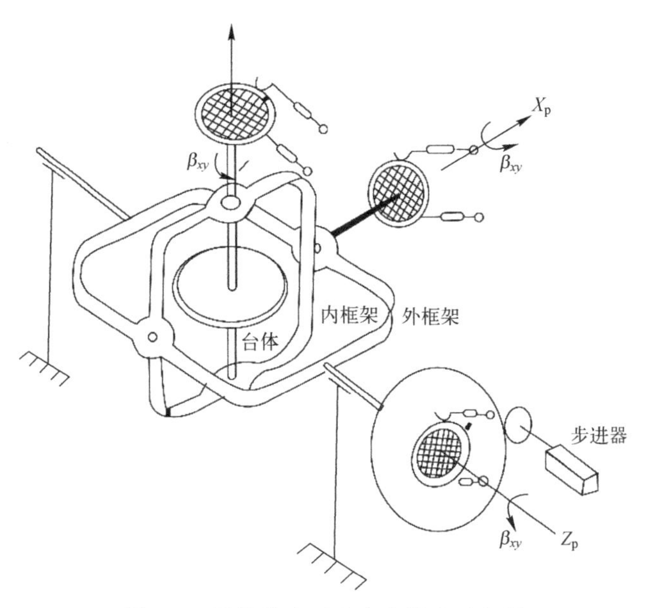

图 9-7　陀螺稳定平台安全触点示意图

自毁判断条件可表达为

$$\begin{cases}|\beta_{xp}| \geqslant \theta_{\beta x} \\ |\beta_{yp}| \geqslant \theta_{\beta y} \\ |\beta_{zp}| \geqslant \theta_{\beta z}\end{cases} \tag{9-2}$$

式中：$\theta_{\beta x}$、$\theta_{\beta y}$、$\theta_{\beta z}$ 分别为平台各轴的安全装定角。式（9-2）中任一式成立时，安全触点闭合，发出自毁指令，传送给安全控制器。

由于平台的 X_p、Y_p、Z_p 轴的输出角 β_{xp}、β_{yp}、β_{zp} 同导弹的三个姿态角 ψ、γ、φ 在导弹作俯仰程序飞行时是不相同的，两者之间的关系见图 9-8。其关系式为

$$\begin{cases}\beta_{xp} = \gamma\cos\varphi - \psi\sin\varphi \\ \beta_{yp} = \gamma\sin\varphi + \psi\cos\varphi \\ \Delta\beta_{zp} = \Delta\varphi\end{cases} \tag{9-3}$$

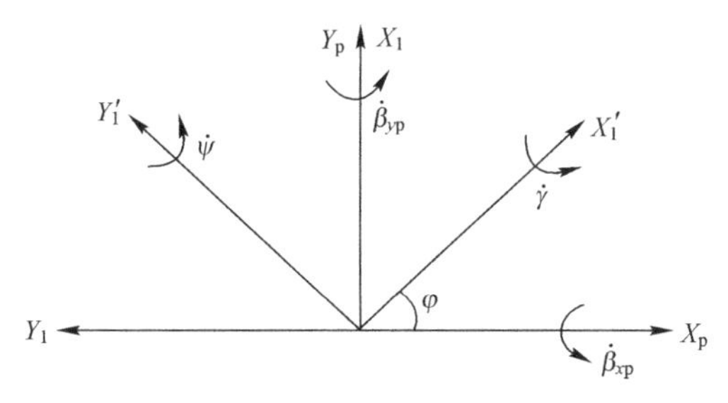

图 9-8　弹体坐标与平台坐标系关系图

姿态稳定系统要确保导弹三个姿态角 $\Delta\varphi$、ψ、γ 稳定在一定范围内，因此姿态控制系统选定的姿态安全角 $\theta_{\Delta\varphi}$、θ_{ψ}、θ_{γ} 要换算成平台安全角 $\theta_{\Delta\beta zp}$、$\theta_{\beta xp}$、$\theta_{\beta yp}$。为选定一个

固定的平台安全角，应求其极值，对式（9-3）的β_{yp}、β_{xp}取极值，即

$$\begin{cases}\dfrac{\partial\beta_{yp}}{\partial\varphi}=0\\ \dfrac{\partial\beta_{xp}}{\partial\varphi}=0\end{cases}\tag{9-4}$$

可得

$$\begin{cases}-\psi_{\max}\sin\varphi'+\gamma_{\max}\cos\varphi'=0\\ \psi_{\max}\cos\varphi'+\gamma\sin\varphi'=0\end{cases}\tag{9-5}$$

则有

$$\begin{cases}\tan\varphi'=\dfrac{\gamma_{\max}}{\psi_{\max}}\\ \text{ctan}\,\varphi'=-\dfrac{\gamma_{\max}}{\psi_{\max}}\end{cases}\tag{9-6}$$

设 $\gamma_{\max}=\theta_\gamma,\psi_{\max}=\theta_\psi$，则可求得 φ'。这样就可以求得平台的固定安全角$\theta_{\beta xp}$、$\theta_{\beta yp}$、$\theta_{\Delta\beta zp}$为

$$\begin{cases}\theta_{\beta xp}=\theta_\gamma\cos\varphi'-\theta_\psi\sin\varphi'\\ \theta_{\beta yp}=\theta_\gamma\sin\varphi'+\theta_\psi\cos\varphi'\\ \theta_{\Delta\beta zp}=\theta_{\Delta\varphi}\end{cases}\tag{9-7}$$

9.2.1.2　计算机发出指令方式

计算机发出指令方式是利用弹上计算机的运算功能，将惯性器件（捷联系统或惯性平台系统）输出的导弹姿态角在计算机内进行运算比较，通过逻辑判断后发出自毁指令。

对捷联计算机系统的判别式为

$$\begin{cases}|\varphi-\varphi_{cx}|\geqslant\theta_{\Delta\varphi}\\ |\psi-\psi_{cx}|\geqslant\theta_{\Delta\psi}\\ |\gamma-\gamma_{cx}|\geqslant\theta_{\Delta\gamma}\end{cases}\tag{9-8}$$

式中：φ_{cx}、ψ_{cx}、γ_{cx}分别为俯仰程序角、偏航程序角、滚动程序角。

对平台计算机的判别式为

$$\begin{cases}|\beta_z-(90^\circ-\varphi_{cx})|\geqslant\theta_{\Delta z}\\ |\beta_x-\psi_{cx}|\geqslant\theta_{\Delta x}\\ |\beta_y-\gamma_{cx}|\geqslant\theta_{\Delta y}\end{cases}\tag{9-9}$$

式中：β_x、β_y、β_z分别为计算机输入的姿态角。

为防止弹上计算机受干扰而误发自毁指令，在计算机程序编制中，对判别式进行多次连续判别，待都符合判别式时，才能发出自毁指令。

由于计算机属于控制系统设备，因此计算机发出自毁指令方式不完全独立，它是依

赖于计算机可靠工作来判别其他设备的故障的。此种方式的使用受到一定限制。对于速率捷联惯性系统，因无法设置安全触点，只能采用此种方式实现安全自毁。

9.2.2　程序故障自毁方案

导弹要准确地命中目标，需要按预定程序弹道飞行。对于弹道导弹而言，导弹在程序机构或弹载计算机的控制下实现程序转弯。控制系统的程序装置出现故障会给地面造成严重损失或威胁。例如，程序机构在初始位置被卡死，导弹就会以定倾角方式飞行，无法实现按预定程序转弯，导弹一直垂直飞行，等到发动机工作完毕，导弹就会落在发射阵地上，这将给地面造成严重损失。又如，弹载计算机的程序脉冲出现故障，导弹程序转弯中止或程序角产生大偏差，导弹就会改变弹道飞行而不能命中目标，而且会给地面造成威胁。因此，对于出现飞行程序故障的导弹，必须在空中炸掉故障弹，此种自毁方案称为程序故障自毁，也称为程序失控自毁。为了远离发射区，可延时炸毁导弹。通常的做法是在导弹飞行一段时间后，才允许发出程序自毁指令，如果此时满足程序故障自毁的条件，故障弹则将在空中炸毁。

为了实现程序失控自毁，在导弹上安装了程序安全控制机构，一旦出现程序机构失控故障，弹上程序自毁电路就会接通。在程序开始后，若出现程序机构卡死故障，则程序机构零位触点一直处于接通状态，便可获得表明程序机构在程序开始后出现卡死故障的电信号，将电信号送到安全程序控制器，作为程序卡死故障的信号源。按照要求，发出炸毁故障弹的指令。

程序故障安全自毁方案有两种：触点式程序故障自毁方式和电子式程序故障自毁方式。

9.2.2.1　触点式程序故障自毁方式

对于机械式程序机构，可采用触点式程序故障自毁方式。典型机械式程序机构的飞行程序的起始点和终止点，如图 9-9 所示，分别用两个标志轮的凹槽表示。触点 1 落在 A 轮的凹槽 O 内，表示飞行程序的起始点；触点 2 落在 B 轮的凹槽 K 内，表示飞行程序的终止点。

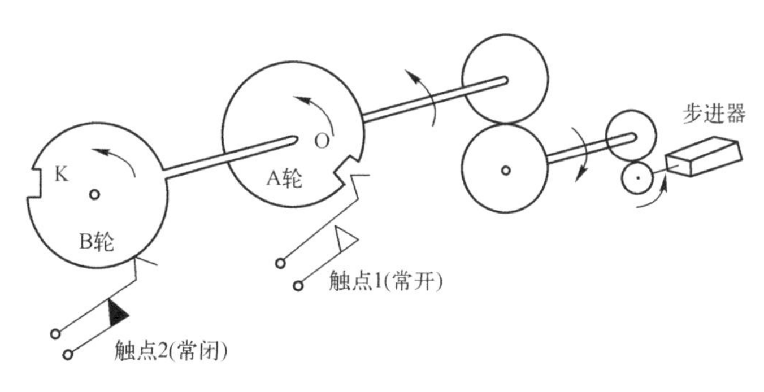

图 9-9　程序触点示意图

导弹飞行过程中，程序机构发生故障不能按预定程序飞行，触点在规定的程序终止时间（或起始时间）不能落入凹槽内，程序飞行结束后延迟一定的时间间隔，通过常闭触点 2 发出自毁指令。

9.2.2.2 电子式程序故障自毁方式

对于由脉冲控制的程序机构，可采用电子式程序故障自毁方式。它由安全程序脉冲发生器和积分比较器组成程序比较装置，将程序机构实际转动的脉冲累积值随时与标准程序脉冲累积值进行比较，也可在整个程序飞行中分段进行比较，当满足式（9-10）时，发出自毁指令。

$$\begin{cases}\varphi_{cx}(t_i) \geqslant \varphi_{cxA}(t_i) + \alpha \\ \varphi_{cx}(t_i) \leqslant \varphi_{cxA}(t_i) - \beta\end{cases} \tag{9-10}$$

式中：$\varphi_{cx}(t_i)$ 为某一时刻程序机构输出的程序脉冲累积值；$\varphi_{cxA}(t_i)$ 为安全自毁系统同一比较时刻的标准程序脉冲累积值；α、β 分别为安全区的脉冲数。

图 9-10 为电子程序故障自毁方式工作原理图。

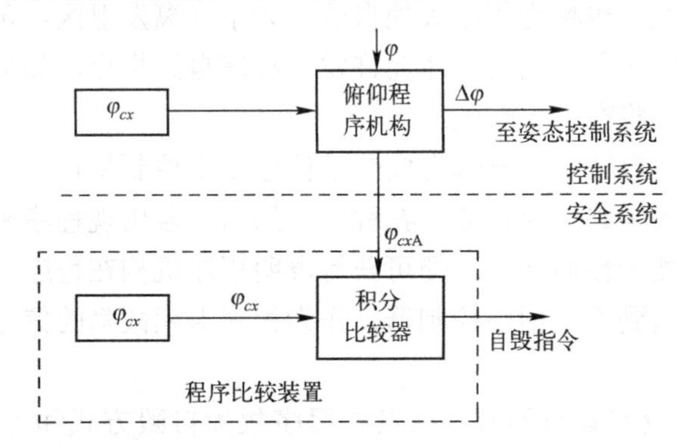

图 9-10　电子式程序安全自毁原理图

9.2.3 超程自毁方案

远程导弹或洲际导弹研制过程中，需要根据不同的靶场首区、落区和航区以及不同试验目的设计飞行试验弹道，为控制飞行试验影响，大部分试验都会将首区和落区控制在国境线内。导弹飞行试验过程中出现故障，有可能使导弹超过允许射程而越出国界，弹头落入境外。因此，需要采取相应的超程自毁方式，以保证在超程前炸毁导弹。

弹道导弹的射程主要取决于主动段末级发动机关机点的速度参数和位置参数。关机点各参数的偏差将会引起射程偏差，其表达式为

$$\Delta L = \frac{\partial L}{\partial V_{xk}}\Delta V_{xk} + \frac{\partial L}{\partial V_{yk}}\Delta V_{yk} + \frac{\partial L}{\partial V_{zk}}\Delta V_{zk} + \frac{\partial L}{\partial x_k}\Delta x_k + \frac{\partial L}{\partial y_k}\Delta y_k + \frac{\partial L}{\partial z_k}\Delta z_k + \frac{\partial L}{\partial t_k}\Delta t_k \tag{9-11}$$

式（9-11）表明，可用控制不同的参数来达到控制射程的目的。

超程自毁方式有时间控制、测速控制等方式。

9.2.3.1 时间控制方式

式（9-11）表明，控制时间可以控制射程。时间控制方式，是一种比较简单的超程

自毁方式。在时间机构中，根据允许射程范围，装定相对应的最大飞行时间。当导弹飞行时间到达而发动机仍不关机时，则发出自毁指令，控制爆炸装置炸毁导弹。

由于导弹的发动机性能参数偏差和飞行中的风干扰，都会影响导弹飞行的关机点时间。为确保正常工作的导弹飞行，出现故障又不允许超程，此时时间控制方式的超程自毁方案使用将受到较大限制。

9.2.3.2　测速控制方式

测速控制是利用加速度表测量导弹飞行加速度，经积分得到速度与预定速度进行比较来控制超程自毁。导弹上加速度表测量的是导弹的视加速度和视速度，其与导弹的飞行速度存在一定的关系。对于陀螺稳定平台系统，关系式为

$$\begin{cases}\Delta V_x = \Delta W_x + g_x \Delta t \\ \Delta V_y = \Delta W_y + g_y \Delta t\end{cases} \tag{9-12}$$

式中：ΔV_x、ΔV_y，ΔW_x、ΔW_y，g_x、g_y 分别为 X_p 和 Y_p 方向上的速度增量、视速度增量和重力加速度分量。

对于捷联惯性系统，关系式为

$$\Delta V \approx \Delta W_{x1} + g_{x1} \Delta t \tag{9-13}$$

式中：ΔV 为导弹飞行速度增量；ΔW_{x1}、g_{x1} 分别为导弹纵轴上视速度增量和重力加速度分量。

测速控制分为如下两种方式。

（1）加速度表测速计数比较方式。

超程自毁系统单独设置加速度表，利用计数器将加速度表测量的导弹视加速度脉冲，累积计数得到 W_{x1} 与预先装定的不超程视速度值 $\bar{W}_{x1}$ 进行比较，当符合式（9-14）时，发出超程自毁指令。其原理图如图 9-11 所示。

$$W_{x1} \geqslant \bar{W}_{x1} \tag{9-14}$$

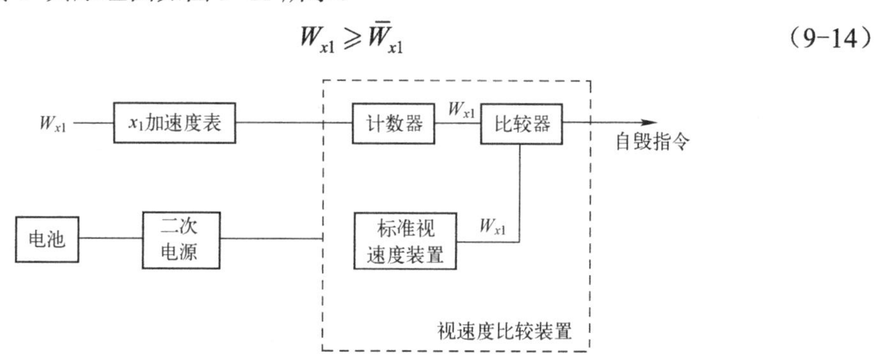

图 9-11　加速度表测速计数比较方式超程自毁装置原理图

（2）视速度比较方式。

超程安全自毁系统允许用视速度进行控制，在一定范围内能有效地控制导弹的射程，及时将超程故障弹炸毁。

视速度比较方式自毁装置，不单独设置加速度表，利用控制系统的加速度表输出视加速度脉冲，在自毁系统的视速度比较装置内进行积分，得到视速度 W_{x1}，与预先装定

的不超程视速度$\bar{W}_{x1}$比较，当满足式（9–14）时，发出超程自毁指令。

此方式设备简单，但安全自毁系统与控制系统通过加速度表相互联系在一起，不能完全独立，比较适用于加速度表正常而关机电路有故障的情况。其原理图如图 9–12 所示。

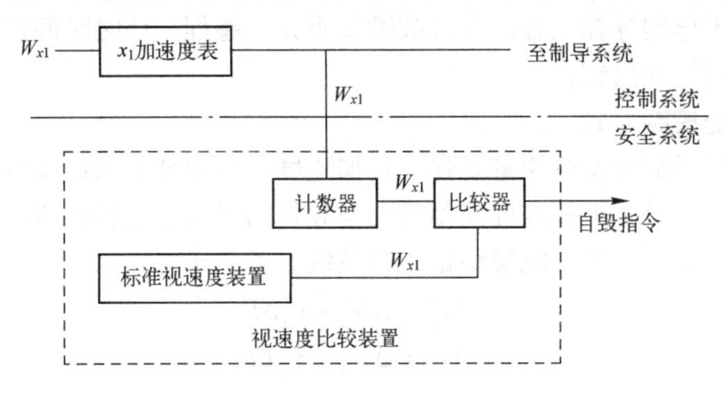

图 9–12　视速度比较方式超程自毁装置原理图

9.2.4　一级不点火故障自毁方案

对于冷发射的导弹，在发射阶段，导弹有两个动力启动过程。第一个动力启动过程是利用高压燃气发生器产生高压燃气，将导弹从发射筒中推出，并使导弹具有一定的速度，为一级发动机点火和纠正导弹初始姿态准备条件。如果在发射时高压燃气发生器没有被引爆，则可采取紧急断电方法，切断电源。第二个动力启动过程是一级发动机在空中或水下点火，给导弹以继续飞行的动力。如果一级发动机没有点火，则导弹靠高压燃气所获得的动力，在出筒或穿过一定水深飞出水面，到达一定高度后就要消耗殆尽，从空中坠落下来，对导弹发射场设备和人员安全构成威胁。这种一级不点火的故障对从潜艇上发射的导弹是最危险的情况。因为导弹被弹射的高度不高，时间也短，故障弹会较快地坠落下来，对潜艇的安全威胁较大，因此必须在导弹坠落下来之前，在弹射的最高点或附近将故障弹在空中炸毁，使发动机在内压作用下形成碎块后落水，不会发生整体爆轰和整弹触艇，提高发射潜艇及人员的安全性。

为了实现一级发动机不点火自毁的要求，首先必须准确地判断一级发动机是否按要求正常点火。发动机是否正常点火，燃烧室内的压力会发生显著变化，故可将燃烧室内压力的变化，作为判断一级发动机点火正常与否的信息源。因此，在一级发动机燃烧室中安装敏感压力变化的传感器压力继电器。在发动机点火之前，压力继电器的“不点火”触点一直处于接通状态。当发动机正常点火（燃烧室内建立正常压力）后，“不点火”触点就被推开，则安全程序控制器的“不点火”自毁指令就会消失。如果发动机没有按要求正常点火，则燃烧室内就建立不起正常压力值，压力继电器的“不点火”触点处于接通状态，送出“不点火”自毁信号。

不点火自毁判据起判时刻T_0确定应考虑三个因素：第一，要确保不误炸正常弹，即采用多种冗余判据、在预定时间区间内均确认一级发动机未成功点火，才能发出自毁信号，判据及时间区间的制定应考虑多种偏差及充分的余量；第二，要确保故障弹落水前完成自毁动作，最优选择为在飞行至最高点处实施自毁，确保对发射潜艇危害最小；第三，要考虑时序的匹配性，一旦要实施不点火自毁时，要确保一级不点火自毁指令在大姿态自毁指令发出前给出，且弹上计算机与安全程序控制器指令应协调匹配。

为提高点火可靠性，弹上一般采用弹上计算机和安全程序控制器两套独立控制硬件各自发出一级发动机点火时序，两套手段互为备保。同时，为了提高不点火自毁的可靠性，不误判、不误炸正常弹，一级发动机未点火信息一般也需要通过多种手段获取，例如敏感一级发动机工作压力，同时测量导弹一级飞行段惯性测量装置输出的视加速度等。当其中一种方法判断一级发动机已经成功点火后，立即解除不点火自毁，只有两种判断方法都达到自毁的判别标准，才会实施自毁。主要的压力传感器有两种，分别介绍如下。

9.2.4.1　数字式压力传感器

数字式压力传感器用来敏感各级发动机腔内燃气压力，并将压力信号进行数字变换，以脉冲形式输出。输出的脉冲信号作为反馈信号由弹载计算机进行读取，弹载计算机根据发动机推力命令信号和反馈信号控制发动机舱内的燃气压力保持稳定。

数字式压力传感器由敏感元件、信号调节电路和电源电路组成。敏感元件感受压力，并将压力信号以电压信号输出。信号调节电路将敏感元件输出的较微弱的电压信号进行放大，并将其变换成数字信号输出。电源电路将弹上控制系统统一的供电电源变换成信号调节电路所需要的直流电源。

数字式压力传感器的工质在导弹飞行时为发动机燃气，在日常技术维护测试时为氮气或压缩空气。传感器的敏感压力 P 为绝对压力值（传感器在制造时允许在参考压力腔内密封当地大气压），量程为 0.1～10MPa（绝压）。输出形式为变频脉冲信号。

输出表达式为

$$f = f_0 + K(P - P_0) \tag{9-15}$$

式中：f 为传感器输出脉冲频率；f_0 为传感器输出脉冲零位频率；K 为传感器输出脉冲当量，K=1000±20 个脉冲/(MPa·s)；P_0 为当地一个大气压值；P 为传感器敏感的压力（MPa）。

9.2.4.2　压力开关

压力开关用于测量液体、气体等介质的相对压力，由弹性波纹膜片感受压力后，产生弹性位移，同时牵动传动放大机构，使动、静触点接通或断开，产生与压力相关的电信号，即接通或断开控制安全报警电路，达到安全保护目的。

压力开关工作参数包括：

（1）量程规格，即压力开关触点接通（断开）时的名义压力上限值。

（2）触点通断压力，即压力开关的触点接通或断开时的名义压力值和允许的压力变化差值。重复性校验检查和实限测量应用时，均以触点通断压力为准。

（3）校验压力，即重复校验检查时应用的压力上限值。

（4）不同步压力，即一个压力开关内一对触点接通时的压力与另一对触点接通时压力的差值。

（5）系统工作压力，即安装压力开关的压力系统中最大工作压力上限值。压力开关在受此压力后仍能正常工作。

（6）过载压力，即压力开关在承受此压力时不能泄漏传压介质的压力。压力开关在承受过载压力后，应重新校验合格后才能应用。

9.3 本章小结

本章首先简要介绍了弹道导弹的主要故障，以及安全自毁系统的任务和设计原则等基础知识；然后，介绍了安全自毁系统的组成，以及无线电遥控式安全自毁和自主式安全自毁两类典型的安全自毁系统；最后，介绍了姿态失稳自毁、程序故障自毁、超程自毁和一级不点火自毁 4 种典型安全自毁方案的原理。

第 10 章　弹道导弹弹上测量系统

弹道导弹在发射前，为保证其控制系统在发射后能正常工作，通常会在保障场所利用测试设备对导弹进行测试，检验其在发射前的技术状态。在进行测试的过程中，根据所采用的测试技术体制的不同，会配备不同的弹上和地面设备。当采用弹—地结合的测试体制时，地面设备需要将各类测试激励信号传送到弹上控制系统各个设备，同时对弹上控制系统的各种响应信号进行采集，并将其传回地面设备进行处理和显示。此时，为了节省电缆开支，实现对弹上控制系统各设备的激励信号发送以及响应信号的自动化采集控制，需要在弹上配备专门用来传送信号和采集信号的装置，由这些装置构成的系统称为弹上测量系统。本章将对弹上测量系统的用途和工作原理进行介绍。

10.1　测试技术概述

导弹控制系统是一个复杂、精密的系统。为了确保导弹顺利发射并保证飞行可靠和达到预期的发射目的，必须对飞行控制系统施行一系列严格和细致的检查测试工作。检查测试的基本任务就是根据技术条件的要求，测定系统或装置在各种使用条件下的性能和参数，确保其功能正常，参数在允许的偏差范围之内。检查测试过程中，如果发现系统或装置的工作有异常，则应查明原因并指出必须修理或更换的部件。

10.1.1　检查测试的主要内容

弹道导弹控制系统的检查测试的一般顺序是由单机到系统，即由单机的单元测试到系统的综合测试，分级、分段进行。具体检查测试的内容、侧重点、方法和手段则视具体测试要求而各不相同。

单元测试是使用单元测试设备对控制系统的各个控制装置进行单独的检查测试，一般都是在“脱弹”状态下，在地面进行检查测试。测试内容包括单机电路的功能、整机的性能参数（包括静态参数和动态参数）以及系统误差系数的分离等。单元测试的侧重点是整机的参数和误差系数，因此要求单元测试设备应具有较高的精确度。与制导精度有关的装置，如加速度计、陀螺仪、计算装置等，它们的测试要求精度高，测试时要求创造良好的条件，对参与姿态控制有关的装置则侧重检查其动、静态参数及其输入、输出的极性关系，对它们的测试精度要求可略微放宽。

综合测试是使用综合测试设备对控制系统的各个分系统的功能和参数以及全系统的协调性能进行的检查测试，内容包括电源配电系统、姿态控制系统、制导系统等分系统测试和系统电源转换、紧急关机或紧急断电和模拟飞行等总检查。

（1）分系统测试的侧重点是检查该分系统工作最有代表性的参数，包括接入系统的各单机典型动、静态参数，各分系统的动、静态参数和极性关系。分系统测试项目多、数据量大，为了节省分系统检查测试的时间，通常采用自动化测试手段来完成分系统的测试。

（2）总检查的重点是检查全系统工作的协调性和典型的系统参数。通过转电和紧急关机或紧急断电的总检查，实现对发射电路的检查和发射不成功时对控制系统和发动机系统处理情况的检查，这实际上是模拟发射的检查。通过模拟飞行的总检查，实现对飞行时序、全系统的极性关系和制导系统的工作以及控制系统与其他系统的协调工作情况的检查。根据弹上电源是否转电和脱落插头是否脱落，模拟飞行存在几种不同的状态。利用弹上电池进行转电和脱落插头脱落的模拟飞行是较真实的模拟飞行状态，但它需要消耗弹上电池的能量，因此只适于实验室条件使用。一般常用的模拟飞行状态是不转电和脱落插头不脱落，或使用地面模拟电缆供电情况下进行转电和脱落插头不脱落两种状态。采用脱落插头不脱落的模拟飞行状态，便于在地面观察弹上模拟飞行情况及其数据采集。

10.1.2 自动测试系统

10.1.2.1 系统组成与特点

早期的导弹测试不是自动化，操作人员参与整个测试过程。首先将测试仪器与设备连接成测试回路，把被测对象接入测试端；然后扳动测试仪器与电路上的旋钮和开关，按规定的步骤操作仪器，观察仪表指示与显示结果，记录有关数据，进行某些计算、作图和列表，作出分析、判断与比较；最后得出测试结果。

随着导弹的发展，测试范围不断扩大，测试项目增加，测试精度与速度的要求提高，测试结果处理的复杂化以及操作自动化程度的提高等原因，都促使导弹的自动化测试技术迅速发展。另外，现代科学技术的发展，尤其是大规模集成电路的使用，数字化测试技术的发展，微型计算机在测试和控制方面的应用以及通用标准接口系统的制定和推广等，为导弹自动化测试系统的发展创造了必要的条件。

导弹的自动化测试系统一般包含以下 6 个基本流程：

（1）电路的连接与开关转换。

（2）向被测对象提供测试用的激励信号。

（3）仪器设备及其工作过程的控制。

（4）测量被测对象对激励信号的响应。

（5）数据处理和评定。

（6）结果的记录、显示与通报。

典型的自动化测试系统原理框图如图 10-1 所示。

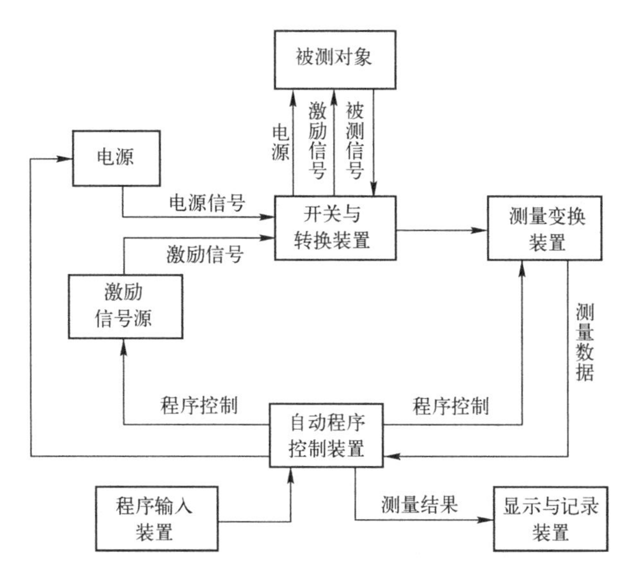

图 10-1　自动测试系统原理框图

自动程序控制装置用于按照事先拟定的程序自动完成大多数测试功能。自动程序控制装置可以是比较简单的程控器或电子计算机（一般是选用小型数字计算机或微型计算机），其作用是执行程序控制、运算、存储、逻辑处理等功能。

激励信号源用来供给被测对象所需的激励信号。根据被测对象的不同要求，激励信号源可以包含有直流电压源、恒流源、脉冲源，以及各种频率的信号产生器和函数发生器等。

测量变换装置是可程控的交直流数字电压表、电流表、欧姆表、相位计以及电子计数器等，它用来测量被测对象的各种输入和输出信号，必要时还可对采集的数据进行缓存和预处理。

开关与转换装置可以由继电器、步进选择器或电子开关构成，通过它的动作实现对被测对象进行控制，加入激励信号和接通被测信号，以及转换地面测试线路等。

程序输入装置用来将预先编好的程序送给自动程序控制装置，它可以是光电输入机、磁带机、软磁盘机、硬盘机和键盘控制器等。

显示与记录装置用来将测试过程中所采集的信息和数据以预先规定的方式显示和记录下来。根据对所采集信息和数据使用的需要，显示与记录装置有面板指示器、示波器、屏幕显示器、打印机、多线笔录仪、磁记录仪、光电输出机、磁带机、软磁盘机和硬盘机等。

自动化测试系统的工作过程可以归纳如下：

（1）将预先编制好的测试程序通过程序输入装置送入自动程序控制装置。

（2）自动程序控制装置读出程序并逐条加以执行，按一定的次序向各有关部分发出动作指令。

（3）激励信号源按指令内容产生被测对象当前所需的激励信号。

（4）开关转换装置按指令要求向被测对象输入激励信号，将被测信号送入测量变换装置。

（5）测量变换装置在自动程序控制装置控制下对被测信号进行采集，经处理后将采集到的信息送到显示与记录装置。

（6）自动程序控制装置根据需要可对测量数据进行处理并将所得结果与规定的限值进行比较，作出该项测试是否合格的判断，判断结果可在显示与记录装置上发出通报。

（7）转入下一次测试或根据结果通报转入另一程序。

10.1.2.2 自动化测试系统方案

自动化测试系统的发展经历了几个阶段，下面简要介绍。

1. 程序控制式自动化测试系统

（1）电—机械式自动化测试系统。

最初出现的自动化测试系统是电—机械式自动化测试系统，程序控制器的主要控制部件是用电—机械式器件组成，如步进选择器、继电器等，这些电—机械式器件是由晶体管电路控制和驱动的。电—机械式自动化测试系统的设备组成和电路都比较简单，系统所能完成的功能也比较简单，一般能完成测试过程的程序控制、电量的测量、结果的打印显示和限值的模拟比较等。这种系统的主要缺点是电—机械式器件动作的电磁惯性使自动测试的速度比较慢，每测试一个项目需要零点几秒到几秒钟的时间。另一个缺点是电—机械式器件有机械运动部分和触点，容易磨损、卡住或接触不良。

电—机械式自动化测试系统适用于测试项目比较少、测试结果不要求作过多的处理、测试速度不要求很快、系统不作长时间运行而只是阶段地工作的场合。

（2）电子式自动化测试系统。

电子式自动化测试系统是指其主要部件由脉冲数字电路组成的系统。测试系统由光电输入机、程序组合、模/数转换器、电子计数器和打印机组成。

光电输入机是自动测试系统的输入设备，可按规定的格式把操作指令和测试用的数据用二进制代码形式凿在纸带上，穿孔纸带上的信息通过光电输入机读入，输出到移位寄存器。纸带采用断续串行的方式输入，纸带上每一帧对应于一个测试项目。

程序组合用于对整个测试流程进行控制和处理。模/数转换器用于对测量信号进行变换，测量变换结果用电子计数器计数。所有被测的时间量、频率量和脉冲数直接由电子计数器测量计数。电子计数器的测量结果被送到数字比较器同限值代码进行数字比较，同时用来数值显示和控制打印机打印记录。

2. 计算机自动化测试系统

由于计算机的性能不断完善和提高，弹上和地面都可能使用计算机，因此便存在 3 种计算机自动化测试方案可供选择。

（1）地测方案。

导弹的测试发射控制任务全部由地面计算机硬、软件系统承担。这种方案的特点是弹载计算机仅承担导弹的控制和运算任务，不参与地面测试发射控制的工作，这样弹载计算机可以做得简单，内存容量也较小。地面计算机与其他检测、发射控制、监视设备形成一个独立的工作系统，有利于使用。

（2）弹测方案。

地面的测试—发射控制设备是在弹载计算机控制下工作的。弹载计算机除了要完成导弹的控制和运算任务外，还要承担地面测试发射控制系统的指挥控制任务。

弹测方案使弹载计算机的复杂程度有所增加，体积、质量、功耗也会增加，同时作为测试发射控制系统核心的计算机配置在弹上，因此配置在地面的全套设备不能独立工作，这就给使用带来不少麻烦。弹载计算机功能有限（一般弹载计算机都设计成专用计算机），这样就无法进一步提高和扩大测试发射控制的功能。弹测方案的另一个缺点是信息传输的途径不合理，弹载计算机和弹上被测对象在与地面测控台、采样开关、测量变换装置及信号源之间需要进行多次上下信息的传送，这将降低信号传输的可靠性，而且使连接电缆和接插件的数目增加，降低了测试系统的可靠性。

（3）弹—地结合以地面计算机为主的方案。

在这种方案中，地面计算机硬、软件系统是测试发射控制系统的核心，弹载计算机仅在地面计算机控制下进行某些数字信息的采集并送给地面计算机进行处理。弹载计算机的输入端和惯性测量装置输出端之间设置接口适配器，用来将惯性测量装置输出的数字量信息引向弹载计算机。在弹载计算机和地面计算机之间设置弹—地通信接口适配器，用于弹—地间数字通信，借助于弹—地通信的软件与硬件。地面计算机可以通过该接口向弹载计算机发送程序，进行装定、启动弹载计算机程序运行；弹载计算机也通过该接口向地面计算机传送所需的数字信息。在弹—地通信中，地面计算机是主动的，弹载计算机被动地听命于地面机。

弹—地结合以地面计算机为主的测试方案有利于充分利用弹上和地面设备，不仅有利于减少弹上电缆网和接插件，也最有利于减少地面的阵地电缆网，这对于采用机动快速发射方式的导弹是很有意义的。

由于地面可以配置高性能的微机系统，这就可使测试、发射控制、监控的任务作一体化设计，为测试发射控制系统的功能扩展提供了有利的条件。

10.2 工 作 原 理

弹上测量系统的作用是在地面计算机的控制下，上传各类激励信号至弹上控制系统各仪器设备，并将对应的反馈信号采样并下传到地面测试系统，由计算机进行判读和输出，完成测试任务。因此，弹上测量系统本质上就是一种开关装置。自动测试系统中常常采用有触点的继电器开关装置和无触点的电子开关装置。主要有以下几种类型：

1. 继电器开关装置

继电器开关装置的应用最为广泛。继电器开关的优点是导通电阻非常小，阻值为几毫欧至几十毫欧数量级。而断开电阻非常大，一般大于 $10^8\Omega$，接点有很好的“通过”特性，交流电压或直流电压、大电流信号或小电流信号以及高电压信号或低电压信号都能通过。继电器接点的隔离性能好，使各个被测点之间、激励点之间及被控制点之间都可以不设公共的接地点，互相之间能隔离。继电器的接点对数量较多，为控制电路的设计提供了方便。

继电器开关也有缺点，主要是机械动作部分容易卡住，接点接触电阻受力学环境和大气环境的影响比较大。继电器的使用寿命有限，一般动作次数在 10^4～10^5 范围内，同时与其他电子元器件相比，其可靠性较低，体积较大，价格比较昂贵。

根据控制方式不同，继电器开关装置有以下三种类型。

（1）继电器采样开关装置。

继电器采样开关用作数据的采集，作为多路开关，相对于每一条控制字代码只有一路开关动作，从而采集多路信号中的一路。

继电器采样开关的电路是将控制字代码输入地址寄存器，寄存器输出由通道地址译码器译码，译码器输出控制驱动电路使继电器工作。

继电器采样开关电路有两种驱动方式，即译码器直接驱动方式和译码器矩阵驱动方式。

如果采样开关装置的开关路数比较少，如 8 路、16 路、24 路和 32 路，则可以选用译码器直接驱动方式的电路，如图 10-2 所示。如果采样开关装置的开关路数比较多，如 64 路、128 路和 256 路，则可以选用译码器矩阵驱动方式的电路，如图 10-3 所示。

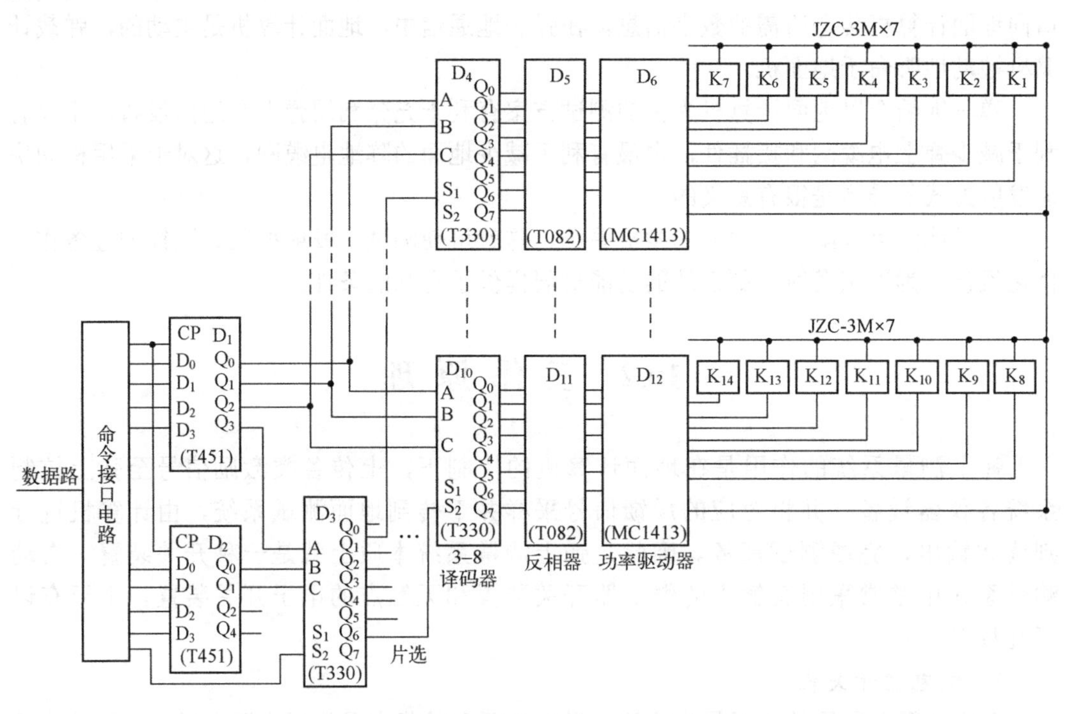

图 10-2　直接驱动的采样开关逻辑电路图

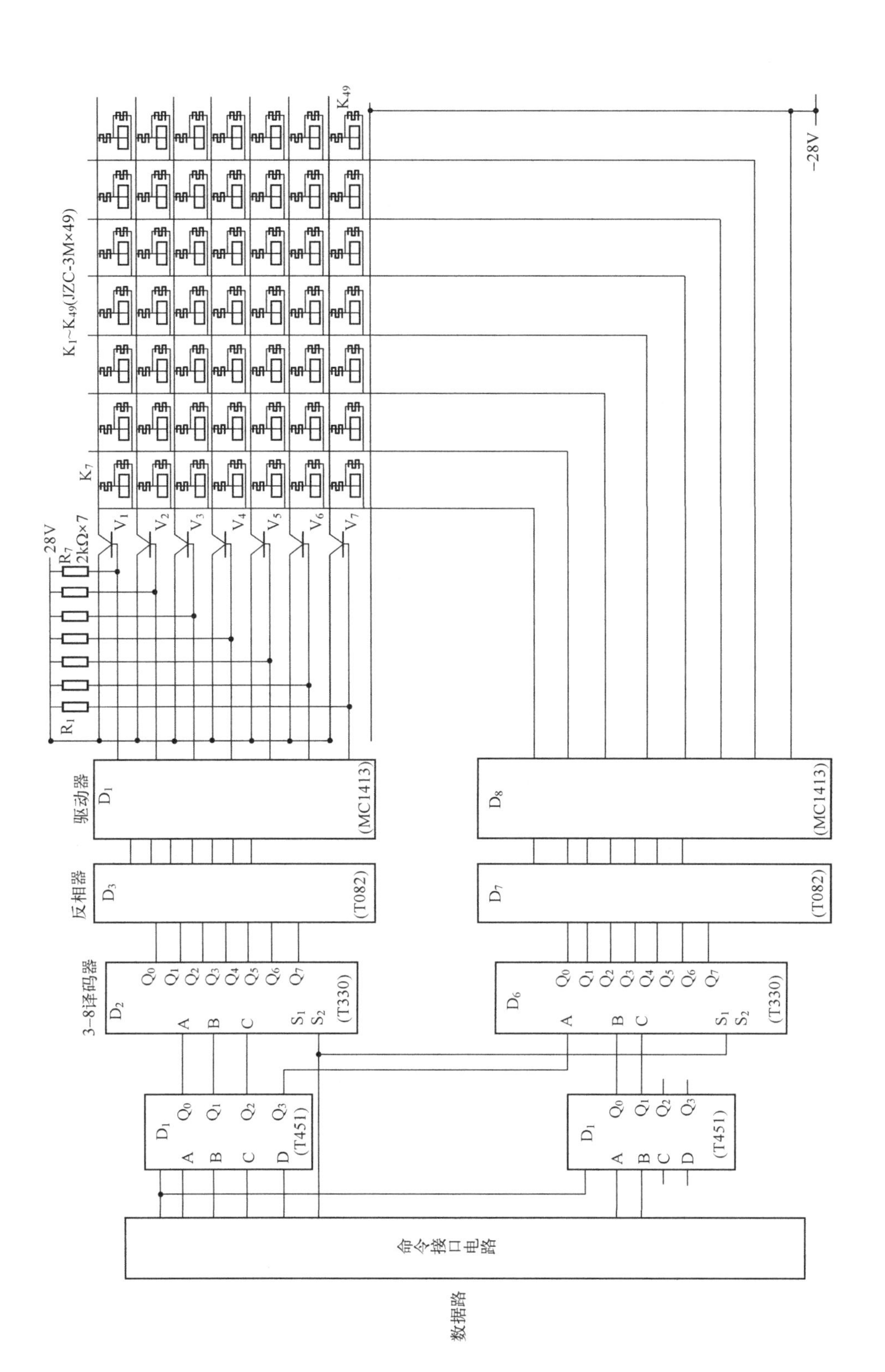

图 10-3　矩阵驱动的采样开关逻辑电路图

（2）激励开关装置。

激励开关装置亦称为磁闭锁继电器开关装置，用作向被测控对象施加激励信号或控制信号。因为激励信号或控制信号要保持一定的时间，所以要求继电器要能自保和解保。

磁闭锁继电器有两个控制线圈，一个是吸合线圈，另一个是释放线圈，线圈都以脉冲电压工作，脉冲宽度约 20ms。所谓磁闭锁继电器，就是要求：当脉冲电压作用在吸合线圈上时，继电器能自保工作；要解保时，必须有脉冲电压作用到释放线圈上。

激励开关装置的电路与采样开关装置电路是相同的，只是继电器线圈以脉冲电压供电。显然，对于相同位数的控制字代码，激励开关装置的开关路数比采样开关装置要减少一半，因为控制字代码既要控制吸合线圈又要控制释放线圈。

（3）继电器驱动装置。

继电器驱动器、控制字代码通过命令接口电路输入通道寄存器，通道寄存器输出直接控制驱动器使继电器工作，它的特点是不经过译码器控制（不是只选择一路开关工作）。这样控制字的每一位都能控制一路继电器工作，从而按控制字代码可以控制多路开关同时工作。继电器驱动装置的电路如图 10-4 所示。

2. 电子开关装置

电子开关装置在大信息量的高速采集系统中获得广泛应用，相对于继电器开关装置有明显的特点：电子开关通断的作用时间短（微秒级）；电子开关组件的集成度较高；开关容量可以做得大。电子开关寿命长，电路本身功耗小，价格比较低。模拟电子开关组件也称为多路交换子组件。

如图 10-5 所示为 64 路电子开关装置电路图。6bit 控制字代码通过命令接口电路打入到通道寄存器，寄存器输出端第 1、2、3 位接到每个电子开关组件的 A、B、C 输入控制端，每个电子开关组件（CC4051）有 8 个电子开关，组件内自带有译码选择电路，按 A、B、C 端输入代码选择开关。寄存器输出端第 4、5、6 位由“4-16 译码器”（CC4551）进行译码，译码器的输出端分别控制 8 个电子开关组件的片选端，选通其中的某一个组件。

电子开关装置的使用亦有局限性，在使用中有如下要求。

（1）要求各路模拟量输入信号有公共的接地端，这对一些被测对象是不允许的。

（2）模拟电子开关的导通电阻比较大（约 300Ω），因而要求信号处理装置的输入阻抗比较大，否则会带来测量变换的误差。

（3）对被采集的信号范围有所要求，要求信号的幅度不超过电子模拟开关组件的电源电压。一般的模拟电子开关还不能采集交流的模拟量信号或负极性信号，所以有时要

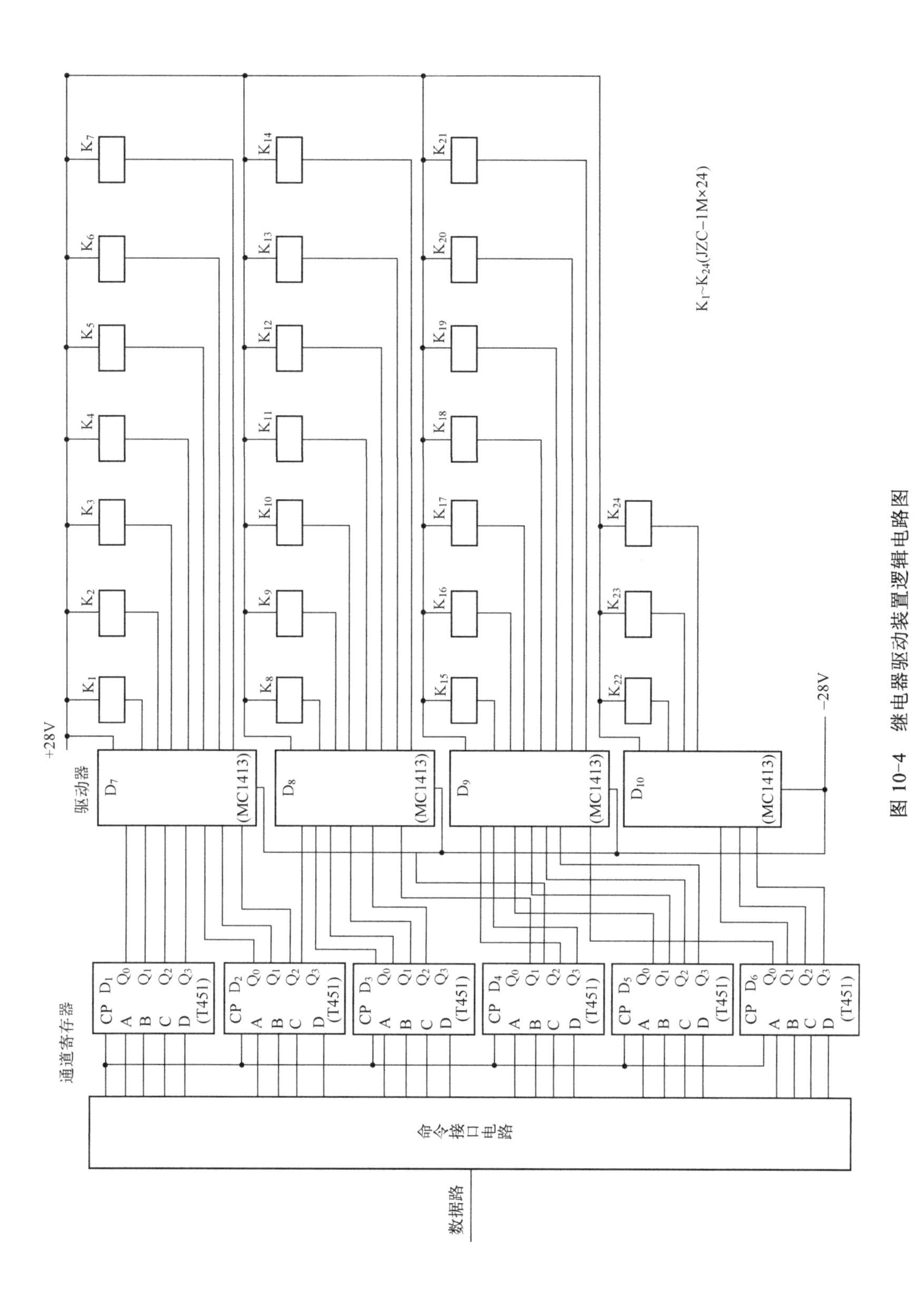

图 10-4　继电器驱动装置逻辑电路图

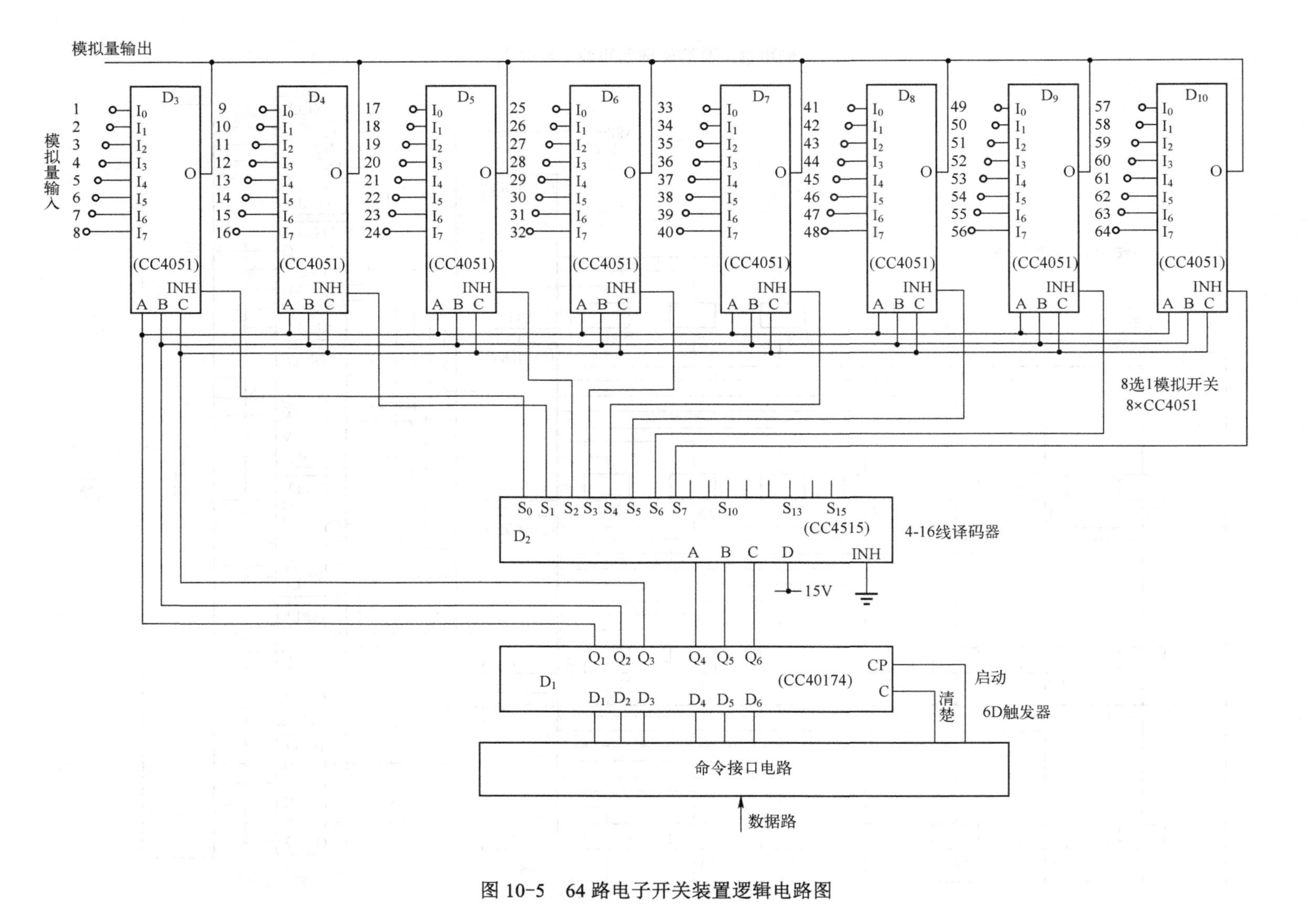

图 10-5　64 路电子开关装置逻辑电路图

求对被采集的信号进行归一化处理，把大幅度信号进行比例衰减，对变极性的信号在公共端要预置一个固定的正电平信号。

10.3 本 章 小 结

本章首先对导弹测试技术进行了简要概述，随后介绍了继电器开关装置和电子开关装置的基本工作原理，并给出了两个典型开关装置的电路原理图。

参 考 文 献

[1] 陈世年，李连仲，王京武，等. 控制系统设计[M]. 北京：中国宇航出版社, 1996.

[2] 黄纬禄. 弹道导弹总体与控制入门[M]. 北京：中国宇航出版社, 2006.

[3] 徐彦万，余显昭，王永平，等. 控制系统（上）[M]. 北京：中国宇航出版社, 2009.

[4] 薛成位. 弹道导弹工程[M]. 北京：中国宇航出版社, 2002.

[5] 徐彦万，余显昭，王永平，等. 控制系统（中）[M]. 北京：中国宇航出版社, 2009.

[6] 邓益元. 静压液浮陀螺平台系统[M]. 北京：中国宇航出版社, 2012.

[7] 朱忠惠. 推力矢量控制伺服系统[M]. 北京：中国宇航出版社, 2009.

[8] 张毅，肖龙旭，王顺宏. 弹道导弹弹道学[M]. 长沙：国防科技大学出版社, 2005.

[9] 杨军. 现代导弹制导控制[M]. 西安：西北工业大学出版社, 2016.

[10] 孟秀云. 导弹制导与控制系统原理[M]. 北京：北京理工大学出版社, 2003.

[11] 钱杏芳. 导弹飞行力学[M]. 北京：北京理工大学出版社, 2015.

[12] 于秀萍. 制导与控制系统[M]. 哈尔滨：哈尔滨工程大学出版社, 2019.

[13] 史震，赵世军. 导弹制导与控制原理[M]. 哈尔滨：哈尔滨工程大学出版社, 2002.

[14] 刘洁瑜，余志勇，汪立新，等. 导弹惯性制导技术[M]. 西安：西北工业大学出版社, 2010.

[15] 沈秀存. 导弹测试发控系统[M]. 北京：中国宇航出版社, 1994.

[16] 陆元九. 惯性器件（上）[M]. 北京：中国宇航出版社, 1990.

[17] 陆元九. 惯性器件（下）[M]. 北京：中国宇航出版社, 1990.

[18] 钟万登. 液浮惯性器件[M]. 北京：中国宇航出版社, 1994.

[19] 鲜勇，等. 导弹制导理论与技术[M]. 北京：国防工业出版社, 2015.

[20] 张静远，等. 武器探测与制导原理[M]. 北京：兵器工业出版社, 2018.

[21] 袁小虎，胡云安. 导弹制导原理[M]. 北京：兵器工业出版社, 2009.

[22] 孟秀云. 导弹制导与控制系统原理[M]. 北京：北京理工大学出版社, 2004.

[23] 胡昌华. 导弹测试与发射控制技术[M]. 2 版. 北京：国防工业出版社, 2015.

[24] 全伟，等. 惯性/天文/卫星组合导航技术[M]. 北京：国防工业出版社, 2011.

[25] 房建成，宁晓琳，田玉龙. 航天器自主天文导航原理与方法[M]. 北京：国防工业出版社, 2006.

[26] 闻新，等. 探测、制导与控制专业导论[M]. 北京：国防工业出版社, 2015.

[27] 钱平. 伺服系统（第 2 版）[M]. 北京：机械工业出版社, 2011.

[28] 黄玉平，李建明，朱成林,等. 航天机电伺服系统[M]. 2 版. 北京：中国电力出版社, 2020.

[29] 曾广商，赵守军，张晓莎. 我国载人运载火箭伺服系统技术发展分析[J].载人航天，2013,19（04）:3-10.

[30] 吴人俊. 电液伺服系统制造技术[M]. 北京：中国宇航出版社, 1992.

[31] 唐任远. 现代永磁电机理论与设计[M]. 北京：机械工业出版社, 2016.

[32] Conklin C L, 高新绪. 以热气伺服系统控制导弹[J]. 航空兵器, 1966（04）: 21-22.

[33] 王军政，赵江波，汪首坤. 电液伺服技术的发展与展望[J]. 液压与气动, 2014（5）: 1.

[34] 秦家立. 液压伺服系统在导弹与航天运载中的应用动向[J]. 自动驾驶仪与红外技术, 1995（04）: 33-36.

[35] 张志利. HY400X125 液压伺服系统的设计与研究[D]. 沈阳：东北大学, 2008.

[36] 唐颖达, 刘尧. 电液伺服阀/液压缸及其系统[M]. 北京：化学工业出版社, 2019.

[37] 郭洪根, 王指国. 中大功率航天电动伺服机构发展综述[J]. 导航定位与授时, 2016, 3（03）: 1-5.

[38] 邓小群, 夏嫣红. 一体化大功率电动伺服系统设计技术研究[J]. 导航定位与授时, 2019, 6（03）: 68-74.

[39] 高新绪. 电动、气动和液压三类伺服系统快速性的比较[J]. 航空兵器, 1995（01）: 17-20.

[40] 宋征宇. 运载火箭时序控制系统“标准型”的研究[J]. 航天控制, 1998（02）: 28-33.

[41] 朱榕. 弹道导弹控制系统时序控制器测试技术研究[D]. 北京：北京航空航天大学, 2015.

[42] 王赢元. 防空导弹发射过程模拟器设计与实现[D]. 哈尔滨：哈尔滨工业大学, 2013.

[43] 彭涛. 某型火箭飞行器控制软件研制[D]. 成都：电子科技大学, 2011.

[44] 王建宏, 许化龙. 战略弹道导弹弹内测试方案综述[J]. 湖北航天科技, 2002（004）: 1-4.

[45] 姚凯丰, 姚静波. 基于 8051 的运载器时序等效器设计[J]. 电子世界, 2018, 13: 171-172.

[46] 翟磊. 空空导弹发射控制技术[J]. 制导与引信, 2015, 36（04）: 6-8.

[47] 袁蕊林, 陈志钧, 张颉夫, 等. 一种OTP存储器片上时序信号产生电路的设计[J]. 电子元器件应用, 2011, 13（12）: 43-45.

[48] （美）帕特尔. 航天器电源系统[M]. 韩波, 等译. 北京：中国宇航出版社, 2010.

[49] 马齐勇. 弹上电气控制组合设计与实现[D]. 西安：西安电子科技大学, 2019.

[50] 张春晓, 刘仕伟. 导弹电源系统设计及发展趋势[J]. 电源技术, 2010, 7.

[51] 吴茜. 分析导弹电源系统设计及发展趋势[J]. 信息通信, 2013, 4.

[52] 姜广顺, 马永平. 防空导弹弹上二次电源设计研究[J]. 地面防空武器, 2012, 43（003）: 42-44.

[53] 昝建平. 空空导弹二次电源的设计应用[J]. 航空兵器, 2012（2）: 19.

[54] 丁栋威, 林山. 新型弹箭载配电器的研制[J]. 电讯技术, 2013, 53（07）: 957-960.

[55] 朱源, 赵乐. 运载火箭控制系统箭上电缆网设计[J]. 现代防御技术, 2019, 47（02）: 137-144.

[56] 陈小霓. 东二甲卫星的一次电源分系统[J]. 中国航天, 1992（8）: 9-11.

[57] 刘小圈. 大功率一次电源技术探讨[J]. 电话与交换, 1997（2）: 28-33.

[58] 方登建, 王旭刚, 张涛涛, 等. 潜地弹道导弹总体技术[M]. 北京：兵器工业出版社, 2020.

[59] 何麟书. 固体弹道导弹设计[M]. 北京：北京航空航天大学出版社, 2004.